普通高等学校机械制造及其自动化专业“十二五”规划教材

编　委　会

普通高等学校机械制造及其自动化专业“十二五”规划教材

顾　问　杨叔子　李培根　李元元

机械工程材料及其成形技术基础的辅导与题解

主　编　申荣华

参　编　陈之奇　彭合宜

周仁贵　姜　云

张琳娜　石京显

華中科技大學出版社

http://www.hustp.com

中国·武汉

内容简介

本书是《机械工程材料及其成形技术基础》(申荣华主编,华中科技大学出版社,2011.3)的配套参考用书,内容包括该教材的各章内容提要与习题、习题解答、课堂讨论指导、实验指导、自测题及参考答案等部分。本书可作为大专院校机械工程类各专业学习“机械工程材料及其成形技术基础”、“机械工程材料”、“材料学概论”、“金属材料及热处理”、“材料成形技术基础”等课程的辅助或参考用书,也可作为研究生考试的辅导资料。

图书在版编目(CIP)数据

机械工程材料及其成形技术基础的辅导与题解/申荣华　主编. —武汉：华中科技大学出版社，2011.4

ISBN 978-7-5609-6895-7

Ⅰ. 机…　Ⅱ. 申…　Ⅲ. 机械制造材料-高等学校-教学参考资料　Ⅳ. TH14

中国版本图书馆 CIP 数据核字(2011)第 016983 号

机械工程材料及其成形技术基础的辅导与题解　　申荣华　主编

责任编辑：刘　勤
封面设计：潘　群
责任校对：张　琳
责任监印：张正林
出版发行：华中科技大学出版社(中国・武汉)
　　　　　武昌喻家山　　邮编：430074　　电话：(027)87557437
录　　排：华中科技大学惠友文印中心
印　　刷：湖北通山金地印务有限公司
开　　本：710mm×1000mm　1/16
印　　张：17.5　插页:2
字　　数：330 千字
版　　次：2012 年 7 月第 1 版第 2 次印刷
定　　价：29.80 元

前言

本书是《机械工程材料及其成形技术基础》(申荣华主编，华中科技大学出版社出版，2011.3)的配套教材，是根据“机械工程材料及其成形技术基础”教学大纲和教学基本要求编写的。“机械工程材料及其成形技术基础”是高等教育工科院校机械类和近机械类各专业学生必修的重要技术基础课程。机械工程材料部分的主要任务是阐述各种常用机械工程材料的化学成分、组织结构、强化手段或方法、使用性能及实际应用之间的相互关系与内在规律，为工程结构、机械零件的设计、制造加工和正确使用提供有关合理选材、用材的必要理论指导和实际帮助；材料成形技术基础部分是以阐明机械制造加工工艺为主的综合性技术科学内容，它涉及各类机械零部件成形技术的各个方面及特征。因此，“机械工程材料及其成形技术基础”是学习机械零件及设计等课程和机械类相关各专业课程所必不可少的先修课程之一。

全书内容包括《机械工程材料及其成形技术基础》各章的内容提要与习题、习题解答、课堂讨论指导、实验指导、自测题及参考答案等部分。内容提要部分阐述各章的基本内容和学习重点；习题采用多种形式，突出重点，兼顾一般，既考虑有助于对基本理论的理解和掌握，又重视培养学生运用所学理论知识分析、解决实际问题的能力；课堂讨论是组织学生有准备地讨论课程中关键重点和难点，使学生理解和掌握这些重点和基本理论，也是学生应用所学知识解决材料及其成形技术问题的一种模拟实践，书中拟定了四次课堂讨论题目，仅供参考选择；实验着重培养学生动手能力、分析问题能力和创新精神，实验指导部分安排了六个实验，其中实验 1、3、4、5 为基本实验，其余为选修实验。

本书可作为高等院校、成人高校机械类、近机械类专业本科专科生学习“机械工程材料及其成形技术基础”、“机械工程材料”、“金属材料学”、“金属材料及热处理”、“材料成形技术基础”等课程的辅助用书或研究生考试的辅导资料。

本书由贵州大学申荣华教授任主编，参加编写的还有贵州大学陈之奇、彭合宜、周仁贵、姜云、张琳娜老师和贵州贵航能发装备制造有限公司石京显高工。全书由申荣华编写概述、第一部分绪论，第 1、2、7、8、9 章．第二部分，第三部分第 1、2、7、8、9 章，自测题和第四部分；陈之奇编写第一部分第 3 章，第三部分第 3 章；石京显编写第一部分第 4、5 章，第三部分第 4、5 章；彭合宜编写第一部分第 6 章，第三部分第 6

章;张琳娜编写第一部分第10章,第三部分第10章;姜云编写第一部分第11章,第三部分第11章;周仁贵编写第一部分第12章,第三部分第12章和附录。

本书的编著者是在积累的教学经验和资料,以及在教学过程中使用过的机械工程材料及材料成形技术基础的学习指导、习题、课堂讨论、试卷、实验等基础上经过不断地修订、补充、编纂而成的。在编写的过程中,编者参阅了部分国内外相关教材、辅导资料,在此一并向文献作者致以深切的谢意!

限于编著者水平,书中难免存在不妥之处,敬请读者批评指正,以便对内容不断完善和改进。

编　者

2011年2月于贵阳

目录

第一部分　各章内容提要与学习重点

第二部分 课堂讨论指导

第三部分 练习题、自测题及参考答案

第四部分 实验指导

概　述

1. 本课程内容分为机械工程材料学和材料成形技术学两大篇

1）第1篇机械工程材料学的内容可归纳为四大部分

第一部分为基本理论基础。它主要阐明机械工程材料的化学成分、组织结构与性能之间的相互关系与变化规律。

第二部分为机械工程材料的强韧化（钢的热处理）。它阐述强化机械工程材料的主要途径有二：一是通过优化成分设计来发展高性能的新材料；二是通过变更材料的加工处理工艺来充分发挥现有材料的性能潜力。而本篇则主要讨论后一途径——变更加工处理工艺，主要是钢的热处理。材料的所有性能都是其化学成分和组织结构在一定的外界因素（如载荷性质、应力状态、电场、磁场等）作用下的综合反映，它们构成了相互联系的系统。对材料结构和性能之间相互关系的了解，不仅能正确地认识材料结构的形成规律，而且也为正确地选择材料加工处理工艺和发展新材料提供了基础。例如，钢的化学成分对钢的强韧度的影响是通过影响钢的组织结构来实现的；当钢的化学成分一定时，还可通过不同的热处理工艺来改变材料的组织结构，进而导致钢在力学性能上有较大的差异。

第三部分为常用机械工程材料介绍。它包括碳钢、合金钢、非铁合金及其合金、非金属材料等。

第四部分为机械工程材料的合理选用。它主要介绍了机械工程材料合理选用的基本原则，有关失效分析的基本概念等。

由于机械工程中机械零件的用材主要以金属材料特别是钢铁为主，所以金属材料特别是钢铁，其基本理论、热处理与应用当属本篇的重点。具体说来，四大部分各有一个重点，即第一部分以铁-碳合金相图一节为重点；第二部分以钢的热处理原理与工艺为重点；第三部分中的工业用钢一节为重点；第四部分以机械工程材料的合理选用为重点。

机械工程材料学的内容相继可简化为理论基础、强化工艺、常用工程金属材料和合理选材四大部分。理论基础的核心是调整成分和结构；强化工艺的关键是控制组织；常用材料介绍的最重要依据是力学性能的确定；合理选材是最重要的应用。所以，贯穿本篇的纲是"材料成分—组织（结构）—性能—强化和应用"。因此，在进行系统复习和总结时，不论对各个部分，还是各个章节，都可以用这一纲来引导，做到纲举目张。

2）第2篇材料成形技术学的内容可归纳为六大部分

第一部分是液态凝固成形。应掌握铸造生产方法的原理、特点与应用。各种铸造工艺正是利用了液体的流动性使其适应性很强，且特别适合于生产形状复杂尤其是内腔复杂、较重的零件毛坯（特别是选用了脆性材料的零件）。但是，由于铸件的晶粒较粗大、组织疏松、成分不够均匀，力学性能较同样材料的锻件差。

第二部分是固态塑变成形。应掌握锻压生产方法的原理、特点与应用。各种锻压工艺是借助外力的作用，使金属坯料产生塑性变形，从而获得一定形状、尺寸和性能的毛坏或零件的方法。由于金属在固态下的塑性变形量是有限的，所以，锻压只能用于形状较简单毛坯或零件的生产。但是，锻压可以压合材料冶炼组织的内部缺陷，细化晶粒，使夹杂物均匀分布，形成合理的纤维组织，所以，锻压件的力学性能好，主要用于受力较大且受力复杂的毛坯或零件。

第三部分是固态连接成形。应掌握焊接生产方法的原理、特点与应用。焊接是将分离的金属，用局部加热、加压或两者同时进行的手段，借助于金属内部原子之间的结合，使金属连接成牢固整体的加工方法。与古老的连接方法——铆接相比，焊接方法的适应性广（如不同结构、不同合金、锻焊结合、铸焊结合、不同型材等），省工时，省材料（节约15%～20%的材料），有较高的结合强度，接头的严密性好。但是，由于局部加热，热影响区组织变坏，焊接后产生残余应力。焊接主要用于工程结构的制作，如各种压力容器、桥梁、船体、汽车、飞机构件等的制造。

第四部分是颗粒态固结成形。应掌握粉末冶金生产方法的原理、特点与应用。粉末压制工艺是利用颗粒态材料整体的流动和局部的塑变，获得一定形状、尺寸和性能的零件或毛坯的方法。由于其成形特点，能够生产出其他方法不能或很难制造的制品且材料的利用率很高，但粉末的价格较高，设备和模具投资较大，零件几何形状受到一定限制。

第五部分是高分子材料的黏流固（硬）化成形。应掌握高分子材料制品生产方法的原理、特点与应用。高分子材料制品的成形工艺是利用压力使加热后呈黏流态的高分子材料充填模具型腔以获得制品。塑料和橡胶是应用范围广、用量大的高分子材料，随着电子、家电、机械、日用五金等工业产品塑料化趋势的不断增大，对塑料、橡胶制品成形工艺及其模具的需求也越来越大。

第六部分是材料成形技术生产方法的选择。在充分了解各类毛坯生产方法的特点后，根据零件毛坯的材料种类、力学性能、结构形状，生产批量、现场条件等情况，合理地选择材料成形生产的具体工艺或方法。

机械制造业中机械零件的用材主要以金属材料特别是钢铁为主，所以金属材料特别是钢铁，其成形原理、材料的工艺性、常用成形工艺及选用当属本篇的重点。具体说来，第一部分以砂型铸造工艺一节为重点；第二部分以锻造和板料冲压工艺为重点；第三部分以熔化焊一节为重点；第四部分以粉末冶金为重点；第五部分以塑料制品成形工艺为重点；第六部分以零件特征合理选择其成形技术方法为重点。

材料成形技术篇各章的内容相继可简化为成形理论基础、成形工艺、材料工艺性、结构工艺性和合理选择五大部分。理论基础的核心是成形原理及规律；成形工艺的关键是特征及应用范围；材料工艺性是确定成形技术最重要的依据；结构工艺性决定了工艺过程的繁简；合理选择具体工艺方法是最重要的应用。所以，贯穿本篇各章的纲是“成形原理—成形工艺—零件特征—应用”。因此，在进行系统复习和总结时，不论对各个部分，还是各个章节，都可以用这一纲来引导，做到纲举目张。

总之，在复习中，只要掌握该课程的这一总体结构，理顺各章关系，注意各章节之间的内在联系，紧紧抓住各章重点，掌握基本知识和基本内容，是完全能够达到本课程的基本要求与目的的。

2. 机械工程材料及其成形技术基础是一门叙述性很强的课程，特别强调对问题的理解及在理解基础上强化记忆一些重要内容

1）要正确理解一些重要的名词、术语和图表的含义

例如相、组织、淬透性、回火马氏体、可铸性、热应力、加工硬化、可锻性、焊接电弧、热影响区、流动性、流变性等的含义究竟是什么；铁-碳合金相图中的碳含量对材料力学性能的影响图说明了什么，铸造工艺流程图说明了什么，塑料状态与温度的关系图说明了什么，从生产方法与生产成本的影响图可得出什么结论，等等。

2）掌握一些基本图形数据和一些重要公式及计算方法

例如零件、毛坯与产品，结晶、重结晶及再结晶的概念与区别，奥氏体、过冷奥氏体与残余奥氏体，液态凝固成形、颗粒态烧结成形、黏流态固化成形，材料工艺性与结构工艺性等概念应明确与区分开来等。

又如铁-碳合金相图及其上特性点、线的碳含量与温度，共析碳钢的 TTT 与 CCT 曲线及其上的各条线含义、各区域的组织，常用 45 钢、T10、W18Cr4V 等的淬火、回火温度，合金的线收缩率，铸铁的浇注温度，碳钢的锻造加热温度等。

再如杠杆定律的应用与平衡状态下钢的相组分、组织组分相对百分含量的计算，确定再结晶温度、再结晶退火温度的经验公式及计算，烧结温度经验公式等。

3）能深刻领悟一些重要的规律

例如钢的组织转变规律，加热转变的依据就在铁-碳相图中；冷却转变的依据则在钢的过冷奥氏体的两个冷却转变曲线（即 TTT 曲线与 CCT 曲线）中；各种材料成形技术的成形条件、特点和应用范围取决于其成形原理；工业上各种材料成形技术相互补充、缺一不可，如何选择与零件的材料、几何结构、批量、生产条件等密切相关；等等。深刻领悟并掌握了这些规律，就能正确把握课程的精髓。

4）学会运用理论观点解释生产实际中的现象

例如加工硬化在生产实际中的应用实例，具体某种工业用钢经热处理后的组织，零件材料、结构、批量的多样化决定了其成形技术的多样化等，都要求将所学到的理论观点活学活用，具体分析生产中的实际问题。

5）透彻理解

所谓透彻理解，实际上就是要正确、深刻地理解这些概念、原理、规律、图表、公式、工艺性等的内涵、适用条件等。有了深刻透彻的理解，自然就基本掌握了本课程的内容。

3. 采用“四点”学习法学习、理解和掌握机械工程材料及其成形技术基础的知识

“四点”学习法即学习内容的基础知识点（简称基点）、深入点、特点及应用切入点。

1）基础知识点

基础知识点是指有关学习内容的基础知识，这些基础知识是一些实质、原理、原则等：如材料性能的实质是指材料在使用和制造加工中所具有（或表现出）的性质；晶体的实质是指组成材料（物质）原子（或离子、分子）在三维空间中呈规则排列；相图是用图解的形式表示不同成分、不同温度下合金系中各相的平衡关系，组织的概念；改变材料性能方法的原理有相变（热处理）原理，合金化原理，塑变强化原理，控制结晶原理等；材料的类别；选材原则；金属液态凝固成形原理，金属固态塑性变形成形原理，颗粒态烧（固）结成形原理、黏流态固（硬）化成形原理等。

2）深入点

深入点是基础知识的深入和扩展，包括理论、机理、规律、影响因素、相互间关系等：如在其他条件合理的情况下，材料（的性能）决定了大多数零件的特性

（如功用、寿命、体积和重量等）；材料结晶的基本规律，材料的性能与晶体结构的关系，碳对铁-碳合金组织和性能的影响规律；过冷奥氏体转变规律及影响因素；各种强化方法或手段的机理；合金液充型能力的因素；金属固态塑变成形规律及影响可塑性能力的因素；影响烧（固）结成形的因素；选择材料与成形技术的关系等。

3）特点

特点是知识内容所具有的特征，如通常强度、硬度高的材料其塑韧度就较低；具有面心立方晶体的金属材料其塑性较好；高碳钢因组织中存在较多的渗碳体（Fe_3C）而硬度较高塑韧度差；各整体热处理工艺的冷却特点，不同的淬火＋回火热处理工艺应用特点；各种类型的材料具有各自的特征，常用的材料要熟悉其“五要素”；各类零部件的技术特征如何；各类材料的成形性特点，各类成形技术方法的异同点及优缺点；各类成形件或毛坯的特点等。

4）应用切入点

应用切入点是把所学知识内容进行实际应用或解决实际工程问题的着手点，即针对题目或实际工程问题从何处（切入点）开始分析，然后以“此点”连接相关知识内容，进行解题。

例如：机械工程材料的选用取决于零部件的主要性能（即切入点）要求，能达到该主要性能要求的材料可能有多种，在此基础上考虑材料的工艺性（绝大多数零部件在制造加工过程中需进行强化处理）、经济性，最终确定一种或得出结论；重要零部件的强化往往是多种方法（手段）的组合，如选用合金钢（合金化——强化基体、形成新相等）＋采取锻造成形（热塑变——提高致密度、细化晶粒、形成纤维组织等）＋正火或调质（整体热处理——细化晶粒、稳定组织等）＋表面热处理（提高表面或局部硬度，耐磨、耐热、耐蚀性等）。

又如：成形技术（毛坯制作）方案的选择，既取决于零部件所用材料（第一切入点）又受制于零部件的技术特征（如结构、形状大小、生产纲领等——第二切入点），零部件所用的材质有些只能用一类成形技术生产毛坯或成形件，而有些则可选择多类成形技术；在由材质选定某类成形技术方法的基础上，再根据零部件的技术特征、技术经济性、安全性等最终确定一种成形工艺或得出结论。

针对这“四点”的要求应掌握“基点”，理解“深入点”，熟悉“特点”，会找“应用切入点”。

总之，要掌握科学的学习方法，进行科学的思维，积极主动地做好课程的系统复习。

第一部分

各章内容提要与学习重点

绪 论

0.1 内容提要

1. 机械工程材料及其成形技术的分类与发展

人们用各种材料制作各种人们所需的物质产品的过程——制造加工，材料应用与材料成形技术是制造加工过程的重要组成部分。而数不清的各种机械装备又都是由性能各异的机械工程材料经机械制造加工成各种零件并装配而成的。从材料的设计、制备、加工、检测，到器件（零件、部件、装备）的制造加工、使用，直到回收利用，已经形成一个巨大的社会循环；这一循环的概念提示了材料、制造加工、能源和环境之间具有强烈的交互作用，这种作用之所以显得越来越重要，是因为人类在关注经济发展的同时，也不得不面对材料和能源等资源的短缺及人类生存环境的破坏和恶化。因此，把自然资源和人类需要、社会发展和人类生存联系在一起的材料及其制造加工循环，必然要引起全社会的高度重视。

对不同的零件（产品），则应选择相应的机械工程材料，并采用与之相适宜的成形方法及加工过程，才能满足其性能和技术要求。而制作加工技术的突破往往成为新产品能否问世，新技术能否产生的关键，故新材料、新工艺、新技术常常是相关联的。

机械工程材料的种类繁多，有各种各样的分类方法。若按材料组成（或化学成分）与结合键特点，可分为金属材料、陶瓷材料、高分子材料和复合材料四大类，如表 1-0-1 所示。

表 1-0-1　材料按其组成与结合键特点分类

材料名称	材料组成	结合键
金属材料（钢铁金属、非铁合金）	金属为主	金属键为主
陶瓷材料	金属和非金属的化合物为主	共价键＋离子键为主
高分子材料	碳氢化合物为主	共价键＋范德华键为主
复合材料	两种或两种以上上述材料的组合	混合键

20 世纪 50 年代前，金属材料在各类装备制造业中占绝对优势，随着零部件或装备的使用性能要求，到目前已逐渐形成四大类机械工程材料平分秋色的格局。随着社会和科技的进步，机械工程材料正向高功能化、超高性能化、复合轻量和智能化的方向发展。

材料成形技术是制造加工过程的重要组成部分，是保证零部件质量的基础技术。构成机器装备的零部件的形状、大小和要求是各式各样千变万化的，因此，必须通过改变原材料的形态，使其接近或达到零件的几何形状、尺寸大小和技术要求等，工业上把通过改变原材料的形态从而获得毛坯或零件的制造加工方法统称为材料成形技术。若按成形原理与成形时材料的状态主要可分为液态成形技术、固态塑变成形技术、固态连接成形技术、粉末压制成形技术、高分子材料成形技术、复(组)合成形技术六大类，如表 1-0-2 所示。

表 1-0-2　按成形原理与成形时材料的状态分类

成形技术名称	成 形 原 理	成形时材料的状态
液态成形技术(铸造)	凝固	液态
固态塑变成形技术(锻压)	塑性变形	固态
固态连接成形技术(焊接)	凝固，塑性变形，黏合或两种组合	固态为主
粉末压制成形技术(粉末冶金)	贴合和嵌合	颗粒态为主
高分子材料成形技术	凝固	糊状态为主
复(组)合成形技术	上述两种及以上的组合	混合态

成形技术是显著提高装备性能、大幅度减轻结构质量、降低制造成本和提高装备使用寿命及可靠性的关键技术，正沿着优质、高效、精密、大型和低污染的方向发展。现代成形技术是集多种学科于一体的综合技术，是最能代表国家制造技术水平的重要方面。

2. 课程的性质及与专业的关系

(1) 机械工程材料及其材料成形技术是一门重要的技术基础课程，它主要是应用金相学、物理学、化学、冶金学和电子计算机等学科理论和实验的最新成就，即机械工程材料及其材料成形技术是建立在实验基础之上而又与工业实践紧密结合的一门技术基础课程。其课程内容以定性描述为主，具体表现为“三多”：讲授内容中名词、概念、术语多，定性描述、经验性总结多，需记忆性的内容、规律多。

(2) 作为一名机械工程技术人员，时时处处都会遇到有关材料及其制造加工方面的问题。无论设计一台机器设备、机械零件，还是改造、加工一套工夹具，都将面临材料的选择、应用与零件加工工艺路线的制定等问题，这一切都涉及材料及其成形技术方面的问题。

(3) 学好机械工程材料及其成形技术基础，为学习专业基础课、专业课等奠定坚实的基础。

0.2 学习重点

学习本课程，要紧紧抓住“材料的性能与选用、强化处理和成形技术及应用”之间的相互关系及其变化规律这个“纲”。围绕零件性能—材料及选用—强化处理—成形加工及应用主线，结合实际，注重分析，理解前后知识的整体联系并做到综合应用。

明确本课程在机械设计与制造中的重要性、研究对象、课程的性质、主要内容概况及与专业的关系等。初步了解机械工程材料及其成形技术的分类，对机械工程材料及其成形技术课程的特点有足够的了解与认识，有的放矢地制订自己的学习计划、选择适合自己的科学学习方法。

第1章　零部件对材料性能的要求

1.1 内容提要

1. 零部件所受的各种负荷

工程构件与机械零件(以下简称构件或零件)在工作条件下可能受到:

(1) 力学负荷——零件受到的各种外力加载,在力学负荷作用条件下,零件将产生变形(如弹性变形、塑性变形等),甚至出现断裂;

(2) 热负荷——在热负荷作用下,温度变化使零件产生尺寸和体积的改变,并产生热应力,同时随温度的升高,零件的承载能力下降;

(3) 环境介质的作用——零件服役条件状况、环境介质的作用主要表现为环境对零件表面造成的化学腐蚀、电化学腐蚀、摩擦磨损和老化等作用。

零件在工作条件下,有时只受到一种负荷作用,但更多的时候将受到两种或三种负荷的同时作用。

2. 工程设计与加工工艺所需要的材料性能

机器是零件(或部件)间有确定的相对运动、用来转换或利用机械能的机械。机器一般是由零件、部件(为若干零件的组合,具备一定功能)组成一个整体,因此一部机器的整机性能除与机器构造、加工与制造等因素有关外,主要取决于零部件的结构与性能,尤其是关键件的材料性能。

零件的性能由许多因素确定,其中材料因素(如材料的成分、组织与性能等)、加工工艺因素(各加工工艺过程中对零件性能的所产生的影响)和结构因素(如零件的形状、尺寸、与连接件的关系等)起主要作用。此外,使用因素也起较大作用。在结构因素和加工工艺因素正确合理的条件下,大多数零件的功用、寿命、体积和重量主要由材料因素所决定。

材料的性能是指材料的使用性能和工艺性能。材料的使用性能——材料在使用过程中所具有的功用,包括力学性能和理化性能。材料的力学性能——抗各种外力的能力,常用的材料力学性能指标及说明如表 1-1-1 所示。

表 1-1-1　常用的力学性能指标及说明

力学性能	性能指标		说　明
	符号	名　称	
强度	σ_b	抗拉强度（强度极限）	试样在拉断前承受的最大应力值
	σ_s	屈服强度（屈服极限）	材料开始产生屈服现象的应力
	$\sigma_{0.2}$	条件屈服强度（条件屈服极限）	对于没有屈服现象的材料，工程中规定试样发生标距长度 0.2% 的残余塑性变形量时所对应的应力值
	σ_{-1}	疲劳强度（疲劳极限）	材料经受多次（钢为 10^7 次、非铁合金为 10^8 次）对称循环交变应力作用而不发生破坏的最大应力值
塑性	δ δ_5	延伸率	试样拉断后，标距长度的增加量与原标距长度的百分比，试样长度与直径之比为 5 时，用 δ_5 表示
	Ψ	断面收缩率	试样拉断处，横截面积减缩量与原横截面积的百分比
硬度	HBS HBW	布氏硬度	使淬火钢球（或硬质合金球）压入材料表面，在单位压痕球面积上所受的载荷。一般用于测量硬度小于 450HB 的较软材料、毛坯、成品
	HRC	洛氏硬度	以 120°角金刚石圆锥压头压入材料表面，按压痕深度衡量硬度值。可直接从硬度计表盘上读数，一般用于经过淬火的钢件等
	HV	维氏硬度	用正四棱锥体金刚石压头压入试样表面，所施加的载荷与压痕表面积的比值。一般用于测量经表面处理的表面层硬度或薄件的硬度
韧度	a_K	冲击韧度（冲击值）	一次冲断试样缺口处单位截面积上所消耗的功
断裂韧度	K_I	断裂韧度	在断裂力学中，用来研究材料抗裂纹扩展能力的性能指标
弹性	σ_e	弹性极限	材料承受最大的弹性变形时所对应的应力值
	E	弹性模量	弹性范围内应力与应变的比值，表征金属对弹性变形的抗力

材料的理化性能包含物理性能及化学性能，材料的物理性能表征材料固有的物理特征，如密度、熔点、热膨胀性、导电性等；材料的化学性能表征材料抗介质侵蚀的能力，如耐酸性、耐碱性、耐蚀性、抗氧化性等。

材料的工艺性能是指制造加工过程中材料适应制造加工的能力，反映材料制造加工的难易程度，如铸造性、可锻性、可焊性、热处理工艺性等。

材料的性能指标是设计、制造零件和工具的重要依据。

3. 机械工程材料的类别及主要特征

1）机械工程材料的类别

现代机械工程材料种类繁多，有许多不同的分类方法。工程中使用的材料常按化学组成分为四大类，如图 1-1-1 所示。

- 机械工程材料
  - 金属材料
    - 钢铁金属
      - 碳钢
      - 合金钢
      - 铸铁
    - 非铁合金
      - 轻非铁合金铝、镁等
      - 重非铁合金铜、铅等
      - 稀有金属稀土RE等
  - 高分子材料
    - 塑料
    - 合成橡胶
    - 合成纤维
    - 有机黏结剂及涂料
  - 陶瓷材料
    - 硅酸盐材料(普通陶瓷)　玻璃、水泥、陶瓷、耐火材料
    - 新型陶瓷(特种陶瓷)　除SiO_2以外的其他氧化物、碳化物、氮化物陶瓷及功能陶瓷等
  - 复合材料
    - 非金属基复合材料
    - 金属基复合材料

图 1-1-1　机械工程材料分类

2）主要特征

（1）金属材料的特征　金属材料因具有金属键（个别含有一定量的共价键）而使其具有特别的综合性能，工程应用的金属材料大多在具有较高强度的同时，耐热、良好的导热导电性、特有的金属光泽、优良的工艺性能、通过热处理及表面改性可大幅度改变其性能等，故工程应用十分广泛。

（2）有机高分子材料的特征　有机高分子是由许多小分子单体经聚合反应（以共价键结合为主）而形成。高分子材料（也称高聚物）大分子主链内原子间的强共价键及大分子链间的弱分子键的结合特征，使具有一系列不同的特点如密度小，强度低（但比强度高，甚至高于钢铁），低的弹性模量，较高的弹性，优良的电（绝缘）性能，优良的减摩、耐磨和自润滑性能，优良的耐蚀性（甚至胜过一般的不锈钢），优良的透光性和隔热、隔音性，可加工性好（可用各种方法成形及

加工)等，使其在工业中得到广泛应用。但绝对强度、刚度水平低，不耐热(<300 ℃)，可燃，易老化，使其应用受到一定限制。

(3) 陶瓷材料的特征　由一种或多种金属和非金属元素形成的具有强离子键或共价键的化合物，主要为由氧化物、碳化物、氮化物及硅酸盐等物质组成的材料，由传统硅酸盐材料演变而来。其具有熔点高、硬度高、化学稳定性高，极高的弹性模量，具有耐高温、耐腐蚀、耐磨损、绝缘、热膨胀系数小等优点，在现代工业中已得到愈来愈广泛的应用。但陶瓷材料抗压不抗拉，脆性大及不易加工成形使其应用受到一定限制。

(4) 复合材料的特征　由两种或两种以上物理性质和化学性质不同的物质经人工组成的兼有各组成物性能的一种多相固体材料，具有组成它的单一材料所不具备的性能，而各组成物间仍保持一定的界面。复合材料能充分发挥其组成材料的各自长处，又在一定程度上克服了它们的弱点，其成分、性能可较大范围地人为调整设计，并且材料的合成与产品的成形大多同时进行，一次完成，如常见的钢筋混凝土、沥青路面、汽车轮胎、玻璃钢制品、硬质合金刀片，甚至混纺的布料等。按基体的不同分树脂基、金属基、陶瓷基三类，具有广阔的应用前景。

1.2 本章重点

(1) 熟悉机械工程材料性能的三个方面(力学、理化、工艺)；对表征材料的各种力学性能指标要认识并能解释其物理意义，其中重点是 σ_b、σ_s($\sigma_{0.2}$)、σ_e、σ_{-1}、δ、a_K、HB、HRC；熟悉布氏硬度和洛氏硬度各自的优、缺点，相互关系和应用场合。

(2) 熟悉各类机械工程材料的主要特征。

第2章 材料的内部结构、组织与性能

2.1 内容提要

材料的种类千千万万，性能也各有不同，但影响材料性能的内在因素是：化学成分、内部结构和内部组织，即材料具有的结构类型及其数量、形状、大小和分布，其他物质（如夹杂物等）和现象（如气孔、缩孔、微裂纹等）的存在状况。通常，材料的理化性能主要取决于成分，而力学和工艺性能既取决于成分又取决于组织；材料性能与成分和组织的关系，就像数学中的复合函数关系：$P=f(x,y)$，其中 $y=y(n_1,n_2,n_3,\cdots)$。可见，只要改变或改善任一个因素（自变量），都将引起材料性能的变化。

1. 材料的内部结构（简称材料的结构）

绝大多数机械工程材料的使用状态为固态，固态材料（物质）的结构即构成材料的原子（或分子）在三维空间的结合和排列状况。

1）金属材料（纯金属和合金的统称）

绝大多数金属材料（有时简称金属）的结构为晶体结构，晶体内部的原子（或离子）在三维空间呈规则的结合和排列，使之具有：①规则的几何外形；②确定的熔点；③各向异性。而在非晶体中，原子是散乱排列的，故不具备以上特性。

由 X 射线结构分析表明，大多数纯金属呈体心立方、面心立方和密排六方这三种典型的晶体结构，其基本的结构参数如表 1-2-1 所示。

金属材料的许多性能及其发生的许多现象都与金属晶体中的晶面和晶向有密切关系。

纯金属具有较好的导电、导热等理化性能，但其力学性能一般较低，价格偏高，在工程上很少作为结构件材料使用。实际中大量使用的金属材料都是由两

表 1-2-1　三种典型金属晶体结构

金属名称	晶格类型	晶格特征	晶胞中原子数	原子半径	配位数	致密度/(%)
Cr、Mo、W、V α-Fe、δ-Fe	体心立方 (bcc)	$a=b=c$ $\alpha=\beta=\gamma=90°$	2	$3^{1/2}a/4$	8	68
Al、Cu、Ni、γ-Fe	面心立方 (fcc)	$a=b=c$ $\alpha=\beta=\gamma=90°$	4	$2^{1/2}a/4$	12	74
Mg、Cd、Zn、Be	密排六方 (hcp)	$a=b\neq c$ $\alpha=\beta=90°$ $\gamma=120°$	6	$a/2$ $(c/a=1.633)$	12	74

种或两种以上元素组成的具有金属特性的物质——合金，合金的晶体结构（又称相结构）及特点如表 1-2-2 所示。

表 1-2-2　合金的相结构及特点

合金相结构类别	晶体学特征	性能特点
固溶体（间隙、置换）	保持溶剂组元的晶体类型	比纯金属相的强硬度高，有一定的塑韧度，常作为结构件材料内部组织中基本主要的组成相
金属间化合物（正常价、电子、间隙）	具有与组成组元不相同的晶体结构	多数性硬而脆，熔点高，常作为材料（尤其是工模具材料）内部组织中的强化相

实际金属材料晶体内部的原子排列和结合并不像理想晶体那样规则和完整，总是存在着一些原子偏离理想规则的区域，此即晶体缺陷（如点缺陷、线缺陷和面缺陷等）。这些缺陷造成了实际晶体的不完整性，并对金属（和陶瓷）的许多性能产生极其重要的影响。

2）有机高分子材料

组成高分子材料的分子链的聚集状态有晶态（分子链在空间规则排列，如折叠状或平行状等），部分晶态（分子链在空间部分规则排列）和非晶态（分子链在空间无规则排列，又称玻璃态或无定形态）。

在实际生产中获得完全晶态的聚合物是很困难的，大多数聚合物都是部分晶态或完全非晶态。通常用聚合物中结晶区域所占的重量或体积百分数即结晶度来表示聚合物的结晶程度，聚合物的结晶度变化范围很宽，为30%～90%，特殊情况下可达98%，一个大分子链可以同时穿过许多晶区和非晶区。一般情况下，结晶度高的高聚物，其强度、硬度、密度、耐热性、耐蚀性均较高，但弹性、塑性、透明性则有所下降。

3）陶瓷材料

陶瓷材料一般均为多组元系，其组成相可分为固溶体和化合物两大类，但其具体内容和组织组成物要比金属的金相组织复杂得多。

陶瓷材料的结构由晶体相、非晶体相和气相构成，而晶体相是最主要的组成相。

2. 晶体材料的相图与组织形成

1）金属的凝固

由液体转变成固体的过程，称为凝固；若凝固所得到的固体为晶体，则称为结晶。通常，金属在固态下均是晶体，故金属的凝固又称金属的结晶。

结晶过程的推动力是液相和固相之间要有自由能差（ΔF），即结晶过程需要过冷。过冷是金属结晶的必要条件。金属结晶包括形核和长大两个过程。金属结晶的结果是形成由许多晶粒（相互间位向不同的小晶体）所组成的多晶体组织。由于细晶粒材料具有较好的常温力学性能，因而细化晶粒就成为结晶过程中控制组织以提高使用性能的一个重要手段。

金属结晶的基本规律是研究金属内部组织转变的基础。结晶过程中形核及长大的概念以及结晶的规律，在固态相变中也具有普遍意义。

大多数金属在晶态时只有一种晶格类型，其晶格类型不随外界条件（如温度、压力等）而改变。少数金属（如铁、锡、钛等）在晶态时，其晶格类型会随外界条件如温度而改变，这种现象称为同素异构（或异晶）转变。其中，从液态变为晶态的过程称为结晶（一次结晶），从一种晶态变为另一种晶态的过程称重结晶（二次或三次结晶）。一般情况下，材料的相变是一个形核、长大的原子扩散或聚集过程，并伴有相变潜热的产生或吸收，以及体积的变化。

2）二元合金结晶相图

由于合金具有强度高、硬度高、韧度高、耐磨、耐蚀、耐热等优良性能，因此在工程上使用的金属材料绝大多数是合金。二元合金是最简单、最基本的合金。

（1）组织与相的关系与区别　相是按其物质的化学成分和晶体结构的基本属性来划分的。相是指材料中结构相同、化学成分及性质均一的组成部分，相与相之间有界面分开。因此，凡是化学成分相同，晶体结构与性质相同的物质，不管其形状是否相同，不论其分布是否相同，统称为一个相。

组织一般是指是用肉眼或在显微镜下所观察到的材料内部所具有的某种形态特征或形貌图像，实质上它是一种或多种相按一定方式相互结合所构成的整体的总称。组织是显微尺度，结构是原子尺度。相构成了组织，组织决定了性能，这是一个重要的概念。

合金的组织是由单相固溶体或化合物组成，也可由一个固溶体和一个化合物或两个固溶体和两个化合物等组成。正是由于这些相的形态、尺寸、相对数量和分布的不同，才形成了各种各样的组织形态，可见，组织可由单相构成，也可由多相构成。在化学成分不变的情况下，组织是材料性能的决定因素；在相同（如相组分或化合物相同）的条件下，不同的组织形态对应着不同的性能。

相组分（相组成物）与组织组分（组织组成物）是人们把在合金相图分析中出现的“显微组织”称为构成组分。实际上相组分就表示“相”，组织组分就表示“组织”。

（2）二元合金相图　合金相图是合金成分、温度与合金系所处状态间关系的简明图解。它反映了合金系在给定条件下的相平衡关系，是研究相与组织转变规律的重要工具之一。

与纯金属不同的是，在二元合金系中，随着组成元素加入量的变化，合金中的相和组织也要发生相应改变。人们根据其组织转变规律及性能特征来区分相图，并确定其转变类型，归纳如表 1-2-3 所示。

表 1-2-3　二元合金相图

相图类型	图形主要特征	转变式	说　明
匀晶转变	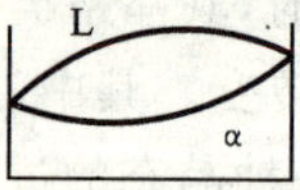	L→α	一个液相经过一个温度范围转变为一种固相
共晶转变	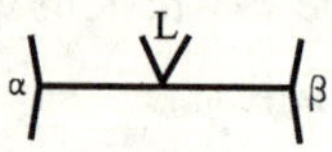	L→(α+β)	恒温下，由一个液相 L 同时结晶出两个不同成分和结构的固相 α 和 β，构成机械混合物（称共晶体）
共析转变	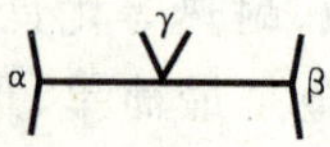	γ→(α+β)	恒温下，由一个固相 γ 同时结晶出两个不同成分和结构的固相 α 和 β，构成机械混合物（称共析体）
包晶转变	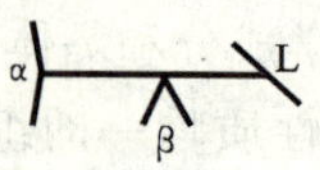	α+L→β	恒温下，由液相 L 和一个固相 α 相互作用生成一种新的固相 β

在对各类相图的认识和应用中，要特别注意区分各种相与组织，分析典型合金的结晶过程，画出结晶过程示意图。应用杠杆定律可计算成分一定的合金在平衡状态下相与组织的相对量。

（3）铁-碳合金相图　碳钢和铸铁是工业中应用范围最广的金属材料，它们都是以铁和碳为基本组元的合金，通常称之为铁-碳合金。铁是铁-碳合金的基本成分，碳是主要影响铁-碳合金性能的成分。虽然碳钢和铸铁都是铁-碳合金，但性能却很不相同，这些从铁-碳合金相图中可得到充分的解释。铁-碳合金相图是研究钢铁材料的有力工具，是研究碳钢和铸铁成分、温度、组织和性能之间关系的理论基础，也是制定钢铁的各种热加工工艺的依据。

由基本相所形成的铁-碳合金的基本组织有铁素体、奥氏体、渗碳体（有一次、二次、三次渗碳体之分）、珠光体、莱氏体（有低温与高温莱氏体之分）5 种，其特点归纳列于表 1-2-4。

表 1-2-4　铁-碳合金相图的典型组织、特性

名称	符号	晶体结构	组织类型	定义	w_C/(%)	存在温度范围/℃	组织形态特征	主要力学性能
铁素体	F	BCC	间隙固溶体	C 溶于 α-Fe中	≤0.021 8	≤912	块、片状	塑、韧度良好
奥氏体	A	FCC	间隙固溶体	C 溶于 γ-Fe中	≤2.11	≥727	块、粒状	塑、韧度良好
渗碳体 一次	Fe_3C_{I}	复杂晶格的金属化合物	间隙化合物	从 L 中析出	6.69	≤1 227	粗大片、条状	硬而脆
渗碳体 二次	Fe_3C_{II}	复杂晶格的金属化合物	间隙化合物	从 A 中析出	6.69	≤1 148	网状	硬而脆
渗碳体 三次	Fe_3C_{III}	复杂晶格的金属化合物	间隙化合物	从 F 中析出	6.69	≤727	断续细片状	降低钢的塑性

续表

名称		符号	晶体结构	组织类型	定义	$w_C/(\%)$	存在温度范围/℃	组织形态特征	主要力学性能
珠光体		P	($F+Fe_3C$)两相组织	机械混合物	从A中析出$F+Fe_3C$	0.77	≤727	层片、粒状	强韧度良好
莱氏体	高温	L_d	(Fe_3C+A)两相组织	机械混合物	从L中析出$A+Fe_3C$	4.3	727～1 148	短杆、或鱼骨状	硬而脆
	低温	L'_d	(Fe_3C+P)两相组织	机械混合物	因L_d中的A转变而得($P+Fe_3C$)	4.3	≤727	短杆、或鱼骨状	硬而脆

铸铁的碳含量一般不超过5%，再高就变得很脆，而无实用价值。所以作为铁-碳合金二元相图，左侧的组元为Fe，右侧的组元取Fe_3C(即$w_C=6.69\%$)，已经是足够的了，所以铁-碳合金相图实际上是$Fe\text{-}Fe_3C$相图，要求熟练掌握下列内容。

① 熟记简易铁-碳相图，记住重要点(如*C*、*E*、*F*、*P*、*S*等点)的温度、成分和意义，以及一些重要线(如*ECF*、*PSK*、*GS*、*ES*等线)的意义。

② 弄清一些重要概念：同素异构转变、奥氏体、珠光体、低温莱氏体、共析渗碳体、二次渗碳体。铁-碳合金中的渗碳体如表1-2-5所示。

③ 弄清铁-碳合金中的基本相和基本组织的本质、特征和性能。

固态下，铁-碳合金中的基本相有高温δ铁素体、铁素体、奥氏体和渗碳体四种，前三种属于固溶体，后者属于化合物。固溶体具有好的塑性和韧度，而化合物的硬度高脆性大。

④ 熟悉铁-碳合金室温平衡组织示意图，正确识别各组织组成物和组织特征。如过共析钢(T12钢)室温平衡组织为$P+Fe_3C_{Ⅱ}$，其组织特征是白色网状$Fe_3C_{Ⅱ}$包围在层片状P周围。

⑤ 铁-碳合金的成分组织一性能之间的关系。对于亚共析钢，根据碳含量可求出组织组成物的相对质量，进而可估算其性能(如强度、硬度、塑性等)。

⑥ 运用铁-碳相图，分析典型成分的铁-碳合金的结晶过程(用冷却曲线表示)，计算平衡组织中组成相及组织组成物的相对质量，如表1-2-6所示。

表 1-2-5 铁-碳合金中的渗碳体

名 称	符 号	母相	形成温度/℃	组织形态	分布情况	对性能的影响
一次渗碳体	Fe_3C_{I}	L	＞1 148	粗大板条状	在莱氏体上	增加硬脆性
二次渗碳体	Fe_3C_{II}	A	727～1 148	网状	在A或P晶界上	严重降低强度和韧度
三次渗碳体	Fe_3C_{III}	F	＜727	短条状	数量极少(沿晶界)	降低塑韧度(常忽略不计)
共晶渗碳体	$Fe_3C_{\text{共晶}}$	L_e	1 148	块、片状	是莱氏体的基本相	产生硬脆性
共析渗碳体	$Fe_3C_{\text{共析}}$	A_s	727	细片状	与片状F构成层片状P	提高综合力学性能

表 1-2-6 铁-碳合金的分类、相组分与组织组分的计算

铁-碳合金	组 织	相组成/(%)		组织组成物/(%)	
纯铁	F	F	100	F	100
亚共析钢	F+P	F, Fe_3C	$Fe_3C=C/6.69\times100$ $F=1-Fe_3C$	F,P	$P=C/0.77\times100$ $F=1-P$
共析钢	P			P	100
过共析钢	$P+Fe_3C_{\mathrm{II}}$			P,Fe_3C_{II}	$Fe_3C_{\mathrm{II}}=(C-0.77)/(6.69-0.77)\times100$ $P=1-Fe_3C_{\mathrm{II}}$
亚共晶白口铸铁	$P+Fe_3C_{\mathrm{II}}+L'_e$			$P,Fe_3C_{\mathrm{II}},L'_e$	$L'_e=(C-2.11)/(4.3-2.11)\times100$ $Fe_3C_{\mathrm{II}}=(2.11-0.77)/(6.99-0.77)\times(1-L'_e)$ $P=1-L'_e\%-Fe_3C_{\mathrm{II}}$
共晶白口铸铁	L'_e			L'_e	100

续表

铁-碳合金	组　织	相组成/(%)		组织组成物/(%)	
过共晶白口铸铁	$L_e'+Fe_3C_I$	F，Fe_3C	$Fe_3C=C/6.69\times100$ $F=1-Fe_3C$	L_e'，Fe_3C_I	$Fe_3C_I=(C-4.3)/(6.69-4.3)\times100$ $L_e'=1-Fe_3C_I$

注：表中C表示铁-碳合金碳含量的百分数。

3. 材料的组织与性能

材料的力学和工艺性能既取决于成分，又取决于组织；材料性能与成分和组织的关系是辩证的，即材料欲获得什么样的性能，须有相应的成分和组织保障；反之，若材料具有一定的成分和组织则就具备一定的性能；在材料成分一定的前提下，组织取决于工艺过程。

2.2 本章重点

(1) 晶体结构的基本概念，三种典型晶格(体心立方、面心立方和密排六方)的原子排列规律及基本参数。

(2) 实际金属中的三类晶体缺陷(点、线、面缺陷)。

(3) 材料的结构及特点。

(4) 过冷度的概念，过冷度对结晶过程的影响规律。

(5) 结晶过程中形核和长大的概念，自发形核、非自发形核、树枝状长大。

(6) 获得细晶粒的方法。

(7) 熟练掌握铁-碳合金相图的全貌，要能默画出铁-碳合金相图，并能标出图上的特性点(如 G、C、E、F、P、S 等)、线(如 ECF、PSK、GS、ES 等)的温度和成分，能填上各区域的相和组织的组成。

(8) 画冷却曲线，分析典型铁-碳合金的结晶过程，应用杠杆定律计算在室温下平衡组织中的相和组织组成物在整个合金中占的质量百分数，特别是钢的部分。

(9) 掌握铁-碳合金的成分、组织与性能之间关系，即随碳含量的变化，其室温组织和性能的变化规律(见图1-2-1)。

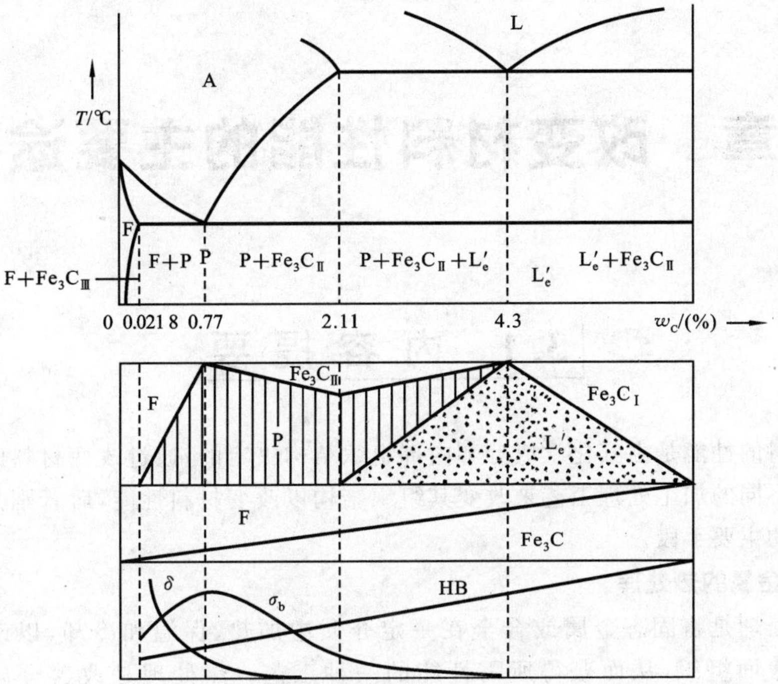

图 1-2-1　铁-碳合金的成分、组织与性能关系图

第3章 改变材料性能的主要途径

3.1 内容提要

材料的性能是由其化学成分和内部组织结构决定的,通过改变材料的成分或采用不同的加工处理工艺来改变其组织结构以改变材料性能,后者则是工程上采用的主要手段。

1. 金属的热处理

热处理是将固态金属或合金在一定介质中加热、保温和冷却,以改变其整体或表面组织,从而获得所需性能的一种工艺。热处理是改善金属材料(尤其是钢)的使用性能和加工性能的一种非常重要的工艺方法。在机械工业中,绝大部分重要零件都要经过适当的热处理才能满足使用性能或工艺性能的要求。

本部分内容理论联系实际,具有重要的应用价值,也是本课程的重点内容之一。

本部分的主要内容可分为热处理原理和热处理工艺两部分。

1) 热处理原理

以过冷奥氏体的等温转变曲线(C曲线或TTT曲线)为中心,以钢的化学成分、组织结构与性能之间的关系为主线,分析钢中的各种组织转变规律。其主要内容是:钢在加热时的奥氏体化过程;钢在冷却时由过冷奥氏体在不同条件下转变为各种产物(如珠光体型、贝氏体型和马氏体型等)的转变过程;钢的回火转变过程。学习中要注意正确理解并掌握各种不同成分的钢在不同冷却条件下所形成各种组织的特征及其与性能的关系(见表1-3-1)。

从共析钢过冷奥氏体等温转变曲线可以确定在 A_1 以下不同温度等温时的转变产物。根据它也可以定性地估计连续冷却转变时过冷奥氏体的转变产物。

表 1-3-1 过冷奥氏体等温转变的类型、产物、性能及特征

<table>
<tr><th colspan="2">组织名称</th><th>符号</th><th>转变温度/℃</th><th>相组成</th><th>转变类型</th><th>特 征</th><th>HRC</th></tr>
<tr><td rowspan="3">珠光体型</td><td>珠光体</td><td>P</td><td>A_1～650</td><td rowspan="3">$F+Fe_3C$</td><td rowspan="3">扩散型(铁原子和碳原子都扩散)</td><td>片层间距 0.6～0.8 μm(500 倍分清),珠光体</td><td>10～20</td></tr>
<tr><td>索氏体</td><td>S</td><td>650～600</td><td>片层间距 0.25 μm(1 000倍分清),细珠光体</td><td>25～30</td></tr>
<tr><td>托氏体</td><td>T</td><td>600～550</td><td>片层间距 0.1 μm(2 000倍分清),极细珠光体</td><td>30～40</td></tr>
<tr><td rowspan="2">贝氏体型</td><td>上贝氏体</td><td>$B_上$</td><td>550～350</td><td>$F_{过饱}+Fe_3C$</td><td rowspan="2">半扩散型(铁原子不扩散,碳原子扩散)</td><td>羽毛状:在平行密排的过饱和 F 板条间不均匀分布短杆(片状)Fe_3C,脆性大,工业上不应用</td><td>40～45</td></tr>
<tr><td>下贝氏体</td><td>$B_下$</td><td>350～240</td><td>$F_{过饱}$ + ε($Fe_{2.4}C$)</td><td>针状:在过饱和 F 针内均匀分布(与针轴成 55°～65°)细小颗粒 ε 碳化物。具有较高的强度、硬度,一定的塑性和韧度</td><td>50～60</td></tr>
<tr><td rowspan="2">马氏体</td><td>针状马氏体 w_C ≥1.0%(高碳、孪晶)</td><td rowspan="2">M</td><td rowspan="2">240 ～(−50)</td><td rowspan="2">碳在 α-Fe 中过饱和固溶体(体心正方晶格)</td><td rowspan="2">非扩散型(铁原子和碳原子都不扩散)</td><td rowspan="2">① M 变温形成,与保温时间无关;
② M 生长率非常大(达 10^3 m/s);
③ M 转变不完全性,w_C≥0.5%,钢中存在残余奥氏体;
④ M硬度与碳含量有关</td><td>64～66</td></tr>
<tr><td>板条马氏体 w_C ≤ 0.2%(低碳、位错)</td><td>30～50</td></tr>
</table>

凡是影响C曲线和冷却曲线间相对位置的一切因素，均影响所得产物的组织和性能。这些因素主要是：①钢加热时奥氏体化的条件，主要是奥氏体的成分、均匀性及晶粒度；②冷却介质和冷却方式；③零件的尺寸，由于零件表面和心部冷却速度不同，导致其组织不同；④合金化，即改变钢的成分，从而改变C曲线的位置和形状及 M_s 点、M_f 点的高低。这些因素是制定热处理工艺时要考虑的基本问题。

亚共析钢和过共析钢与共析钢不同，在奥氏体转变为珠光体之前，有先共析铁素体或渗碳体析出。因此，在亚共析钢C曲线上多一条铁素体析出线，过共析钢则多一条渗碳体析出线。

2)（整体）热处理工艺

由于对金属材料在进行热处理后要求的性能不同，热处理工艺的类型是多种多样的。改变金属整体组织的热处理有退火、正火、淬火和回火，以及稳定化处理、固溶处理、固溶处理＋时效等；改变金属表面或局部组织的热处理有表面淬火和化学热处理两大类。

退火和正火常作为预备热处理，淬火＋回火常作为最终热处理，淬火＋回火工艺小结如表1-3-2所示。

钢的强化原理是获得马氏体随后经过回火来实现的：马氏体内部含有很高密度的位错，有很强的位错强化效应；马氏体形成时，奥氏体被分割成许多较小的区域（马氏体束），产生细晶强化效果；溶质原子特别是碳原子溶入马氏体中造成了很强的固溶强化效应；马氏体回火后碳化物析出，造成了强烈的第二相析出强化效应。因此，马氏体相变再加上回火转变是钢最经济且有效的综合强化手段，只有获得马氏体，钢的综合强化才能得到保证。

表1-3-2　淬火＋回火工艺小结

类　别	回火温度/℃	主要组织和硬度/HRC	回火目的	应用举例
淬火＋低温回火	150～250	回火马氏体（$M_回$），58～64	保持高硬度高耐磨性，消除应力，降低脆性	冲模、量具、渗碳件、表面淬火件、轴承
淬火＋中温回火	350～500	回火托氏体（$T_回$），35～50	获得高的屈服强度和弹性极限	弹簧、弹簧夹头、模锻锤杆、热作模具
淬火＋高温回火	500～650	回火索氏体（$S_回$），25～35	得到高的综合力学性能	连杆、轴、等重要结构件

金属材料除了相变强化外，提高金属强度的主要方法就是在合金固溶体上分布一定数量的细小弥散的第二相颗粒（主要是金属间化合物），因其硬而脆，能够有效地阻碍位错的运动，阻碍塑性变形，使合金得到强化。由于这些硬粒子是在室温或室温以上不太高的温度下长时间停置时沉淀析出的，故称为沉淀强化或时效强化。合金进行沉淀析出的必要条件是固溶体具有一定的溶解度，并且溶解度随温度的降低而明显减少，故合金须进行固溶处理，固溶处理后再进行时效（人工或自然）。固溶处理＋时效工艺在非铁合金、沉淀硬化不锈钢等材料中应用广泛。

在热处理中，改变钢组织的重要环节是加热和冷却。可由 $Fe\text{-}Fe_3C$ 相图选择合适的加热温度；由 C 曲线确定合适的冷却条件和方法。

各种常用热处理工艺小结如表 1-3-3 所示。

表 1-3-3　常用热处理工艺小结

名称		目的	工艺曲线	组织	性能变化	应用范围
退火	去应力退火（低温退火）	消除铸、锻、焊、冷压件及机加工件中的残余应力，提高尺寸稳定性，防止变形开裂	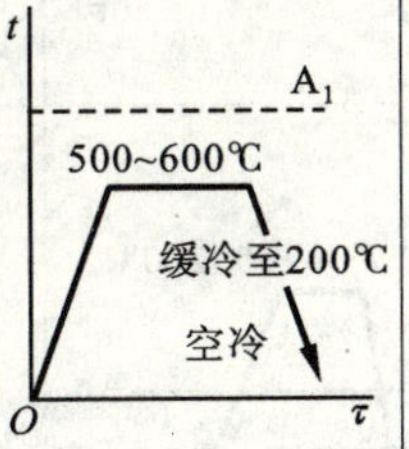	组织不发生变化	与退火处理前的性能基本相同	铸、锻、焊、冷压件及机加工件等
	再结晶退火	消除加工硬化及内应力，提高塑性	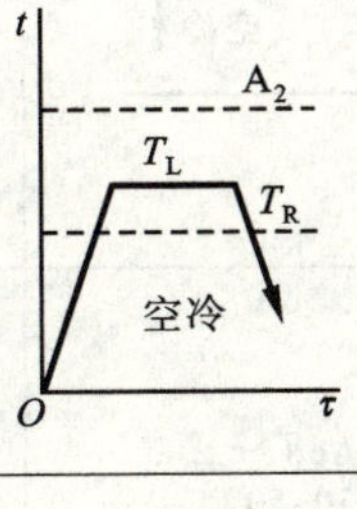	变形晶粒变为细小的等轴晶粒	强度、硬度降低，塑性提高	冷塑性变形加工的各种制品
	完全退火	消除铸、锻、焊件组织缺陷，细化晶粒，均匀组织；降低硬度，提高塑性，便于切削加工，消除内应力	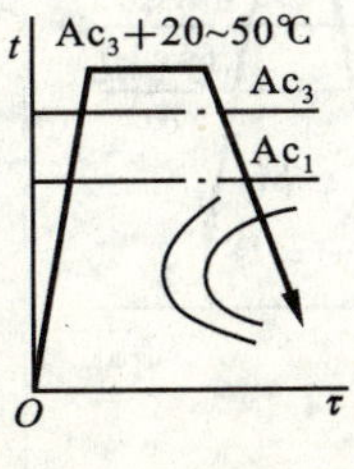	F+P	强度、硬度有所降低（与正火相比）	亚共析钢的铸、锻、焊接件等

续表

<table>
<tr><th colspan="2">名称</th><th>目的</th><th>工艺曲线</th><th>组织</th><th>性能变化</th><th>应用范围</th></tr>
<tr><td rowspan="3">退火</td><td>等温退火</td><td>准确控制转变的过冷度，保证工件内外组织和性能均匀，大大缩短工艺周期，提高生产率</td><td>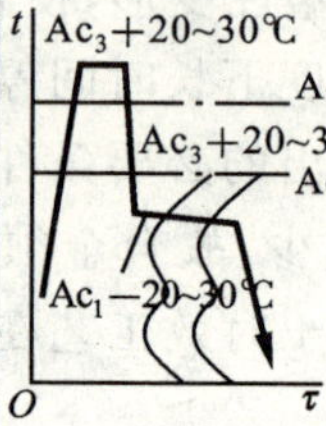
</td><td>同完全退火或球化退火</td><td>同完全退火或球化退火</td><td>同完全退火或球化退火</td></tr>
<tr><td>球化退火</td><td>降低硬度，改善切削加工性；为淬火作好组织准备</td><td>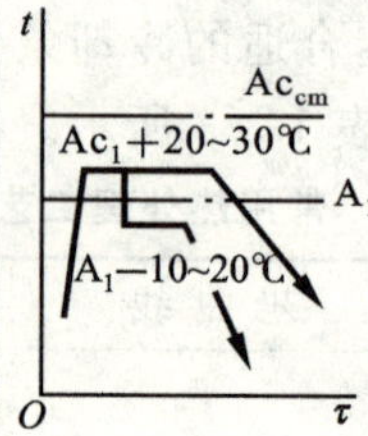
</td><td>$P_{球状}$（$P_{球}$+Fe_3C（球状））即球化体</td><td>硬度低于P片及片状Fe_3C，切削加工性良好</td><td>共析、过共析碳钢及合金钢的锻、轧件等</td></tr>
<tr><td>扩散退火（均匀化退火）</td><td>改善或消除枝晶偏析，使成分均匀化</td><td>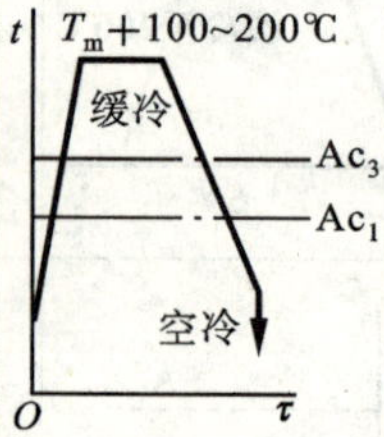
</td><td>粗大组织（组织严重过热）</td><td>铸件晶粒粗大，组织严重过热，力学性能较差，需再进行完全退火或正火</td><td>合金钢铸锭及大型铸钢件或特殊铸件</td></tr>
<tr><td colspan="2">正火</td><td>细化晶粒，消除缺陷，使组织正常化；用于低碳钢，提高强度，改善切削加工性；用于中碳钢，代替调质，为高频淬火作组织准备；对高碳钢，消除网状Fe_3C，便于球化退火</td><td>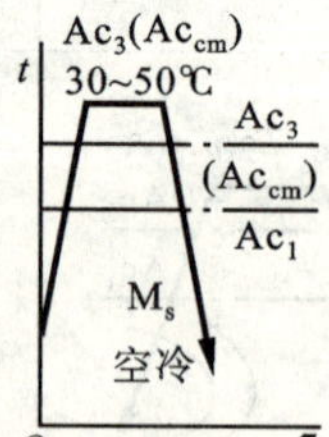
</td><td>P类组织
亚：F+S
过：S+$Fe_3C_{Ⅱ}$
共：S</td><td>比退火的强度、硬度高些</td><td>低、中碳钢的预先热处理；性能要求不高零件的最终热处理；消除过共析钢中的网状碳化物</td></tr>
</table>

续表

名称		目的	工艺曲线	组织	性能变化	应用范围
淬火	单液淬火	提高硬度和耐磨性，配合回火，使零件得到所需性能（获得M组织）	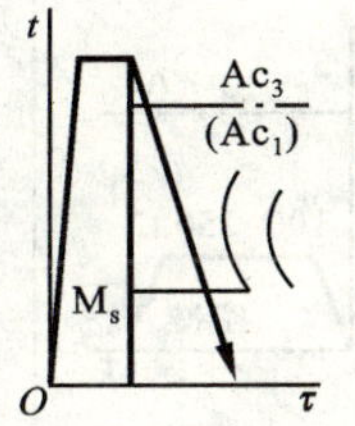			用于简单形状的碳钢和合金钢零件
	双液淬火	提高硬度和耐磨性，配合回火，使零件得到所需性能（获得M组织），减小工件内应力及变形	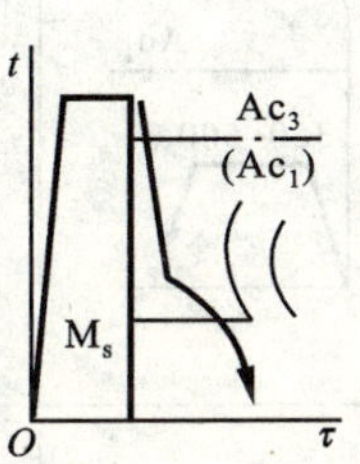	M（低中碳钢） M＋A$_r$（中高碳钢） M＋A$_r$＋$Fe_3C_{粒}$（高碳钢）	获得马氏体，以提钢的高硬度、高强度、高耐磨性	主要用于高碳工具钢制作的易变形开裂工具（即形状复杂的碳钢件）
	分级淬火	减少淬火应力，防止变形开裂，得到高硬度M	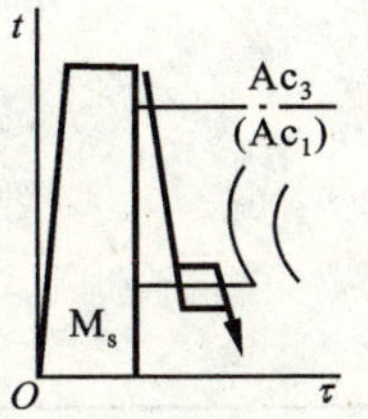			主要用于尺寸较小，形状复杂的碳钢件及合金钢的工件（小尺寸零件）
	等温淬火	为获得B$_下$，提高强度、硬度、韧度和耐磨性，同时减小应力、变形，防止开裂	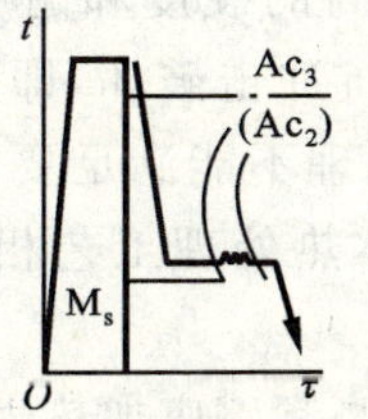	B$_下$	较高硬度、强韧度和耐磨性，即综合力学性能好	用于形状复杂，尺寸小，要求较高硬度和强度、韧度的零件（中高碳钢）

续表

名称		目的	工艺曲线	组织	性能变化	应用范围
回火	(淬火+)低温回火	降低淬火应力,提高韧度,保持高硬度、强度和耐磨性,疲劳抗力大	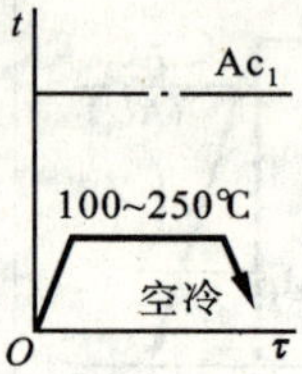	$M_{回}$ 或 $M_{回}+A_r+Fe_3C_{粒}$	高硬度、耐磨性及疲劳抗力大	多用于刃具、量具、冷作模具、滚动轴承、精密偶件、渗碳件、表面淬火件等
	(淬火+)中温回火	保证 σ_b 和 σ_s 及一定韧度,σ_s/σ_b 高,弹性好,消除内应力	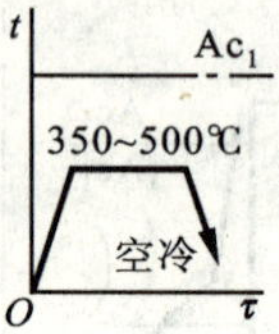	$T_{回}$	较高的弹性,屈服强度和适当的韧度	各类弹件零件、热锻模等
	(淬火+)高温回火	得到回火索氏体组织,获得良好的综合力学性能	—	$S_{回}$	综合力学性能良好。还可为表面淬火,氮化等作好组织准备	多用于各类重要结构件如轴类、连杆、齿轮、螺栓、连接件等或精密零件的预先处理

3) 钢的表面淬火与化学热处理

很多机器零件(如齿轮、转轴等)是在弯曲、冲击、疲劳等动载荷和摩擦条件下工作的,要求其表面应具有高的硬度和耐磨性,以抵抗磨损或裂纹的产生,而心部要有足够的韧度以抵抗冲击破坏,即要求"表硬心韧"。显然,选择单一性能的材料及进行整体热处理不能满足要求,此时,可采用表面淬火、化学热处理等表面强化技术与整体热处理工艺相结合的方式来满足零件的性能要求。

钢的表面淬火采用最多的是高频感应加热表面淬火,钢的化学热处理采用较多的是渗碳和氮化。钢的常用表面热处理工艺小结如表 1-3-4 所示。

表 1-3-4　钢的常用表面热处理工艺小结

名　　称	目　　的	工艺过程或曲线	组　织	性能变化	应用范围
感应加热表层淬火	表层强化，使强硬度、耐磨性、疲劳强度提高；心部仍可保留高的综合力学性能	用不同频率的感应电流，使工件快速加热到淬火温度，随即进行冷却淬火（油或水），然后低温回火（＜200 ℃）	表层：隐晶回火马氏体；心部：$S_{回}$或F＋P	表面硬而耐磨、高的疲劳强度，心部有足够的塑、韧度或好的综合力学性能	最适宜于中碳（0.3%～0.6%）的优质碳钢及合金钢制作的零件，如齿轮、轴类零件
化学热处理：渗碳	增加钢件表层的碳含量	把低碳钢件在渗碳介质中加热到Ac_3以上温度并保温，使活性炭原子进入表面，并向内扩散而形成一定厚度	由表及里：Fe_3C＋P，P，P＋F，F＋P（心部原始组织）	渗C后配以淬火＋回火，其表层高硬度、强度、耐磨性及高的疲劳强度，心部强而韧	w_C＝0.10%～0.25%的碳素钢及合金钢制件，如汽车、拖拉机中变速箱齿轮、轴等重要件
化学热处理：渗碳后淬火＋低温回火	得到表层高硬度、高耐磨性及高表面强度，心部强而韧	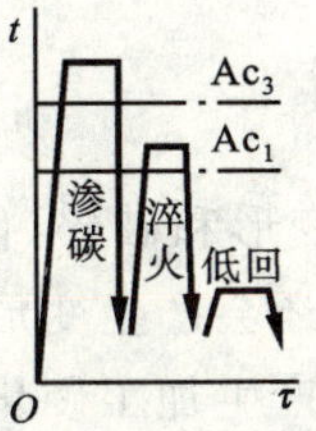	表层：$M_{回}$＋A′＋Fe_3C（0.5～2 mm）心部：F＋P（或$M_{回}$＋F）		
化学热处理：渗氮	通过提高表层氮浓度，使钢具有极高表面硬度、耐磨性、抗咬合性、疲劳强度、耐蚀性、低的缺口敏感性	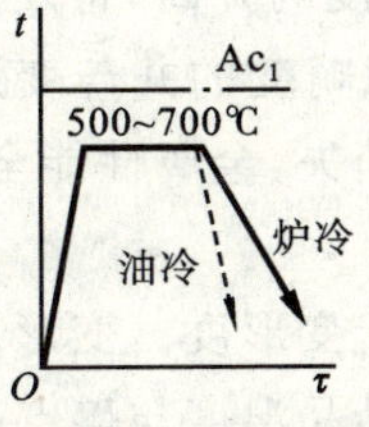	由表及里：氮化物层—扩散层—基体	极高的表面硬度、耐磨性及抗咬合性、疲劳强度、耐蚀性，低的缺口敏感性	要求高耐磨性而变形量小的精密件，主要用于含V、Ti、Al、Mo、W等元素的合金钢

2. 金属的合金化改性

为提高金属材料的力学和理化性能，在冶炼时特意加入一些合金元素（合金化），就形成了合金材料（如合金钢、铝合金、铜合金、钛合金等）。合金化也是改善和提高钢铁材料和其他材料（非铁合金、陶瓷材料甚至发展聚合物“合金”）性能的主要途径之一。

合金元素主要通过对材料的组织的影响而影响其性能，研究中可通过其对材料（比如钢）的相平衡及相变的影响来理解它们对力学及其他性能的影响。

合金化改性或强化金属材料的原理如下。

(1) 在金属材料中能有效地阻止位错运动　①细晶强化　晶粒细化，强度增加，塑性也改善；②固溶强化　异类原子溶入晶体使强度硬度增加；③位错强化　增加位错密度使强度增加；④第二相强化　恰当尺寸的第二相硬粒子可以有效地阻碍位错运动，使强度、硬度、耐热性增加。

(2) 溶入基体　①溶入奥氏体，阻碍铁、碳的扩散，提高钢的淬透性；②溶入马氏体的合金元素大多能阻碍马氏体分解，使合金碳化物也不易聚集长大，从而可提高钢的抗回火软化能力，使钢在高温下仍能保持较高的强度、硬度和耐磨性。

(3) 改变相变温度，得到单相组织（如奥氏体钢、铁素体钢等）。

(4) 形成钝化保护膜，提高耐蚀性和耐热性等。

3. 金属的塑变强化

1) 塑变强化原理

塑性变形造成晶格歪扭、晶粒变形和破碎，位错密度增加，出现亚结构，甚至形成纤维组织，当变形量很大时，还会产生变形织构现象等，从而使金属的强度、硬度增加，而塑性、韧度下降，即产生加工硬化。当外力去除后，金属内部还存在残余内应力。

2) 变形金属在加热时组织和性能的变化

变形金属被加热时，随加热温度的升高，将发生回复、再结晶与晶粒长大等过程。再结晶后，金属形成新的无畸变的并与变形前晶格相同的等轴晶粒，同时，位错密度降低，加工硬化现象消失，金属性能全面恢复到或略高于变形前的水平。

再结晶的开始温度主要取决于变形度。变形度越大，再结晶开始温度就越低。大变形度（70%～80%）的再结晶温度与熔点的关系为 $T_{再} \approx 0.4T_{熔}$(K)。

再结晶后的晶粒大小与加热温度和预先变形度有关。加热温度越低或预先变形度越大，其再结晶后晶粒就越细。但要注意临界变形度的情况，对于一般金属，当变形度为2%～10%时，由于变形很不均匀，会出现晶粒的异常长大，导致性能急剧下降。

3）金属材料的冷加工（又称冷塑变）和热加工（又称热塑变）

在金属学上，冷塑变和热塑变不是根据变形时金属是否加热，而是根据金属的再结晶温度来区分的。在再结晶温度以下的塑性变形为冷塑变；在再结晶温度以上的塑性变形为热塑变。

金属冷塑变后具有加工硬化现象即金属变形处的强度、硬度升高，塑性和韧度下降。对于那些不能或不易用热处理方法提高强硬度的金属构件（尤其是薄壁细长件），利用金属在冷塑变成形过程中产生的加工硬化来提高构件的强度硬度不但有效，而且经济。另外，冷变形制成的产品精度高、表面质量好，大多数无须进行切削加工。但加工硬化也给金属进一步塑性变形带来困难，故冷变形需重型和大功率设备，对加工坯料表面质量要求较高。此外，加工硬化使金属变形处电阻升高、耐蚀性降低、产生残余应力、形变织构等。

金属热塑变时，同时存在着加工硬化和再结晶，只是加工硬化现象出现马上被再结晶消除，金属在热变形中始终保持着良好的塑性，可使工件进行大量的塑变，又因高温下金属的变形抗力低，易于成形；热变形使金属材料内部的微小孔洞或空隙被压实，粗大晶粒组织结构被再结晶细化，从而使材料内部组织结构致密细小，力学性能尤其是韧度明显改善或提高；热变形使金属材料内形成纤维组织，力学性能具有方向性；但热变形中金属表面氧化较严重，工件精度和表面品质较冷变形的低得多；另外，设备维修工作量大，劳动强度也较大等。

4. 液态金属结晶时的细晶强化

在常温下，金属的晶粒越细，单位体积的晶界数量就越多，晶界对塑性变形的抗力越大，同时晶粒的变形也越均匀，致使强度、硬度越高，塑性、韧度也越好。

工程上，利用细化晶粒的方式来提高材料室温强韧度的方法称为细晶强化（面缺陷的增加，是细晶强化的主要原因）。对固态金属，可用热处理及塑性变形来细化晶粒，而对液态金属的结晶，则主要采用增大过冷度、加入形核剂、机械（如搅拌、振动等）的方法来细化晶粒。

5. 有机高分子材料和陶瓷材料的改性

利用物理或化学的方法来改进现有高聚物的性能，称为聚合物的改性，这是当前高分子材料研究中的重要方向。

化学改性是指用化学反应的方法，使不同的高聚物分子链或链段之间存在化学键，通过改变高聚物的化学组成与结构，改善与提高高分子材料的性能的方法。

物理改性中，不同高聚物之间不存在化学键，完全是一种机械混合的方法，从而形成复合材料。物理改性又分为填充增强改性、共混改性等。物理改性方法简单,适应性强,应用较广。

陶瓷材料具有许多固有的优点,如高硬度、高耐磨性、耐高温、抗氧化、耐腐蚀等。但其高脆性的特征,使得陶瓷在应用上受到很大的限制。如能使陶瓷的韧度显著地提高,就有可能使陶瓷成为重要的高温结构材料。工业上陶瓷材料的增韧增强途径有多种。

6. 材料的表面改性技术

表面改性技术(或称表面改性处理)的主要目的是对材料的表面进行特殊的强化或作某些功能处理,以提高表面硬度、耐磨性、耐蚀性、耐热性,或提高零件的装饰性,或改变表面的电、磁性能等。表面改性技术一般不改变基体材料的成分或组织,前述表面淬火和化学热处理根据其工艺特点也可归入此类。

工业上实施的表面改性技术有很多,如高能束表面改性、气相沉积技术、热喷涂技术等。

3.2 本章重点

(1) 熟悉钢在加热时的奥氏体化过程,过冷奥氏体转变曲线(TTT 曲线和 CCT 曲线)的物理意义(即 TTT 曲线和 CCT 曲线中各条特性线的含义,各个区域相应组织类别),会应用 TTT 曲线和 CCT 曲线分析不同冷速(不同热处理条件)下的转变产物、组织特征及性能特点。

(2) 正确理解临界冷却速度,马氏体转变,钢的淬透性和淬硬性等概念。

(3) 掌握普通热处理(如退火、正火、淬火、回火等)工艺、目的、组织、性能及应用。

(4) 熟悉表面热处理(表面淬火和化学热处理)的特点、目的、组织、性能及应用。

(5) 掌握合金化改性或强化金属材料的原理。

(6) 熟悉金属材料形变强化的原理,冷、热塑性变形对金属材料的性能影响及特点。

(7) 了解细晶强化、有机高分子材料和陶瓷材料的改性、材料表面改性的概念和特点。

第4章 常用金属材料

4.1 内容提要

金属材料可分为钢铁金属和非铁合金，金属材料特别是钢铁金属仍将是21世纪最主要的结构材料，非铁合金中的铝、铜、镁、钛及其合金等也越来越发挥其重要应用。

1. 工业用钢分类、牌号及常存杂质

工业用钢的常用分类方法如图1-4-1所示。

我国钢的牌号主要由三大部分结合组成：①化学元素符号，用来表示钢中所含化学元素种类，其中用“RE”表示钢中的稀土元素总含量；②汉语拼音字母，用来表示产品的名称、用途、冶炼方法等特点；③阿拉伯数字，用来表示钢中主要化学元素含量（质量百分数）或产品的主要性能参数或代号。有些钢种的钢号用简化形式标出。

我国工业用钢中，大多数结构钢和工具钢的编号有普遍规律，而特种钢则在某些部分有其自身规则。举例说明如下。

Q235C：碳素结构钢，Q表示钢的屈服强度，235表示屈服强度值（MPa），C表示优质钢。

45：优质碳素结构钢，45表示该钢平均碳含量的万分数（45‱）。

20Cr2Ni4A：渗碳钢，20表示该钢平均碳含量的万分数，Cr表示钢加有铬元素、其后数字表示该元素平均含量的百分数，Ni表示钢加有镍元素、其后数字表示该元素平均含量的百分数，A表示高级优质钢。

3Cr2W8V：热作模钢，3表示该钢平均碳含量的千分数（3‰），Cr表示钢加有铬元素、其后数字表示该元素平均含量的百分数，W表示钢加有钨元素、其后数字表示该元素平均含量的百分数，V表示钢加有钒元素、因该元素平均含量小于百分之二故不标出。

GCr15：G表示滚动轴承钢，Cr表示钢加有铬元素、其后数字表示该元素平

- 钢
  - 结构钢
    - 非合金结构钢
      - 碳素结构钢
      - 优质碳素结构钢
      - 其他非合金结构钢
    - 低合金结构钢：低合金高强度钢
    - 合金结构钢
      - 工程结构用合金钢
        - 一般工程结构用合金钢
        - 合金钢筋钢
        - 压力容器用合金钢
        - 地质石油钻探用合金钢
        - 高锰耐磨钢
      - 机械结构用合金钢
        - 合金渗碳钢
        - 合金调质钢
        - 合金弹簧钢
  - 工具钢
    - 碳素工具钢
    - 合金工具钢
      - 量具、刃具用钢
      - 耐冲击工具钢
      - 冷作模具钢
      - 热作模具钢
      - 无磁模具钢
      - 塑料模具钢
    - 高速工具钢
  - 轴承钢
    - 高碳铬轴承钢
    - 渗碳轴承钢
    - 不锈轴承钢
    - 高温轴承钢等
  - 不锈钢、耐蚀钢和耐热钢
    - 不锈钢
    - 耐酸钢
    - 抗氧化钢
    - 热强钢

图 1-4-1　钢的常用分类方法

均含量的千分数。

除了铁、碳和合金元素外，还有一些钢在冶炼时因工艺要求和各种复杂反应带入的其他元素（如 Si、Mn、S、P、O、H 等）、非金属夹杂物（如氧化物、硫化物）等杂质。

合金元素在钢中的主要作用：①对钢中基本相的影响，如溶入铁素体起固溶强化形成碳化物，使钢的性能显著变化；②对铁-碳相图的影响，如 Ni、Co、Mn 等扩大奥氏体相区，当含量足够高时，使钢在室温下呈单相奥氏体组织等；③对钢中相变过程的影响，如对钢加热时奥氏体化过程的影响；对钢冷却时过冷奥氏体转变过程的影响；对淬火钢回火转变过程的影响。

2. 各类钢的要素

选用钢时，要熟悉钢的种类、大致成分、性能特点、强化方式、应用场合等，这样才能合理科学地选择钢的牌号，以满足零件的使用条件。

表 1-4-1 所示为常用（典型）钢的要素小结。

表 1-4-1 常用(典型)钢的要素小结

典型钢号	钢的种类	合金元素及主要作用	性能特点	强化方式	使用状态下的主要组织	应用举例
Q235	普通碳素钢	—	塑性、焊接性好	冷塑变	F+P	各类原材料、建筑用钢
Q345(16Mn) Q390(15MnTi)	低合金高强钢	Mn:强化F,增加P量。Ti、V:细化晶粒	塑性、焊接性好,强度适中	冷塑变	F+P	桥梁,船舶,压力容器等
45[#]	优质碳素钢	—	综合力学性能较好	调质	回火索氏体	一般轴类、轮类,杆类零件等
20CrMnTi 20Cr	合金渗碳钢	Cr、Mn:提高淬透性,强化F。Ti:细化晶粒	强化后表面硬度高、耐磨,整体综合力学性能好	调质,渗碳后淬火+低温回火	表层:$M_{回}+C_{粒}+A'$ 心部:淬透:$M_{回}+F$;未透:F+S	重要的齿轮、轴、销等
40Cr 40CrNiMo	合金调质钢	Cr、Ni:提高淬透性,强化F。Mo:防止第二类回火脆性	良好的综合力学性能	调质	回火索氏体	较重要的轴类、轮类等
60Si2Mn 65Mn	合金弹簧钢	Mn、Si:提高淬透性,强化F。Si:提高σ_s/σ_b	强度高,弹性好	小直径,冷塑变。大直径,淬火+中温回火	P+F;$T_{回}$	各种弹簧,板簧等

续表

典型钢号	钢的种类	合金元素及主要作用	性能特点	强化方式	使用状态下的主要组织	应用举例
40CrNi2MoA	超高强度钢	Cr、Ni：提高淬透性，强化 F。Mo：二次硬化，细化晶粒，防止第二类回火脆性	强度很高，有一定的塑性	淬火＋低温回火	$B_{下}$	极重要的结构件如飞机起落架、机翼大梁等
T10 T12	碳素工具钢	—	高硬度，耐磨	淬火＋低温回火	$M_{回}+C_{粒}+A'$	钻头，锉刀等
W18Cr4V W6Mo5Cr4V2	高速钢	Cr：提高淬透性。W、Mo：提高热硬性。V：细化晶粒	高热硬性、硬度、耐磨性	锻造＋退火，淬火＋多次回火	$M_{回}+C_{粒}+A'$	高速切削刀具
Cr12MoV	冷作模（具）钢	Cr：提高淬透性。Mo、V：细化晶粒，提高耐磨	高硬度，耐磨	淬火＋低温回火	$M_{回}+C_{粒}+A'$	冷冲模，挤压模
1Cr18Ni9Ti	不锈钢	Cr：提高耐蚀性。Ni：形成 A。Ti：防止晶间腐蚀	高耐蚀性，耐热	固溶处理	A	化工设备，耐蚀容器，装饰件等

注："使用状态下的主要组织"一栏中的符号"C"表示碳化物。

3. 铸铁

铸铁是碳含量＞2.11％的多元铁-碳合金，工业上常用铸铁的碳含量在2.5％～4.0％范围内。铸铁是机械工业中应用量最大的一种金属材料，它比其他金属材料便宜，冶炼工艺简单；其次，铸铁还具有钢材难以具备的性能，如良好的减振性、减磨性，以及铸造工艺性和切削加工性，低的缺口敏感性等。

1）铸铁石墨化过程及其影响因素

在铁-碳合金中，碳的存在形式主要有化合态（如 Fe_3C）和游离态（石墨）。由于 Fe_3C 为亚稳定相，在高温、长时间及含有 Si 元素等促进碳原子扩散、聚集的条件下，Fe_3C 会分解出稳定态的石墨（即 $Fe_3C \rightarrow 3Fe + C$）；或在较慢冷却速度下，因碳原子充分扩散，而直接从液态铁水或奥氏体中析出石墨，即石墨化。

影响石墨化的因素：一是化学成分，促进石墨化的元素有 C、Si、Al 等，这些元素含量越高，越利于石墨析出，阻碍石墨化的元素有 Cr、Mn、W、V 等，这些元素含量高则有利于渗碳体析出；二是冷却速度，冷却速度越大，越不利于石墨化的进行。

2）铸铁的特性

按碳的存在形式不同，铸铁分为白口铸铁（碳以渗碳体形式存在）和石墨型铸铁（碳主要以石墨形式存在）。白口铸铁因其极硬又脆，应用受到很大限制；通常所说的铸铁是指石墨型铸铁，石墨型铸铁根据石墨的形态分为灰铸铁、可锻铸铁、球墨铸铁和蠕墨铸铁。

常用石墨型铸铁的特性如表 1-4-2 所示。

表 1-4-2　常用石墨型铸铁的特性

常用牌号	种　类	基体组织及石墨形态	获得方法	热处理	性能特点	应用场合
HT150 HT200	灰铸铁	F+P， P； 片状石墨	液态铁水石墨化	消除内应力退火，软化退火，表面淬火	强度较低，无塑性；优良的铸造性和切削加工性，减摩性好等	箱体类，座架类，床身类等零件
QT400-15 QT600-3	球墨铸铁	F， P+F； 球状石墨	液态铁水石墨化＋球化	可进行各种热处理强化	强度较高，有一定塑性；具有灰铸铁的优点	曲轴，主轴等
RuT260 RuT420	蠕墨铸铁	F+P， P； 蠕虫状石墨	液态铁水石墨化＋蠕化	可进行热处理	强度适中，塑性低；具有灰铸铁的优点	活塞环，缸盖，阀体，制动盘等
KTH300-06	黑心可锻铸铁	F； 团絮状石墨	白口铸件＋石墨化退火	石墨化退火	强度适中，塑性低，耐蚀较好；具有灰铸铁的优点	弯头，管件，扣件等

4. 非铁金属及其合金

非铁金属材料种类繁多，具有很多钢铁金属所不具备的特性，已成为现代工业生产中不可缺少的金属材料。

机械工业中应用较多的非铁合金是铝、铜及其合金，高纯度的纯铝(L)和纯铜(T)主要用作导电器材，其次用于配制合金；部分常用铝、铜及其合金的特性如表1-4-3所示。

其他常见的非铁合金还有镁及镁合金、钛及钛合金、锌及锌合金等；如钛及其合金具有高的比强度、耐蚀性、高温及低温性能，是一种新型的结构材料，用钛合金可制造人造卫星外壳、火箭发动机壳体、宇宙飞船船舱等，在航空、宇航、造船、机械、化工等方面都有广阔的发展前景。

非铁合金的编号无普遍规律，但同一类别有其自身的规则。

表1-4-3 部分常用铝、铜及其合金的特性

常用牌号	种类	大致成分	强化手段	性能特点	应用场合
3A21 (LF21)	防锈铝合金	Cu=0.2% Mn=1%～1.6% 其余为Al	冷塑变	耐蚀性、焊接性好，易于塑变成形	管道，铆钉，蒙皮等
7A04 (LC4)	超硬铝合金	Cu=1.4%～2% Mg=1.8%～2.8% Mn=0.2%～0.6% Zn=5%～7% 其余为Al	T6	强度、硬度高，热态塑性好，耐蚀性较差	飞机大梁、加强框、起落架等
ZL107	铸造铝硅合金	Si=6.5%～7.5% Cu=4% 其余为Al	—	强度适中，硬度和塑性低；质轻，耐蚀；铸造性好	各种铝合金压铸件
ZL102	铸造铝硅合金	Si=10%～13% 其余为Al	T2	强度一般，硬度和塑性低；质轻，耐蚀；铸造性好	各种形状复杂的铝合金铸件
H62	黄铜	Zn=38% 其余为Cu	冷塑变	强度适中，硬度低，塑性好；耐蚀，导热好	耐蚀、散热件

续表

常用牌号	种　类	大致成分	强化手段	性能特点	应用场合
ZQSn10Zn2	铸造锡青铜	Sn=10% Zn=2% 其余为Cu	—	强度一般，硬度和塑性低；耐蚀，减摩性好；良好的铸造性和切削加工性	衬套，蜗轮等

4.2 本章重点

(1) 熟悉工业用钢的分类和编号方法。

(2) 熟悉合金元素对钢的组织和性能的影响规律。

(3) 掌握工业用钢、铸铁、非铁合金的牌号识别及含义。

(4) 熟悉铸铁的组织及性能特点。

(5) 正确理解铸铁的石墨化概念及其影响因素。

(6) 掌握常用(典型)工业用钢、铸铁、非铁合金的牌号、种类、性能特点、强化方式、应用场合等。

第5章 非金属材料及新型工程材料

5.1 内容提要

随着科学技术的发展，人们对材料提出了更为严格的要求，如强度更高、相对密度更小、既耐高温又耐低温，加工性更好，能满足特殊性能要求的新材料。因此，近几十年来，非金属材料及新型工程材料获得较快的发展。

非金属材料及新型工程材料有着一些其他材料无法媲美的性能，它们的应用范围日益增大，其成分及其所起作用较复杂，制造加工方式或方法较多。

1. 高分子材料

塑料、合成纤维和合成橡胶是合成有机高分子材料的三大家族。由于有机高分子材料的品种繁多、原料来源丰富、加工简便、成本相对较低，又有质量轻、比强度高、耐蚀性好、绝缘性好，易于改性等特点，应用非常广泛。部分常用高分子材料的特性如表1-5-1所示。

表1-5-1 部分常用高分子材料的特性

材料	类别	大致成分	性能特点	应用场合
聚乙烯(PE)	热塑性塑料	$\text{[-}CH_2-CH_2\text{-]}_n$	结构最简单的塑料，耐蚀，绝缘，加工性好，价低；耐热差	薄膜，包装材料，容器等
聚氯乙烯(PVC)	热塑性塑料	$\text{[-}CH_2-CHCl\text{-]}_n$	全能塑料，化学稳定性好，绝缘，加工性好，价低；耐热差	门窗，管道，套管包皮，薄膜等
聚苯乙烯(PS)	热塑性塑料	$\text{[-}CH(C_6H_5)-CH_2\text{-]}_n$	最鲜艳且成形性特好的塑料，耐蚀，质脆而硬，加工性好；耐热差	透明罩板，日用品，玩具，泡沫塑料制品

续表

材　料	类　别	大致成分	性能特点	应用场合
聚丙烯(PP)	热塑性塑料	$\left[\mathrm{CH(CH_3)}-\mathrm{CH_2}\right]_n$	最轻且价低的塑料,化学稳定性好,加工性好,价低;不耐磨,易老化	合成纤维,薄膜,容器等
ABS塑料	热塑性塑料	丙烯腈-丁二烯-苯乙烯共聚物	强韧且易成形的白色塑料,硬、韧、刚,加工性好,价低;耐热、耐候较差	各类结构件
聚四氟乙烯(PIFE)	热塑性塑料	$\left[\mathrm{CF_2}-\mathrm{CF_2}\right]_n$	塑料之王,化学稳定性好,耐热,减摩;价高,强低,加工性差	耐蚀件,绝缘件,耐热件,减摩件等
酚醛塑料(PF)	热固性塑料	酚类与醛类缩聚成树脂再加填料、固化剂等	合成塑料的鼻祖,绝缘,耐磨,化学稳定性好,价低;较脆,加工性差	电器件的罩壳、绝缘件等
有机玻璃(PMMA)	热塑性塑料	$\left[\mathrm{CH_2}-\mathrm{C(CH_3)(COOCH_3)}\right]_n$	最透明的树脂,透光好,耐蚀,加工性好;较脆,耐磨差	表盘,护罩,模型,装饰品等
涤纶	聚酯纤维	聚对苯二甲酸乙二醇酯抽丝	弹性好,不易变形,强度高,化学稳定性和电绝缘性也较好,不发霉;吸水性差,染色性差,摩擦易起静电	运输带、传动带、帆布、渔网、绳索、轮胎帘子线及电器绝缘材料等
丁苯橡胶(SBR)	合成橡胶	丁二烯与苯乙烯共聚	产量最大合成橡胶,耐磨,耐热,价格较低	通用制品,轮胎,胶管等

2. 工程陶瓷

按用途和性能分日用陶瓷和工业陶瓷,其中工业陶瓷又可分为注重强度、耐热、耐蚀等性能的工程陶瓷及具有特殊电、磁、光、热等效应的功能陶瓷。工程陶瓷又分为普通陶瓷、特种陶瓷和金属陶瓷三类,金属陶瓷目前大多归类于复合材料。

常见陶瓷材料具有:弹性模量大,抗压强度高,硬度高,熔点高,高温强度高,线膨胀系数很小,化学稳定性好,有些陶瓷还有优良的理化性能和功能性质。陶瓷材料的主要缺点是:脆性大,可靠性差,加工性差,难以进行常规(如切削等)加工。

3. 复合材料

复合材料为两种或两种以上物理和化学性质不同的物质组合而成的一种多相固体材料。一般根据基体和增强材料的种类命名复合材料,如陶瓷基复合材料,碳纤维增强复合材料等。按用途分类则有结构复合材料、功能复合材料、结构/功能一体化复合材料等。

尤其要指出的是复合材料的组织、构成或组分易于人为调整和设计,不少复合材料的复合过程与成形过程是同步完成的,这样,更利于满足制造产品的功能和结构要求。

4. 新型工程材料

一般认为,新型工程材料包含具有高比强度、高比刚度、耐高温、耐腐蚀、耐磨损的新型结构材料,以及除了具有机械特性外,还具有其他光、电、磁、热、化学、生化等方面特别功能特性的功能结构材料。它们是21世纪信息、生物、能源、环保、空间等高科技领域的关键材料,是支撑航空航天、交通运输、电子信息、能源动力及国家重大基础工程建设等领域的重要物质基础。

5.2 本章重点

(1) 有机高分子材料的共性特点。

(2) 部分常用高分子材料的名称、类别、性能特点与应用。

(3) 了解普通陶瓷、特种陶瓷和金属陶瓷的基本概念,以及性能特点和应用。

(4) 了解复合材料的基本概念、性能特点和应用。

(5) 了解纳米材料、烧蚀防热材料、超硬材料、非晶态合金、形状记忆材料等基本概念,以及性能特点和应用。

第6章　工程设计制造中材料选择

6.1　内容提要

结构设计、工艺设计和材料选择是机械设计的三大组成部分。机器零件的正确选材和合理用材是机械工程师的基本任务之一，也是本课程的主要教学目的，失效分析是科学选材的基础。

1．零件失效与失效类型

机器零件在工作中丧失规定功能即告失效。

失效的形式很多，根据性质分为变形、断裂、表面损伤和物理性能降低四大类型，零件具体失效形式与实际工作时的内外条件有关，而取决于其抗力最小者。

失效的原因主要在于设计、材料、制造加工和安装使用四个方面。

为了找到失效的真正原因，必须进行失效分析。失效分析包括逻辑推理和实验研究两个方面。实验研究就是详细地分析设计、材料、工艺和安装使用的第一手资料，充分地收集并分析现场信息，系统地测试和分析各种宏观性能，全面地进行微观结构的检验和分析，从发现的蛛丝马迹中找出失效的真实根源。

通过失效分析找出导致失效的主导因素和可控因素，采取相应的对策，可以达到预防事故、保障安全的目的；加强企业全面质量管理，提高产品质量、降低成本的技术经济目的和改进操作、维修和设备管理工作，保证长期稳定和安全可靠地连续生产的目的；失效分析可以为诉讼、索赔、责任仲裁问题，以及为确认犯罪事实和保险事务等提供证据；还可以对科学与技术决策指出方向。

2．零件设计中的材料选择

1）选材的一般原则

选材依据的原则：第一，使用性能原则，这是主要原则，是为了保证零件完成规定功能。最重要的使用性能是力学性能，由工作条件（指受力性质、环境状况和特殊要求等）和失效形式确定使用性能的要求，并根据实验研究的结果将其具体化为实验室力学性能指标，例如 E、σ_s、σ_b、δ、K_{IC}、HB 等；第二，工艺性能原则，为了保证零件实际加工的可行性，具体工艺性能由加工的工艺路线提出，在特殊情况下，工艺性能也可能成为选材的主要依据；第三，经济性原则，保证零件生产和使用的总成本最低，总成本与零件的寿命、质量、加工、研究和维修费用及材料价格等有关；第四，绿色原则，从新世纪的观点看，选材（包括所选材料的加工及达到寿命后的废弃情况等）还应考虑材料的资源、节能、环境保护和可持续发展等因素。

(1) 材料的失效抗力可从下面几个方面进行研究。

①零件服役条件与选材。分析零件服役条件时，第一要考虑零件所承受载荷的性质（是静载荷、冲击载荷、还是变动载荷）、加载次序（载荷谱）、应力状态（如拉、压、弯、扭、剪、接触等及各种复合应力状态）、载荷大小、分布形式、服役时间长短。第二要考虑零件工作温度、环境介质（如空气中水分、腐蚀介质等）。通常根据工作条件，采用分析计算或实验应力测定方法，确定零件最主要的力学性能指标，以此来选择满足要求的材料。

②失效分析与选材。通过失效分析可判断抗力指标是否恰当，选材是否合理。对于新设计的重要零（部）件，有时需要对试制样品进行装机运载考核或模拟台实验，分析其失效原因。如确实因材料问题引起的失效，则由失效形式可确定零件的失效抗力指标。例如，失效分析表明，零件是因材料疲劳抗力低，引起的疲劳断裂失效，则应改用承受疲劳抗力较高的材料或从工艺上采取一些表面强化措施，以提高材料的疲劳极限。

③根据抗力指标选材需注意的问题主要有以下三个方面。

其一，材料性能指标与结构强度关系。材料性能指标一般是用形状较简单、尺寸较小的标准试样以较简单的加载方法取得的，机械零件的结构强度是一个综合性能，它在很大程度上表示零件的承载能力及寿命与可靠性，它是由工作条件（如应力、零件形状、尺寸、环境等）、材料（如材料成分、组织、性能等）、工艺（加工工艺方法及过程）诸因素所决定的，评定结构强度所用的性能指标是否正确，其重要标志是实验室试样的失效形式与实际零件服役条件下的失效形式要相似。考虑两者加载、尺寸等条件的不同，在应用手册上的性能数据时要考虑一定的安全系数，十分重要的零件或构件，要从预选材料制成的实际零件上取样实验或模拟工作条件实验，以验证所选性能指标及其大小是否恰当。

其二，性能指标在设计中的作用。有些性能指标，如 σ_s、σ_b、σ_{-1} 和 K_e 等可直接用于设计计算。有些指标 δ、ψ 和 a_K 等不能直接用于设计计算，而是根据这些指标的数值大小，估计它们对零件失效的作用。一般认为，这些指标是保证安全性的。但对于特定零件，这些指标的数值大小，要根据零件之间类比和零件使用安全等方面的经验来确定。正因为如此，有时因性能指标规定不恰当，不能充分发挥材料的潜力。例如为避免疲劳破坏，用降低强度、提高塑性和韧度的办法，使零件设计得又大又笨重，因而浪费材料。

对一定的材料，在特定的状态下，它的硬度与强度、塑性指标间存在一定的关系，对于一般的机械零件，图纸上只提出硬度要求，只要硬度达到规定的要求范围，σ_b、δ、甚至一定条件下的 a_K 值也就具有相当的数值。只有重要的零件，才在图纸上标出其他指标的具体数值。

其三，注意测定性能数据的实验条件。手册上所列的性能数据是用规定尺寸和形状的试样来测定的。试样尺寸不同，对 σ_s、σ_b 及 ψ 等性能指标影响不大，但对 δ 有影响，a_K、σ_{-1} 和 K_{IC} 等性能指标受试样尺寸和形状的影响更大。

手册上所列的性能数据是材料处于某种处理状态时测定的，同一牌号的材料，在不同的状态，它们的性能值不同。例如，同一牌号的材料，锻造与铸造状态的性能值不同；不仅未经冷变形与冷变形后的性能值不同，而且冷变形程度不同，其性能值也不一样；不同的热处理工艺也得到不同的性能值。所以，选用材料时必须注意它是在何种状态下的性能值，通常在设计图纸上除了标明材料牌号外，还在技术条件中注明对加工工艺的要求。

试样的取样部位对测定性能也有影响。例如，锻件在顺纤维方向的性能较好；铸件的心部晶粒比表层粗；因此，心部力学性能较差。所以，重要零件的锻、铸毛坯要在图纸上注明切取检验试样的部位。

(2) 材料的工艺性能　机械零件都是由设计选用的工程材料，通过一定的加工方式制造出来的，金属材料有铸造、冷或热变形加工、焊接、机械加工、热处理等加工处理方式。陶瓷材料通过粉末压制烧结成形，有的还需进行磨削加工、热处理。高分子材料利用有机物原料，通过热压、注塑、热挤等方法成形，有的再进行切削、焊接等加工过程。

材料加工方法的差异，加工工艺性的优劣，不仅影响机械零件的外观，还影响机械零件的性能，甚至影响生产率和成本。因此，选用的材料应具有良好的工艺性，至少要有可行的工艺性。几种主要加工方法的良好工艺性表现为：

① 铸造合金，应有高的流动性，小的缩松、缩孔、偏析和吸气氧化性倾向；

② 塑性加工材料，应有高的塑性和低的变形抗力；

③ 切削加工的材料，应有小的切削力，低的表面粗糙度，易于切削处理，对刀具的磨损要小等；

④ 对热处理，要求材料对过热敏感性小，氧化和脱碳倾向小，淬透性高，变形和开裂倾向小等。

应当指出，材料在不同的状态具有不同的工艺性，而且某种工艺性好，不等于其他工艺性也好。例如，2Cr13 等马氏体不锈钢退火后切削加工性尚好，但焊接时容易开裂；奥氏体不锈钢塑性加工性好，但切削加工性差；镁合金和有些钛合金，冷变形性差，而在加热状态下则有良好的变形加工能力，等等。

(3) 经济性　在首先满足零件性能要求的前提下，选材应使总成本(包括材料和加工费用)尽可能的低。为此：

① 材料选用应考虑我国资源，例如尽可能选择那些以锰、硅、铜、稀土等元素完全或部分代替镍、铬等稀缺元素的合金；

② 应当考虑国内生产和供应情况，品种不宜过多；

③ 应当考虑选用节省材料和加工成本的工艺方法，如精铸、精锻等。

2) 选材的内容

选材指选择材料的成分(牌号)、组织状态、冶金质量等。同时，必须考虑相应的热处理方法，以满足使用性能的要求。

3) 选材的步骤

(1) 分析零件的工作条件　包括：

① 应力情况，应力种类、大小及分布等；

② 载荷性质，静载荷、冲击载荷还是交变载荷；

③ 环境介质，有无腐蚀气氛，是否潮湿等；

④ 摩擦条件，是干摩擦还是润滑摩擦。

(2) 分析失效形式　失效分析的目的就是要找出零件失效的原因，并提出改进的措施，是零件选材的重要依据。

(3) 确定零件的主要性能指标　据零件的工作条件和失效形式，提出相应的力学性能指标，所需的物理、化学性能。

(4) 选择材料　根据以上三个方面的分析，确定材料牌号。

4) 典型结构类零件的选材

典型结构类零件包括轴类、轮盘类、箱座类等零件，它们是各类机械装备或机器中使用最多且最普遍的零部件。机械装备或机器中几乎都有齿轮、轴和箱座这三大类零件，它们的工作条件、失效形式、性能要求、选材分析和工艺路线对机械装备或机器的使用性能至关重要。

3. 金属类零件在制造加工过程中的热处理选择和安排

1) 选择热处理方案的依据

应根据所选材料，国内工艺水平、本单位热处理能力、设备状况和工人技术水平选择热处理方案。

2）热处理在工艺路线中的位置

(1) 退火、正火　退火、正火安排在毛坯生产之后，切削加工之前。如：锻造→退火（正火）→机加工。

(2) 调质　淬透性高的钢或有效尺寸小的零件可安排在机加工之前，其他情况安排在粗加工之后，精加工之前。如：下料→锻造（正火）→粗加工→调质→精加工。

(3) 渗碳　要求全部渗碳的零件，安排在精加工之后，磨削之前；要求局部渗碳的零件，不能采取防渗措施的，将渗碳安排在精加工之前，渗碳后去掉不需渗碳部分的渗碳层，再进行淬火和回火。如：下料→锻造（正火）→粗加工→渗碳→精加工→淬火、低温回火→磨削。

(4) 渗氮　渗氮安排在粗磨之后，对不能进行磨削的零件，如螺旋伞齿轮等，应安排在精加工之后。如：下料→锻造→退火（正火）→粗加工→调质→精加工→去应力退火→粗磨→渗氮→精磨。

(5) 时效　中温时效安排在粗加工之后，精加工之前；低温时效安排在精加工之后。

3）钢铁热处理方案的选择

(1) 要求综合力学性能的零件　对要求综合力学性能的零件，如中小轴类、花键轴、连杆、螺栓等，选用中碳钢或中碳合金钢，采用调质处理，还可以选用低碳钢或低碳合金钢，进行淬火得到板条状马氏体，均可获得良好的综合力学性能。

(2) 要求弹性的零件　对要求弹性的零件，可选用弹簧钢，成形后采用去应力退火或淬火后中温回火的热处理。

(3) 要求耐磨的零件　对要求耐磨的零件，采用普通淬火、表面淬火、化学热处理。

① 要求高硬度、高耐磨性零件，如模具、量具等，一般选碳素工具钢、合金工具钢，采用淬火后低温回火的热处理，热处理后的硬度一般为58～64HRC。

② 工作载荷小，冲击载荷不大，轴颈部位磨损不严重的主轴，或中速中等载荷下工作的齿轮，一般选45钢，采用调质或正火处理，在要求耐磨的轴颈部位及轮齿表面采用高频表面淬火。

③ 受中等载荷，磨损较严重，并有一定冲击载荷的轴类，或受中等载荷转速较高，精度要求较高的齿轮，一般选中碳合金钢，如40Cr，采用调质或正火处理后高频或中频表面淬火。

④ 工作载荷大，磨损及冲击都较严重的轴，或高速、重载、受冲击较大的齿轮，一般选合金渗碳钢，采用正火或调质处理后渗碳、淬火和低温回火，热处理后的表层硬度为58～63HRC。

⑤ 高精度主轴，或高速、重载，形状复杂要求热处理变形小的零件，可选用氮化钢（如38CrMoAlA）。采用调质、渗氮处理，渗氮后表层硬度大于850HV。

4）非铁合金热处理方案的选择

对热处理能强化的非铁合金，可采用固溶时效强化；对热处理不能强化的非铁合金可应用各种退火来改善其内部状况。

5）零件的热处理工艺性

（1）热处理技术条件标注的依据、方法和内容如下。

① 标注的依据。零件的力学性能要求。

② 标注的方法。一般采用热处理代号和硬度的平均值来表示，热处理代号见教材。标注的硬度值允许的波动范围一般为HB±15，HRC^{+2}_{-3}。

③ 标注的内容。热处理名称，热处理后的力学性能指标及热处理部位，一般情况只标硬度，对化学热处理件要指出渗层深度（mm）和硬度，对重要件要标出硬度、强度、硬化层深度、塑性和韧度等。

（2）零件的热处理工艺性　零件的热处理工艺性即在对零件进行结构设计时，要考虑其热处理的工艺性如何，以及这样的零件结构对零件使用性能的影响。它要解决三个问题：一是零件的结构要使热处理易于进行；二是零件的结构有利于减少变形，防止开裂；三是零件的结构使零件不会发生早期失效，具有较高的寿命。良好的结构设计在满足使用性能的同时，还要满足成形、热处理、机加工等工艺性的要求。

6.2　本章重点

（1）掌握机械零件失效和失效分析的基本概念。

（2）熟悉机械零件选材的一般原则。

（3）掌握典型零件的选材、热处理方法及技术要求的确定，加工工艺路线的分析。

第7章 金属材料的液态凝固成形技术

7.1 内容提要

1. 金属液态凝固成形技术理论基础

1) 铸造的成形原理、实质、工艺流程、特点与应用

(1) 铸造的成形原理　金属液态凝固成形。

(2) 铸造的实质　将熔融的金属(合金)液注入预先制作好的铸型型腔中,待其冷凝定形后开型清理,得到所需制品即铸件的工艺方法。

(3) 铸造工艺特征　铸造工艺方法有许多,但其基本工序及流程相同。

(4) 铸造的特点如下:

① 适应性强(即铸件形状、质量、合金种类、生产批量等都几乎不受限制);

② 成本较低;

③ 工序多,铸件质量不易控制,废品率较高;

④ 力学性能较同样材料的锻件差。

(5) 铸造的应用　铸造生产的毛坯(即铸件)主要用于受力不大,形状复杂(尤其是内腔复杂)或简单、质量较大的零件毛坯生产。

2) 合金的铸造性能

合金的铸造性能(液态成形性)是指合金在铸造生产中表现出来的工艺性能,主要包括流动性、收缩性、氧化吸气性等。合金的铸造性能直接影响铸件的质量,是铸造工艺设计的重要依据。

(1) 流动性　合金的流动性是指液态合金的流动能力,是合金本身的性能,它反映了液态合金充填铸型的内在能力。液态合金的充型能力除与流动性有关外,还与外界条件如铸型性质、浇注条件和铸件结构等因素有关。液态合金的充型能力是内外因素的综合反映。

生产上要改善合金的充型能力可从以下几方面着手:

① 选择靠近共晶成分的趋于逐层凝固的合金,它们的流动性较好;

② 提高浇注温度，延长金属液流动时间；

③ 提高充填压力；

④ 设置出气冒口，减少型内气体，降低金属液流动时的阻力。

(2) 收缩性　金属材料的热胀冷缩是其本身的物理特性，金属在不同阶段的收缩对铸件的质量有着重要影响。

① 缩孔、缩松形成于铸件的液态收缩和凝固收缩的过程中。对于逐层凝固的合金，由于固液两相共存区很小甚至没有，液固界面泾渭分明，已凝固区域的收缩就能顺利得到相邻液相的补充，如果最后凝固处的金属得不到液态金属的补充，就会在该处形成集中缩孔。适当控制凝固顺序，让铸件按远离冒口部分最先凝固，然后朝冒口方向凝固，最后才是冒口本身的凝固(即顺序凝固)，就把缩孔转移到最后凝固部位——冒口中去，而去除冒口后的铸件则是所要的致密铸件。

具有宽结晶温度范围，趋于糊状凝固的合金，由于液固两相共存区很宽甚至布满整个断面，发达的枝状晶彼此相互交错而把尚未结晶的金属液分割成许多小而分散的封闭区域，当该区域内的金属液凝固时，收缩得不到外来金属液的补偿，而形成了分散的小缩孔，即缩松。这类合金即使采用顺序凝固加冒口的措施也很难彻底消除缩松缺陷。因此，对于气密性要求不高，而要求内应力小的场合可采用同时凝固措施来满足要求。

② 铸件内应力主要是由于铸件在固态下的收缩受阻而引起的。这些阻碍包括机械阻碍和热阻碍。

机械阻碍引起的内应力容易理解，如型芯、铸型或浇冒口等对铸件收缩的阻碍，这样产生的内应力是暂时性的，一旦机械阻碍消除，应力便自行消失。

热应力则较难理解，它主要与铸件结构有关。壁厚不均的铸件，冷却过程中各部分冷速不一，薄壁部分由于冷速快，率先从塑性变形阶段进入弹性变形阶段，此时，由于厚壁部分仍处于塑性变形阶段，厚、薄两部分之间不会产生应力；当厚壁部分从塑性变形阶段进入弹性变形阶段进行弹性收缩时，由于铸件为一整体，厚壁部分的弹性收缩必然受到薄壁部分的弹性阻碍，为维持它们共同的尺寸，厚壁部分受到薄壁部分对它的拉应力，而薄壁部分则受到相反的力——压应力。因此，必须尽量使铸件壁厚均匀，避免金属局部积聚，以减小热应力。

若铸件的内应力过大，将导致铸件发生变形，甚至开裂。因此，应正确设计铸件结构，合理地制定铸造工艺。

需指出，顺序凝固原则对逐层凝固合金来讲，可消除缩孔缺陷，但这样使铸件各部分温差增大，易产生热应力。因此，在决定铸件结构和实施铸造工艺时，应抓住主要矛盾，采取相应措施。

(3) 偏析和氧化吸气性　偏析和氧化吸气性也会影响铸件质量，对此也应有所了解。

在实际工业生产中，因金属材料的性质、生产条件和技术、零件的几何参数和品质要求、生产纲领、经济性等因素，目前常限于在铸造性能相对较好的金属材料进行铸件生产。

2. 常用液态凝固成形技术或铸造工艺方法

工业上实现金属材料的“液态凝固成形”的方法或技术即铸造，其工艺方法有许多，这些铸造工艺的成形原理都相同，它们之间的不同点是在实现或完成某个或某些过程或工序(尤其是制备铸型)的手段或方法不同而已。

1) 砂型铸造(以砂质材料为主制作铸型的铸造工艺)

制作铸型即造型(制芯)是砂型铸造关键且最基本的工序，其是否合理，对铸件质量和成本有着重要的意义。

(1) 手工造型　手工造型方法很多，如何合理地选择造型方法，关键应抓住怎样“起模”这个核心问题进行类比分析。根据铸件结构特点，使用要求、批量大小及生产条件，应从简化造型，保证铸件质量，降低成本等方面综合比较、分析得出造型方法的合理方案。

(2) 机器造型　由机器来完成紧砂和起模这两个基本操作程序称为机器造型。震压式造型机最为常用，它可获得较均匀的紧实度。

(3) 铸造工艺设计　为了获得完整的合格铸件，减小铸型制造的工作量，降低铸件成本，在砂型铸造的生产准备过程中，铸造工程师必须合理科学地制定出铸造工艺方案和进行铸造工艺设计。

铸造工艺设计的内容：浇注位置、分型面选择，型芯、工艺参数确定，浇冒口及冷铁等的类型及位置确定等。

① “浇注位置”选择应考虑符合铸件的凝固方式，避免产生铸造缺陷，保证铸件质量。

② “分型面”的选择则主要考虑便于取模，工艺简便。浇注位置和分型面的选择是制定铸造工艺方案的第一步，直接影响到铸件质量、劳动生产率和铸件成本。教材中介绍的一些原则，不应作为教条看待，当有些原则相互矛盾时，应抓住主要矛盾，最后确定合理而先进的工艺方案。

③ 在“加工余量”、“拔模斜度”、“铸造圆角”和“铸造收缩率”等工艺参数的确定中，应清楚地掌握零件、铸件和模型三者之间在形状和尺寸等方面的差别与联系。这三者的形状应相近，但铸件与零件相比要考虑加工余量、拔模斜度和铸造圆角等，而模型除了这些方面的考虑外，还需考虑铸造收缩率，型芯头形状等。

铸造工艺设计的内容最终表现在铸造工艺图上。工艺图中确定了铸件的形状和尺寸，也规定了铸件的基本生产方法和工艺过程，如浇注位置、分型面选择、型芯、工艺参数确定、浇冒口及冷铁等的类型及位置等，应认真掌握。

(4) 铸件结构设计　要明确铸件结构设计是在保证铸造零件的结构符合机械设备本身的使用性能及易于机械加工的前提下，为简化铸型工艺和防止铸造缺陷的产生而进行的铸件结构的合理化工作。应抓住两项基本工作：一是审查铸造零件结构是否符合铸造生产的工艺要求，并在不影响使用要求的前提下，进行改进；二是在既定的铸件结构条件下，研究分析在铸造生产过程中可能出现的主要缺陷，以便采取预防措施。铸件结构设计合理与否，对铸件的质量、生产率及其成本有很大的影响。

① 简化铸造工艺。简化铸造工艺，关键在于造型过程中，使铸件的结构及形状能够给制模、造型(如起模)、制芯、安放型芯及其他造型工艺(如少用砂箱)等带来方便。因此，重点应放在铸件的外廓形状和内腔形状的要求上。在外廓形状上，要求改进妨碍起模的凸面、侧凹面、突缘和筋板结构，使分型面尽量平直且减少分型面数目。在内腔形状上，应考虑到形成内腔的砂芯能稳固地安放、方便地排气和清理，因此，为达到这些目的，常常开出一些工艺孔、采用芯撑等措施。

② 避免产生铸造缺陷。合理的结构设计，可避免产生铸造缺陷。首先对铸造缺陷产生的原因应该有比较清楚的了解，这就要求对前面的内容，特别是有关铸造性能的内容学得扎实。为保证铸造合金有一定的充型能力以避免冷隔、浇不足等缺陷，铸件应有合理的壁厚；从防止铸件产生缩孔缺陷来考虑，应避免热节，有利于金属液的补缩；为减小应力，防止铸件变形、裂纹，应使铸件各部分冷速趋于一致，各部分截面能自由收缩；为防止形成夹砂等缺陷，应避免水平方向出现较大平面等。

当然，铸件结构是否合理，除与上述因素有关外，还与铸件的产量、铸造合金的种类、铸造方法和生产条件有着密切的关系，应当综合考虑。由于各种特种铸造方法有别于砂型铸造方法，因此，各种特种铸造的铸件结构也理应有别于砂型铸造的铸件结构。例如对于壁厚设计，金属型铸造要求壁厚不宜过薄，而压铸件则是在高压作用下充型并冷凝，因此，它的壁厚不宜太厚，并力求均匀，而离心铸造中离心力与半径平方成正比，因此，铸件内、外壁的直径不宜相差太大；否则内、外壁处的离心力相差太大。又如，在熔模铸造中，应力求壁厚均匀以减少缩孔缺陷。其他方面的设计原则与砂型铸造原则有类似之处，可根据各种铸造方法的特点来对比分析，从而得出正确的设计原则。

就一个合理的铸件结构而言，它应同时满足上述几方面对其结构提出的要求。因而设计铸件结构应综合分析，反复比较，使之既能简化造型工艺过程，又能减少和防止铸件缺陷的产生，以达到优质、高产和低成本的目的。

2）特种铸造

各种特种铸造方法是在液态凝固成形原理和分析砂型铸造存在问题的基础上提出的，进而引申出各种不同于砂型铸造的特种铸造方法。这样，能更好地掌握各种铸造方法的特点，达到合理选择特种铸造方法的目的。

特种铸造的成形原理和基本作业模块与砂型铸造是相同的，它们之间的差别仅为实现或完成某个或某些工艺过程或工序（尤其是制备铸型）的手段或方法不同而已，这就使特种铸造的工艺方法较多，如熔模铸造、金属型铸造、压力铸造、低压铸造、离心铸造、陶瓷型铸造和磁型铸造等。特种铸造中的铸型用砂较少或不用砂、采用特殊工艺装备、具有铸件精度和表面质量高、铸件内在性能好、原材料消耗低、工作环境好等优点。但铸件的结构、形状、尺寸、质量、生产批量等往往受到一定限制。

如果以金属型替代砂型用于铸造就形成了“金属型铸造”。通过金属铸型与砂型的比较，突出表现为金属型导热快，一方面导致晶粒细化，力学性能提高；另一方面，冷速快又使铸件易产生浇不足和冷隔缺陷，因此，金属型需预热和喷刷涂料。金属铸型可反复使用，不用砂或少用砂，从而提高了生产率，改善了劳动条件。再如，金属型没有退让性，也不透气，因此，工艺上应采取开排气槽，控制铸件在铸型内的停留时间等。此外，金属型生产的铸件比砂型铸件表面光洁，尺寸精度高。所有这些都决定了金属型铸造适用于大批量生产的、具有较高质量要求的、中等复杂程度的非铁合金铸件。

从金属型铸造中，可知道这种铸造方法生产的铸件壁厚不能太薄，如果对金属型铸造加以改进，让金属液在压力作用下充型并冷凝，就弥补了这样的缺陷，这就出现“压力铸造”的铸造方法，它适宜于有色合金薄壁中小铸件的大批量生产。但由于压铸高压、高速的特点，气体来不及析出而形成一些皮下气孔，因此，压铸件不宜表面加工，也不宜热处理。

“离心铸造”是通过液体金属在离心力的作用下充型结晶而获得铸件的铸造方法的。从而使它成为中空旋转体铸件的主要铸造方法之一。

如果用蜡模代替模样，再在蜡模的表面制作有一定强度的硬壳，熔去硬壳内的蜡模就形成了所需的型腔，这种铸造方法就是“熔模铸造”。从它的工艺流程可知，蜡模制取和硬壳的形成是熔模铸造的两大关键工序。它的特点是无分型面，铸件复杂程度及铸造合金不限，尺寸精度高，表面粗糙度低，因而适合于尺寸精度高和表面粗糙度低的、难切削或少切削的复杂铸件。但从它的工艺过程可知，这种方法生产工序多，周期长，铸件不宜太大。

总之，各种铸造方法都有其自身的特点，有些铸造方法之间又有联系，它们都有其优缺点，不能认为某种方法最好，也不能说某种方法（包括砂型铸造）最差，必须根据铸件的大小、形状、结构特点、合金种类、质量要求、生产批量和成本，以及生产条件等进行全面综合分析才能正确地选择铸造方法。砂型铸造尽管有许多缺点，但因其适应性最强，且设备通用，因此，仍是当前最基本的铸造方法。而特种铸造方法只是在一定条件下，才能显示其优越性。

3. 常用合金铸件的生产特点

要获得优质铸件，除了需要良好的铸型外，还需要温度适当的优质液态铸造合金。以铸铁为主，介绍几种常用合金铸件的生产特点。

1）铸铁件生产

铸铁件包括灰铸铁、可锻铸铁、球墨铸铁和蠕墨铸铁等。应抓住这几种铸铁的组织特点，去分析它们的成分、铸造工艺及熔铸设备等，重点掌握它们的生产特点。表1-7-1列出了常用铸铁的成分、组织、工艺、熔炼等方面的特点。

表 1-7-1 常用铸铁的成分、组织、工艺、熔炼特点

铸铁种类	组织特征	成分特点	铸造工艺特点	牌号	熔炼特点	主要用途
灰铸铁	钢的基体＋片状石墨	碳接近于共晶成分	流动性好，石墨的膨胀导致收缩减小，因而铸造性能优良	HT100～HT200，HT250～HT350（需经孕育处理）	以冲天炉为主，工频炉等（孕育铸铁熔炼后需加硅铁孕育处理）	床身、箱体、支座、立柱等减振、冲击载荷小的零件
可锻铸铁	钢的基体＋团絮状石墨	C、Si含量较低，先得到全白口组织；再在高温下长时间退火，使Fe_3C分解而得到团絮状石墨	流动性差，无石墨膨胀作用，收缩较大，因而铸造性能差	KTH350-10～KTH370-12（铁素体可锻铸铁），KTZ450-06～KTZ700-02（珠光体可锻铸铁）	冲天炉、工频炉等	薄壁小件（以得到全白口）如各种阀门和管接头等

续表

铸铁种类	组织特征	成分特点	铸造工艺特点	牌 号	熔炼特点	主要用途
球墨铸铁	钢的基体＋球状石墨	高碳，低硅，低硫、磷	铸造性能比灰铸铁差，与其相比易形成夹渣、皮下气孔、缩孔等缺陷，流动性较差	QT400-18～QT900-2	冲天炉、工频炉等。铁水出炉后用镁稀土合金进行球化，再用75%硅铁进行孕育处理	可代替部分钢件，如曲轴、连杆、阀体等重要件
蠕墨铸铁	钢的基体＋蠕虫状石墨	高碳，低硅，低硫、磷	铸造性能较球铁的好	RuT260～RuT420	冲天炉、工频炉等。铁水出炉后进行蠕化处理	气缸盖、气缸套、钢锭模、轧辊模、玻璃瓶模和液压阀体等

2）铸钢件和非铁合金铸件

分析铸钢件生产特点时，应紧紧围绕 $Fe\text{-}Fe_3C$ 相图中钢的部分来进行。从相图中可知钢的熔点高，多数钢种结晶温度范围较宽，因而流动性差，并且冷却时收缩大，易氧化吸气，这些决定了钢的铸造性能很差，因此在型砂、铸造工艺等方面提出了更高的要求。常用的熔炼设备主要是电弧炉、工频炉。

至于非铁合金铸件，如铜、铝及其合金，由于它们在熔炼过程中易氧化和吸气，在铸造工艺上应采取一定的措施，如采用平稳引入金属液的开放式浇注系统，坩埚炉熔炼及合金精炼等。

7.2 本章重点

（1）掌握铸造生产的原理、实质、特点与应用。

（2）熟悉常用铸造合金的铸造性能及对铸件品质的影响；了解常用合金的

铸件生产特点。

(3) 掌握不同阶段的收缩对铸件的缩孔、缩松、内应力、变形和裂纹的形成原因及防止措施。

(4) 熟悉各种铸造工艺方法的特点及应用。

(5) 掌握铸件结构工艺性。

第8章 金属固态塑性成形技术

8.1 内容提要

1. 金属固态塑性成形技术理论基础

1) 锻压的原理、实质、工艺流程、特点与应用

锻压是锻造和冲压的统称，它是通过金属在固态下发生塑性变形来实现的，是制造机械零件毛坯的主要成形方法之一。

(1) 锻压的原理　金属固态塑变成形。

(2) 锻压的实质　在外力作用下金属材料通过塑性变形，以获得具有一定形状、尺寸和力学性能的毛坯或者零件。

(3) 锻压工艺流程的特征　锻压的工艺方法有许多，但其基本工序及流程相同。

(4) 锻压的特点与应用：

① 能改善金属的内部组织，提高或改善其力学性能等；

② 材料的利用率高；

③ 具有较高的生产率；

④ 多数工艺方法生产的产品精度较高。

其缺点是不能成形脆性材料（如铸铁，铸铝合金等）和形状特别复杂（尤其是内腔形状复杂）或体积特别大的毛坯或零件，多数锻压工艺的投资较大等。

锻压工艺主要用于原材料的生产、承受冲击或交变应力的重要零件（如机床主轴、齿轮、曲轴、连杆等）毛坯及薄壁件生产等。

2) 金属（固态）塑性变形理论基础

要对金属材料进行固态塑性成形，则须对金属在工业上实现这类过程的可能性和局限性作出正确的评价，以便于掌握和运用。

有关金属材料塑性变形的知识在机械工程材料第3章已有详细的叙述，这里不再重复。

(1) 金属的可锻性及影响因素　金属的可锻性取决于金属本身的塑性(δ、Ψ)和变形抗力,金属的塑性越好,变形抗力越小,则可锻性就越好。

金属的可锻性除与金属的本质有关外,还取决于变形(加工)条件,其中最重要的因素是温度。应选择适当的始锻、终锻温度。变形速度的影响有双重性,一般而言,提高变形速度,金属的再结晶来不及消除加工硬化,使金属的塑性下降,变形抗力增加,从而使可锻性降低;但当变形速度达到某一临界值后,由于塑性变形的热效应,而导致温度升高,从而又使可锻性提高,高速锤锻造就是利用这个原理;常用的各种锻造方法,变形速度都低于临界速度,对塑性差的材料,宜采用减慢变形速度的工艺,以防断裂。应力状态对可锻性也有影响,出现拉应力会引起金属内部缺陷的扩展,因而在各向受拉时,金属呈现较小的塑形,而在各向受压时,则呈现较大的塑性。

(2) 金属塑性变形的基本规律　金属的塑性变形属固态成形,其遵循的基本规律主要有体积不变规律、最小阻力定律和加工硬化等。掌握和应用这些基本规律,以便优质高效地生产出各种锻(压)件。

(3) 金属塑性变形对组织和性能的影响如下。

① 冷变形(又称冷成形)过程及其影响。冷变形的特征是金属塑性变形后具有加工硬化现象,即金属的强度、硬度升高,塑性和韧度下降;冷变形制成的产品尺寸精度高、表面质量好;对于那些不能或不易用热处理方法提高强度、硬度的金属构件(特别是薄壁细长件),利用金属在冷成形过程中的加工硬化来提高构件的强度和硬度不但有效,而且经济。例如各类冷冲压件、冷轧冷挤型材、冷卷弹簧、冷拉线材、冷镦螺栓等,故冷变形加工在各行各业中应用广泛。

由于冷变形过程中的加工硬化现象,使金属材料的塑性变差,给进一步塑性变形带来困难,故冷变形需重型和大功率设备;对加工坯料要求其表面干净、无氧化皮、平整等;另外,加工硬化使金属变形处电阻升高,耐蚀性降低等。

② 热变形(又称热成形)过程及其影响。金属在热变形中始终保持着良好的塑性,可使工件进行大量的塑性变形,又因高温下金属的屈服强度较低,故变形抗力低,易于变形;热变形使金属材料内部的缩松、气孔或空隙被压实,粗大(树枝状)的晶粒组织结构被再结晶细化,从而使金属内部组织结构致密细小,力学性能(特别是韧度)明显改善和提高;热变形使金属材料内部晶粒间的杂质和偏析元素沿金属流动的方向呈线条状分布,再结晶后,晶粒的形状改变了,但定向伸长的杂质并不因再结晶的作用而消除,形成了纤维组织,使金属材料的力学性能具有方向性,且纤维组织形成后,不能用热处理方法消除,只能通过锻造方法使金属在不同方向变形,才能改变纤维的方向和分布。

热变形广泛应用于大变形量的热轧、热挤及高强度高韧度毛坯的锻造生产等;但热变形中,金属表面氧化较严重,工件精度和表面品质较冷变形的低;另外,设备维修工作量大,劳动强度也较大。

2. 常用金属固态塑性成形技术

金属塑性成形技术的选择和实施,与材料、成形件的几何形状、工艺过程的实施条件(如压力、温度、速度等)、生产批量等有着密切关系。机械制造业中,人们充分利用冷、热塑性变形及其相应工艺的优点,生产出各类毛坯或制品。

1) 自由锻造(简称自由锻)

(1) 自由锻工艺特点及应用简介如下。

① 成形过程中坯料整体或局部塑性成形,除与上、下砧铁接触的金属部分受到约束外,金属坯料在水平方向能自由变形流动,不受限制,故自由锻锻件的形状和尺寸取决于操作者的技术水平,但锻件质量不受限制。

② 自由锻要求被成形材料(钢铁金属或非铁合金)在成形温度下须具有良好的塑性。经自由锻成形所获得的锻件,其精度和表面品质差。

③ 自由锻可使用多种锻压设备(如空气锤、蒸汽锤、机械压力机、液压机等),其锻造所用工具简单且通用性大,操作方便。但是,自由锻生产率低,金属损耗大,劳动条件较差。

自由锻适用于形状简单的单件或小批量毛坯成形,特别是重型、大型锻件的生产。

(2) 自由锻工艺规程 自由锻工艺规程包括绘制锻件图、选择锻造工序、确定锻造设备、确定锻造温度和冷却规范等。

在锻件图的工艺设计中,加工余量和锻造公差的概念较易理解,而敷料(余块)的出现是为了简化锻件外形,利于锻造而多留的金属,但其取舍不仅会影响锻造及其后续工序工时的分配、材料利用率等,而且还会影响流线组织的分布和零件的质量,应慎重对待。

应根据锻件的结构特点及具体的生产条件,结合各变形工序的特点,综合比较分析后确定锻造工序。

选用锻造设备时,要了解各类设备的能力。通常,空气锤的吨位小于 10 kN,用于小型锻件生产;蒸汽锤的吨位在 50 kN 以下,用于中小型锻件生产;水压机的吨位可达 10^5 kN 以上,用于大型锻件生产。

此外,还应根据锻件尺寸,控制锻件的加热和冷却速度。由于锻造过程中应力的产生,因此应进行适当的热处理。

(3) 自由锻件的结构工艺性(又称结构技术特征) 由于自由锻本身的特点,锻件外形结构的复杂程度受到很大限制。因此,在设计自由锻件时应考虑锻造是否可能、方便和经济。如锥面、斜面(锻打过程中产生水平分力,不易操作)及其他复杂截面,非平面交接结构及加强肋、小凸台等,均应改为简单的、平直的形状。

2) 模型锻造(简称模锻)

(1) 模锻工艺特点及应用简介如下。

① 模型锻造时坯料是整体塑性成形,坯料三向受压。坯料放于固定锻模模膛中,当动模作合模运动时(一次或多次),坯料发生塑性变形并充满模膛,随后,模锻件由顶出机构顶出模膛。模锻是热成形过程,可生产各种外形的锻件,锻件形状仅受成形过程、模具条件和锻造力的限制。

② 热成形模锻件的精度和表面品质除锻模的精度和表面品质外,还取决于氧化皮的厚度和润滑剂等,一般都符合要求,但要得到零件配合面最终精度和表面品质,还需再进行精加工(如车削、铣削、刨削等)。

③ 模锻可使用多种锻压设备(如蒸汽锤、机械压力机、液压机、卧式机械镦锻机等),所需设备要根据生产量和实际采用的成形工艺来选择。但模锻件的形状和重量受到限制,且锻模造价高,制造周期长等。

模锻适宜于大批量生产的中小型锻件。

(2) 模锻工艺规程　模锻工艺规程包括绘制锻件图、选择锻造工序及锻模模膛设计、确定锻造设备、确定锻造温度和冷却规范等。

在模锻件图工艺设计时,应考虑分模面、公差、余量、模锻斜度、圆角半径、冲孔连皮等因素。其中分模面的选择当然是至关重要的,它决定了金属在终锻模膛中充填的难易,锻件能否顺利取出,以及锻模制造的繁简等一系列问题。

模锻件的形状决定了模锻锻造工序,如长轴类零件常选用拔长、滚压、弯曲、预锻和终锻等工序;而盘类锻件,一般无须制坯工序,只需将坯料墩粗一下,即可进入终锻模膛。

锻模模膛一般分为制坯模膛、预锻模膛和终锻模膛。终锻模膛的形状应与锻件形状相同,尺寸要比锻件尺寸放大一个收缩量;为便于坯料和锻件出模,垂直于分模面的表面必须有斜度;在锻模上两个面相交处用圆角过渡,其作用是减小坯料流入模槽的摩擦阻力,减小转角处的应力集中;模膛四周的飞边槽用以容纳被挤出的多余金属;对于通孔锻件因无法直接冲出通孔,只能压凹成盲孔,中间留有冲孔连皮,锻后与飞边一同切除。

对于简单锻件,只需终锻模膛一次成形,但对于形状复杂锻件则需经过制坯模膛和预锻模膛逐步成形,使坯料变形接近于锻件的形状和尺寸。制坯模膛如滚压模膛等实现坯料体积的重新分配。预锻模膛不同于终锻模膛之处在于预锻模膛的圆角和斜度较大,没有飞边槽。

(3) 模锻件的结构工艺性 要使金属易于充填模膛,并注意合理的分模面、模锻斜度和圆角半径等。

(4) 其他模锻方法 对其他模锻方法只需了解各自的特点及其应用范围即可。

胎模锻使用不固定在设备上的各种称为胎模的单膛模具成形模锻件,具有操作比较灵活,胎模模具简单、容易制造加工、成本低,生产准备周期短等优点。

对于曲柄压力机模锻,由于其作用力的性质是压力而非冲击力,因此具有较高的模锻精度。

平锻机相当于卧式的曲柄压力机,除具有曲柄压力机的特点外,还因为它具有两个分模面(凹模可分),因而特别适合锻制带头部的杆类锻件和带孔的以及同时带有凹挡的锻件等。

摩擦压力机则主要适用于小型锻件的批量生产。

3) 板料冲压

(1) 特点及应用 板料冲压常在室温下进行,由于塑性变形产生的加工硬化使冲压件的强度、刚度提高,加上冲压模具能保证相当高的精度,因此无须进一步加工即可直接作为零件使用,特别适宜于轻质薄壁件生产,并且板料冲压具有很高的生产率。由于板料成形模具较复杂,设计和制作费用高、周期长,故只有在大批量生产的情况下,才能显示其优越性。

(2) 冲压工序及变形特点 冲压工序分为分离和成形工序两大类。如落料和冲孔时坯料的切离过程;弯曲时,板料各层的受力和变形情况;拉深时,板料各部分的受力情况等。在此基础上,应能正确分析出确保每一工序顺利进行,获得符合要求的冲压件的必要条件,如落料和冲孔时,凸模与凹模刃口要锋利,两者间隙合理;弯曲时注意控制相对弯曲半径 r/S(r 为弯曲半径,S 为板厚);拉深时,凸、凹模的顶角要做成圆角,两者有合理的间隙,并且有一定的拉深系数 d/D(拉深后零件直径 d 与拉深前的板料直径 D 之比,一般为 0.5～0.8)要求等。

其他内容,如旋压、翻边、胀形和冲口变形工序等可作一般性的了解。

(3) 冲压模具(简称冲模) 冲模按完成工序的多少和方式可分为简单冲模、连续冲模和复合冲模三种。简单冲模和复合冲模都只在一个工位上完成工作,在一次行程中,简单冲模只完成一道工序;而复合冲模则完成多道工序。连续冲模是在一次行程中,在板料上顺序完成多道工序。

(4) 冲压件结构工艺性 冲压件结构工艺性是根据各工序的具体特点分别考虑的。掌握了冲压过程中各工序的变形特点,就不难理解教材中的冲压件结构工艺性分析。

4）其他锻压工艺简介

对一些先进锻压工艺，只需作一般性了解。与常规模锻工艺相比较，这些先进的模锻工艺具有下述特点。

① 改变坯料锻压过程中的受力状态，使之处于二向以上受压，抑制材料的断裂，如精密冲裁；或使其在超塑性状态下进行冲压、挤压及模锻，这样就能大大改善材料的锻造性能。

② 采用少氧、无氧加热，甚至不加热，直接采用冷变形（如冷挤压），以提高表面质量，使产品具有更高的精度和更小的表面粗糙度，实现少切削、无切削加工的目的。

③ 通过提高锻模精度来实现精密模锻。

8.2 本章重点

（1）掌握锻压的理论基础——金属的塑性变形及特征。

（2）熟悉自由锻、锤上模锻、冲压工艺的特点及应用。

（3）掌握自由锻、锤上模锻、冲压件的结构工艺性。

第9章 粉末压制和常用复合材料成形技术

9.1 内容提要

1. 粉末压制成形技术理论基础

粉末压制的特点如下。

(1) 能够制造其他方法不能或很难制造的制品。既能生产难熔、极硬和特殊性能的材料,如钨丝、硬质合金、磁性材料、高温耐热材料等,又能生产净形和近似净形加工的优质机械零件,如多孔含油轴承、精密齿轮、摆线泵内外转子、活塞环等。

(2) 材料的利用率很高,接近100%。

(3) 有些产品虽然用其他方法也可以制造,但用粉末冶金法更为经济。

(4) 一般说来,金属粉末的价格较高,粉末冶金的设备和模具投资较大,零件几何形状受一定限制,因此粉末冶金适宜于大批量生产的零件。

1) 金属粉末的制取及其特性

制取粉末的方法是多种多样的,其中主要有:矿物还原法,电解法,雾化法,机械粉碎法等。工程中应用的所有金属材料几乎都可以加工成为粉末形态。

金属粉末的特性对粉末的压制、烧结过程、烧结前强度及最终产品的性能都有重大影响。

影响金属粉末的基本性能的因素包括:成分、粒径分布、颗粒形状和大小,以及技术特征等。

2) 粉末压制的成形原理及过程

粉末压制的成形原理:颗粒态材料压实烧结成形。

粉末压制的实质:用金属粉末(或者金属和非金属粉末的混合物)做原料,经模具压制成形后烧结而制造各种类型的零件和产品的成形方法。

粉末压制(冶金)生产工艺流程如下：

原材料粉末、添加剂→配混→压制成形→烧结→后续处理或加工→制品

粉末混合料中常常要添加一些能改善成形过程的物质，即润滑剂或成形剂，或者添加在烧结过程中能造成一定孔隙的造孔剂。这类物质在烧结时可挥发干净，例如可选用石蜡、合成橡胶、樟脑、塑料及硬脂酸或硬脂酸盐等物质来做添加剂。混匀度越大，表示混合越均匀，也就越有利于制品的性能要求。

钢模冷压成形压坯密度的不均匀程度有差别。造成压坯密度不均匀的原因是在压制过程中，粉末颗粒之间、粉末颗粒与模冲、模腔壁之间存在摩擦，使压力损耗而造成的。压坯密度的均匀性是其质量的重要标志，烧结制品的强度、硬度及各部分性能的同一性，皆取决于密度分布的均匀程度。此外，压坯密度分布不均匀，在烧结时将导致收缩不均匀，从而导致制品中产生很大的应力，出现翘曲变形、甚至裂纹等。

烧结对粉末冶金材料和制品的性能有着决定性的影响。在烧结过程中，压坯要经过一系列的物理化学变化。开始是水分或有机物的蒸发或挥发，吸附气体的排除，应力的消除，粉末颗粒表面氧化物的还原；继之是原子间发生扩散，黏性流动和塑性流动，颗粒间的接触面增大，发生再结晶和晶粒长大等。出现液相时，还可能有固相的溶解和重结晶。这些过程彼此之间并无明显的界限，而是穿插进行，互相重叠，互相影响的。

对于一些要求较高的粉末冶金制品，烧结后还需要进行其他处理与加工，以满足要求。

2. 粉末压制产品及应用

粉末压制可获得具有特殊性能的材料或在特殊工作条件下的零部件，在各行业得到广泛应用。

3. 陶瓷制品成形过程

陶瓷制品是人类最早使用的制品，现代陶瓷制品的成形属粉末或颗粒状材料固结成形，其成形过程与粉末压制的相同(可以说粉末压制是沿用了陶瓷制作的技术)，现代陶瓷技术和粉末压制技术相互结合，互相渗透，并共同发展。

4. 纤维复合材料成形方法

纤维复合材料制作制品的成形方法按基体材料在成形时的状态主要分为固态法和液态法。

9.2 本章重点

(1) 掌握粉末压制的成形原理。

(2) 熟悉粉末压制的成形工艺过程。

(3) 熟悉常见粉末压制产品及其应用。

(4) 了解陶瓷和纤维复合材料制品的成形方法。

第10章 固态材料的连接成形技术

10.1 内容提要

1. 焊接成形技术理论基础

1）焊接成形的原理、实质、工艺流程、特点与应用

（1）焊接成形原理如表1-10-1所示。

表1-10-1 焊接成形原理

焊接方法类别	接头处材料状态	连接原理
熔化焊	被加热到熔化（液态）	结晶或凝固
压力焊	被加热到半熔化（液态＋高塑态）	结晶或凝固＋塑变
钎焊	钎料被加热到熔化（液态）	钎料的结晶或凝固

（2）金属焊接成形的实质　将分离的金属用局部加热或加压等手段，借助于金属内部原子的结合与扩散作用牢固地连接起来，形成永久性接头。

（3）焊接成形的特点与应用　与铆接比较，焊接具有节省材料、减轻重量、接头的密封性好，可承受高压、简化加工与装配工序、缩短生产周期、易于实现机械化和自动化生产等特点。焊接是现代工业生产中应用很广泛的一种连接金属的工艺方法，主要用来制造各种工程结构和机器零部件。

2）电弧焊的冶金过程特点

（1）焊接过程中的冶金反应有如下特点：

① 熔池体积小，熔池处于液态的时间极短；

② 熔池中液态金属温度远高于一般熔化的金属温度；

③ 空气中的氧和氮在电弧高温下被分解成原子状态的氧和氮。

这些特点，使得采用光焊芯焊接时，合金元素急剧烧损，氧化物和氮化物残留在焊缝中，并且焊缝中易产生气孔和夹渣缺陷，这就使得焊缝力学性能，特别是 a_K 和 δ 值剧降，焊件热应力很大，易变形。

（2）焊接时应采取的措施。

① 形成有效保护层，限制空气侵入焊接区，如焊条药皮、焊剂、惰性保护气体等；

② 添加合金元素以保证焊缝的成分，如在焊条药皮或焊剂中添加合金元素；

③ 进行脱氧、脱硫和脱磷，也可通过焊条药皮或焊剂来实现；

④ 合理的焊接结构设计和焊接工艺设计。

3）焊接接头组织与性能

焊接接头应包括两部分：一部分是在焊接时，经过熔化、凝固的金属，称为焊缝；另一部分是紧靠焊缝受到加热、冷却作用发生组织变化的金属，称为热影响区。这两部分的组织性能，决定了最终焊接接头的性能。

（1）焊缝和热影响区温度分布不均匀性及焊接本身的特点，导致焊缝区细小柱状晶组织的产生，以及热影响区经历了不同规范的“热处理”，这就引起了焊接接头的性能变化。

（2）结合相图分析热影响区的组织，得出焊接的薄弱环节在熔合区和过热区。

（3）为提高焊接接头的性能，应减小热影响区的宽度，如采用合适的母材，正确的焊接工艺、焊接方法及焊后热处理等措施。

4）焊接应力与变形

这一部分的关键是怎样正确理解焊接应力的产生。焊接过程中，焊缝就相当于一个加热的杆件，可将焊缝周围部分看成是具有一定的刚性约束，焊缝（杆件）受热时不能自由伸长，冷却时不能自由收缩，这样最终在焊缝处产生拉应力，而周围金属产生压应力。刚性约束越大，最终产生的内应力也越大。

焊接应力产生的结果是导致变形，应力和变形的存在影响了焊接件的尺寸精度，降低承载能力，甚至产生裂纹。因此，应从设计和工艺两方面来减小焊接应力与变形的产生，如采用合理的焊接顺序（拼板时，应先焊错开的短焊缝，后焊直通的长焊缝），焊接前预热，加热适当的部位（减小焊缝热胀冷缩的阻碍），锤击焊缝，去应力退火等措施来减小或消除焊接应力，防止焊接变形。

5）焊接缺陷

对各种焊接缺陷的特征、成因、危害及防止措施应有一基本了解。

2. 常用焊接方法及其特点

常用焊接方法及其特点如表1-10-2所示。

表 1-10-2 常用焊接方法及其特点

焊接方法				工作原理	工艺特点	应用
熔化焊	电弧焊	埋弧焊		利用焊丝与焊件间产生的电弧将覆盖在其上的颗粒状焊剂熔化，使电弧与外界隔绝，焊丝自动进给，不断熔化，冷凝后形成焊缝	① 自动化程度高，生产率高； ② 焊缝质量好； ③ 节省焊接材料和电能； ④ 焊件变形小； ⑤ 改善劳动条件	成批焊接的中厚板、长直焊缝和较大直径焊件的环缝平焊
		气体保护电弧焊	氩弧焊，CO_2保护焊	用保护性气体(氩气、二氧化碳气体等)，将空气和熔化金属机械地隔开，防止熔化金属氧化和氮化，焊丝进给不断熔化，冷凝后形成焊缝	① 采用氩弧焊，熔池可见性好，方便操作，易实现自动化和半自动化； ② 适于薄板及非铁合金件； ③ 焊缝质量高； ④ CO_2有氧化性，焊丝中需加脱氧元素	氩弧焊可用于所有金属材料除仰焊外的全位置焊接，CO_2保护焊用于碳钢焊接
		电渣焊		利用电流通过熔渣而产生电阻热来进行焊接	① 很厚工件可一次焊成； ② 生产率高，焊缝金属比较纯净； ③ 焊缝金属组织粗大，焊后须正火	厚大钢件的直缝焊接
	手工电弧焊			利用焊条与焊件间产生电弧，使药皮燃烧时产生大量CO_2和熔渣，以起保护作用，焊条进给不断熔化，冷凝后形成焊缝	① 适应性强； ② 设备简单； ③ 操作灵活方便，成本较低	单件小批量生产，板厚一般≥3 mm，对板厚1～2 mm也可焊，但品质不易保证。 全位置焊接和短、曲焊缝焊接

续表

焊接方法			工作原理	工艺特点	应用
压力焊	电阻焊	对焊，点焊，滚焊	利用电流通过焊件产生的电阻热进行焊接	① 生产率高； ② 焊接变形小； ③ 自动化程度高； ④ 设备较复杂、功率大	成批大量生产，对焊用于杆状构件焊接，点焊、滚焊用于薄板构件焊接
	摩擦焊		利用焊件接头摩擦产生热量将其加热到塑性状态，加压焊接	① 适于同类或异类金属连接； ② 适宜旋转类工件； ③ 设备简单	用于焊接导热性好，易氧化的金属
钎焊	硬钎焊（硬钎料），软钎焊（软钎料）		利用熔融钎焊材料的黏着力或熔合使焊件接头连接在一起	① 接头不熔化，焊件变形小； ② 母材化学成分不变化； ③ 强度不太高； ④ 接头结合处的加工处理要求高	异种材料焊接，电器仪表等的焊接

3. 常用金属材料的焊接

不同的材料、不同的焊接方法及焊接材料，表现出来的可焊性不一样。因此，了解及评价材料的可焊性，是产品设计、施工准备及正确制定焊接工艺的重要依据。

1）焊接性及其评定

焊接性是指在给定的焊接工艺条件下，获得优质焊接接头的能力。对一般的钢材来言，影响焊接性的主要因素是化学成分，因此，常用碳当量来评定材料的可焊性，碳当量越高，可焊性越差。另一种评定可焊性好坏的方法是冷裂敏感系数法，对此可作一般了解。

可焊性有两个方面的内容：一是焊接接头产生工艺缺陷的倾向，尤其是出现各种裂纹的可能性；二是焊接接头在使用中的可靠性。可焊性的各种实验方法就基于上述内容。

2）碳钢的焊接

按碳含量的大小来区别各种碳钢的焊接性。一般低碳钢的焊接性较好，而中碳钢的焊接性较差，高碳钢的很差。

3）合金结构钢焊接

应根据合金结构钢的特点、碳当量的大小进行综合分析。

4）不锈钢的焊接

应抓住不锈钢件焊接后接头易出现晶间腐蚀和裂纹的特点，在焊接工艺及焊条等方面采取一定的措施，如采用小电流、快速焊、短弧焊、多层焊、强制冷却等工艺，以保证焊接质量。

5）铸铁的焊补

铸铁的焊接性很差，一般不进行焊接。工业中可采用冷焊法或热焊法对大中型铸铁件上的一些缺陷进行焊补工作，以减少铸件废品。

6）铜合金、铝合金的焊接

铜合金、铝合金的共同点是易氧化吸气、线收缩大、高温强度较低等，因此，在焊缝中易形成夹渣、气孔、裂纹等缺陷，故焊接性能较差，工艺上应采取一定措施，如采用氩弧焊、使用焊剂等。

4. 焊接件结构工艺性

焊接件结构工艺性一般包括焊接结构材料选择、焊缝布置和焊接接头设计等内容。要求如下。

1）焊接材料及焊接方法的选择

应根据焊接结构的使用要求，从实际生产条件出发，尽可能选用焊接性能好的材料。根据焊接构件材料的特点，选择适当的焊接方法，以保证工艺简单，焊接质量优良。

2）焊缝布置

（1）焊缝位置应便于焊接操作　手工电弧焊时应留有焊条的操作空间，点焊、缝焊时应留有电极的位置等。

（2）焊缝布置应有利于减小焊接应力与变形　在弄清焊接应力和变形产生的原因及防止措施后，不难理解这部分内容。如焊缝的对称分布；避免焊缝过分集中或交叉；尽量减少焊缝长度和数量；应避免焊缝端部产生锐角等。

（3）焊缝应尽量避开最大应力或应力集中处。

（4）焊缝应避开加工表面。

3）接头设计

（1）接头形式选择　接头形式的选择主要根据结构形状、使用要求和焊接生产工艺而定。一般当接头构成直角连接时，通常采用角接接头和 T 形接头；对于要求接头应力分布均匀、接头质量较高等场合，一般采用对接接头；对于一些不十分重要的焊接件，为简化焊前准备及装配工作一般多用搭接接头。

（2）坡口形式选择　坡口形式的选择，主要根据板厚和熔透要求，同时应考虑坡口加工可能性和焊缝的可焊程度等。通常，要求焊透的受力焊缝应尽量采用双面焊，以保证质量，不能采用双面焊的可采用单面焊双面成形技术，设计如I形、V形、U形坡口等。

10.2　本章重点

（1）熟悉焊接接头形成的物理、冶金过程及焊接接头的组织与性能。

（2）掌握控制焊接质量的内在因素，防止焊接缺陷的产生。

（3）能够分析和拟订一般焊接件的焊接工艺，包括焊接材料、焊接方法、电焊条的选择，接头设计，焊接工艺性及焊接件结构工艺性分析等。

（4）熟悉各种常用焊接方法的实质，针对不同材料的焊接特点，选用合适的焊接方法。

第11章 有机高分子材料的成形技术

11.1 内容提要

1. 有机高分子材料成形原理

有机高分子材料制品的成形是将原材料加热塑化成黏流态，然后注入模腔内成形固化得到制品，故其原理称为“黏流态固化成形”。由于塑化后的有机高分子材料黏性很大，充填模腔的能力很差，常需施加外力以使其强迫成形。

2. 塑料制品的成形技术

塑料制品生产主要包括成形、机械加工、修饰和装配等生产过程。成形是指将原材料（树脂与各种添加剂的混合料或压缩粉）制成具有一定形状和尺寸制品的过程。

成形是塑料制品生产中最重要且必不可少的过程，其他过程视制品要求而取舍。

塑料的成形工艺性能主要有：流动性，流动性的好坏，在很大程度上取决于成形过程的许多参数，如成形时的温度、压力，模具浇注系统的尺寸及其结构参数；收缩性，主要影响塑料件尺寸精度及质量；结晶性，影响制品的力学性能；吸湿性与黏水性，影响成形工艺性和制件品质；热敏性和水敏性，影响成形工艺性和制件品质。

塑料在玻璃态时可进行机械加工；高弹态时可进行热冲压变形，热锻及真空成形；黏流态时可注射、模压、吹塑、挤出成形。

塑料的黏度随着压力和温度的升高而降低，黏度降低可增加塑料的流动性，有利于塑料制品的成形。

热塑性塑料制品大多采用注射、挤出等成形方法。热固性塑料多采用模压成形方法。

塑料注射成形又称注塑成形，是热塑性塑料成形的主要加工方法，60%～70%的塑料制件用注射成形方法生产。近年来，也用于部分热固性塑料的成形加工。它具有生产效率高、易于实现机械化和自动化并能制造外形复杂、尺寸精确的塑料制品等。注射成形的工艺条件：温度、压力和时间等。

塑料挤出成形也称为挤塑成形，主要用于热塑性塑料生产棒、管等型材和薄膜等，也是中空成形的主要制坯方法。在挤出机头芯部穿入金属导线，挤出制品即为塑料包敷电线或电缆。塑料挤出成形的工艺参数为：压力、温度和挤出速率等。

模压成形又称压塑成形、压缩成形，是塑料成形加工中较传统的工艺方法，目前，主要用于热固性塑料的成形加工。其工艺参数为：成形温度、压力和时间等。

3. 橡胶制品的成形技术

橡胶制品的生产主要包括混炼、成形、硫化等加工过程。橡胶的混炼是将各种配合剂混入并均匀分散在橡胶中的过程，其基本任务是制出符合品质要求的混炼胶。混炼好的胶可用来成形，即在压延机上压延得到板材、片材，挤出机上挤出棒材、管材及各种型材，在织物上贴胶而得到胶布、管带等。这些成品还要经过加热、加压硫化。橡胶硫化的目的在于使橡胶具有足够的强度、耐久性及抗剪切和其他变形能力，以减少橡胶的可塑性。

橡胶制品的成形性能主要有胶料的流变性、胶料和生胶流动性、胶料硫化性、热物理性能。

橡胶制品的注射成形主要用于模型橡胶制品如密封圈、带金属骨架模制品、减振垫和鞋类，也有试用于注射轮胎制品。注射成形工艺参数有螺杆转速、注射速度、压力、温度和硫化条件等。

橡胶制品的挤出成形用于成形轮胎胎面胶条、内胎、胎筒、纯胶管、胶管内、外层胶和电线、电缆挂胶等，也可用于胶料的过滤、造粒、生胶的塑炼等。橡胶的挤出成形工艺参数为：温度、速度、冷却条件等。

11.2　本章重点

（1）掌握有机高分子材料成形原理。

（2）熟悉常用塑料、橡胶制品成形方法的实质及应用。

第12章 材料成形技术方案的拟订及产品检验

12.1 内容提要

机械工业中所得到的材料尤其是金属材料绝大多数是原材料(如金属锭、型材、板材、线材、管材等),而构成机器装备零件的形状和大小则是各式各样千变万化。因此,必须通过改变原材料的形态,使其接近或达到零件的几何形状、尺寸大小和技术要求等,工业上把这些通过改变原材料的形态而获得毛坯或零件的制造加工方法统称为材料成形技术。

从原材料到制成零件,一般需要经过材料成形(又称毛坯生产)和机械加工及处理两个阶段。一个好的成形工艺方案,就是根据零件的尺寸、形状、技术要求及现有生产设备和条件等情况,正确选择合适的材料成形技术(毛坯生产方式)和机械加工方法,使零件制造的生产率最高,成本最低。材料成形技术(毛坯生产)方式选择是零件制造加工工艺设计的第一步,它选择的好坏直接影响整个工艺过程,因而显得格外重要。

1. 材料成形技术方案拟订的一般原则

1) 适应性原则(零件所选材料与成形技术的关系)

设计中零件所选材料与成形加工过程是相互依赖、相互影响的。一定的材料必定选择相对应的成形工艺;一定的工艺也必须配合选择相对应的材料。

(1) 零件使用的材料　零件的材料选用一般是根据其使用性能来确定的。而材料和性能在大多数情况下也就决定了材料成形技术方法即毛坯的制造方法,如铸铁材料就必须选用铸造工艺制作毛坯,而选择锻压加工必须配合选用可锻性好的钢材或非铁合金,而不能选用铸铁。

(2) 零件的形状和尺寸　大型零件的毛坯可用砂型铸造、自由锻造和焊接组合件制得。形状复杂的大型零件毛坯,用铸造方法更为合适。铸件的力学性能虽然比锻件差，但较经济。而锻造毛坯适于形状简单，受载荷较大的零件。

(3) 生产批量　生产批量的大小对毛坯的选择也有很大的影响。批量大，就应选用高精度和高生产率的制造毛坯方法，如精密铸造、模锻和冷挤压等。采用这些方法，虽然需要有昂贵的设备和模具，但由于提高了精度和生产率，减少了加工余量，缩短了机械加工工艺过程，从而节省了材料和加工费用。

(4) 现有的条件和发展的可能性　尽可能利用本单位毛坯车间的现有条件，同时也要考虑到生产的发展和采用新工艺、新设备的可能性。例如，柴油机的曲轴毛坯，早期都采用自由锻，后来改为模锻，由于球墨铸铁性能提高，曲轴材料就可选用球墨铸铁，因此，毛坯的制造方法就由锻造改变为铸造。

常用机械零件(标准件除外)按其形状结构特征和用途不同，一般可分为轴杆类、套类、轮盘类和箱座类四大类零件。由于各类零件形状结构的差异和材料、生产批量及用途的不同，其毛坯的成形方法也不同，许多零件可用一类成形技术生产毛坯，而有些零件则需用不同成形技术的组合来制作毛坯。

2) 技术经济原则(零件技术特征与成形技术的经济性与现实可能性)

零件的结构形状和尺寸、生产批量、精度、表面粗糙度要求等技术特征在很大程度上决定了毛坯加工方法的选择。考虑零件技术特征与成形技术的经济性与现实可能性，要注意以下几点。

(1) 尽量选用生产过程简单，生产率高，生产周期短，能耗与生产材料消耗少，投资小的毛坯加工方法，既能使成本下降，又能保证其品质优良。

(2) 毛坯的生产批量决定了成形的机械化、自动化程度。批量越大，越有利于机械化、自动化程度的提高。单件、小批量生产往往与手工生产相联系，应选用廉价材料，通用设备和工具，生产率不太高，但节约了生产准备时间和工装的设计制造费用，降低了总的成本。而成批、大量生产则选生产率高、精度高、品质好的加工方法，选择专用的生产设备和专用的生产工具，尽管增加了设计制造的专用工装费用，但进行下一步加工的工作量大大降低，节约工时，使设备、工模具等一次性投资随年产量的增加而分摊到单件产品上的费用减少，总经济效益提高。所以铸件应选机器造型、砂型铸造或金属型压铸；锻件应选模型锻造；焊接结构件应选易焊材料和自动焊；薄壁件则可考虑生产率高、精度高的冲压方法、压铸方法等制造毛坯。

(3) 毛坯选择要全面考虑生产过程的总成本，结合分析设计试验费、生产材料费、毛坯制作费、切削加工费、使用维修费等，分析相互的联系和制约，全面权衡利弊，选择最佳的经济方案。

3) 安全原则(材料成形技术的安全生产)

在工业实践中，不仅要从技术观点来研究各种制造技术，而且必须对诸如经济性、能源、材料利用和安全等因素认真分析，才能对加工方法作出正确的选择。能源及材料利用与经济性密切相关，而安全问题对经济性具有不同性质的重要意义，必须强调在开始规划与设计阶段就应当考虑建立一个安全的工作场地和保护环境的运行系统。

总之，材料成形技术的选择是机器制造过程中一个复杂而又重要的问题，必须从各个方面综合加以考虑，根据上述原则进行比较而合理选用。

2. 材料成形方案的技术经济分析

1）各类成形件或毛坯的特点

机械加工中常用的毛坯如下。

(1) 铸件　由铸造生产的毛坯或零件，适用于形状复杂尤其是内腔复杂的零件毛坯。

(2) 锻件　由锻造生产的毛坯或零件，适用于强度要求较高，形状比较简单的零件毛坯。

(3) 冲压件　由板料冲压生产的产品，适用于中小尺寸的板料零件，一般可不再经过切削加工，用于成批大量生产。

(4) 型材　它是钢锭经轧制、挤压或拉制的方法制成的原材料，具有较好的力学性能。

(5) 焊接组合件　它是将板料、锻压件、铸件、型材或机械加工的半成品，通过焊接组合成的毛坯。焊接组合件适用于制造大型零件的毛坯，如压力容器、桥梁、船体等。焊接组合件制造简单方便，可以大量减少材料消耗，缩短生产周期，但焊接件的热变形较大，需注意消除。

(6) 工程塑(料)件　工程塑(料)件往往是一次成形，几乎可制成任何形状的制品，生产效率高；工程塑件的密度约为铝的一半，可减轻制件的自重；工程塑件的比强度高于金属件；大多数工程塑料的摩擦系数都较小，因此，不论有无润滑，塑料都是良好的减摩材料，常用来制造轴承、齿轮、密封圈等零件；工程塑料件对酸、碱的耐蚀性很好，例如被称为塑料王的聚四氟乙烯，甚至在王水中煮沸也不会腐蚀。此外，工程塑件还具有优良的绝缘性能、消音、吸震和成本低廉等优点。

但是，工程塑(料)件也存在一些缺点，主要是成形收缩率大，刚性差，耐热性差，易发生蠕变，热导率低而线胀系数大，尺寸不稳定，容易老化等。

2）材料成形方案的技术经济分析

材料成形技术方案的技术经济分析是为了得到一个较为科学、较为全面、较为切实可行的具体技术方案(或工艺)。

一般而言，成本最低的方案，其经济效益自然较好。

3. 成形件的品质检验

无论是铸、锻成形件，还是焊接成形结构件，都要根据国家规定的检验项目和标准对它们进行品质检查，以免因成形件的品质问题造成零件的失效、机械加工工序的工时浪费等。

成形件的品质检验有外观检查和内部品质检验。

12.2 本章重点

(1) 熟悉毛坯的种类。

(2) 掌握材料成形技术方案拟订的一般原则。

(3) 熟悉材料成形方案的技术经济分析步骤。

第二部分 课堂讨论指导

总　述

1. 课堂讨论的目的

(1) 巩固并深化所学的重点知识，解决课堂上没有完全解决的重难点问题。

(2) 调动学生积极思考、主动探求知识的积极性，培养学生综合分析问题和解决问题的能力。

2. 课堂讨论的方法及要求

(1) 要求学生预习待讨论的题目，明确讨论的目的及任务，复习相关课堂教学内容，针对讨论题目准备发言提纲。

(2) 一般由任课教师主持，以学生自由发言为主，也可以由主持人指定某个学生发言，然后大家补充，互相启发。除布置的题目外，学生也可以自由提出问题进行讨论。

(3) 每个题目讨论完毕及整个讨论课结束时，教师应根据讨论情况及时总结，使一些尚未解决的问题或疑惑得到解决。课后，每个学生对讨论题目进行整理、总结。

课堂讨论1 铁-碳相图分析及应用

1. 讨论目的

(1) 加深对 Fe-Fe_3C 相图的理解，进一步明确相图中各重要的点、线的意义，各相区(共存线)存在的相，以及各种相的本质。

(2) 能综合运用二元相图的基本知识，对典型铁-碳合金的结晶过程进行简单分析，厘清相和组织的概念。

(3) 熟悉铁-碳合金在室温下的平衡组织，掌握铁-碳合金的成分、组织、性能三者之间的关系。

(4) 了解 Fe-Fe_3C 相图的应用。

2. 讨论题

(1) 画出 Fe-Fe_3C 相图(可忽略包晶反应相图部分)，并填上各区域的组织，标明点 C、S、E、P 的成分及 ECF、PSK 线的温度。

(2) 简述铁-碳相图的组成及特征并由杠杆定律计算含碳 3.0%的铁-碳合金(亚共晶白口铸铁)室温时各组成相和组织组成物的质量百分数。

(3) 大致分析 45 钢及共晶白口铸铁的平衡结晶过程。

(4) 由 Fe-Fe_3C 相图分析 T12 钢在 25 ℃、600 ℃、770 ℃、800 ℃、1 000 ℃、1 200 ℃时的相及组织各是什么？哪个温度下的晶粒最粗大？在 770 ℃、800 ℃、1 000 ℃下哪个温度的未溶碳化物数量多些而奥氏体中的碳含量少些？T12 钢淬火加热温度约为哪个温度最合适？如 $w_C=0.9\%$的钢室温组织为 P+Fe_3C_{II}(网状)，则为了使 Fe_3C_{II}全消失，应把其加热到上面哪个温度下进行空冷正火？

(5) 总结铁-碳合金的成分、组织、性能三者之间的关系。

(6) 最适于锻造的铁-碳合金成分约在相图的哪个区域附近？并简述原因。

3. 讨论要求

(1) 讨论课前，学生可只对自己不太熟悉的题写出发言提纲，其余各题只做一般准备，通过讨论弄懂即可。

(2) 教师应对学生的发言提纲进行检查。讨论要抓住重点。为提高时间利用率,可以同时安排几位同学在黑板前做。所有讨论题不一定全在课堂上进行。

(3) 讨论开始时,可先由学生或教师在黑板上画出铁-碳相图,然后对各题进行讨论,学生也可以自己提出一些问题进行分析讨论。教师应积极引导,调动学生的积极性,启发学生积极发言。最后由教师或同学进行总结。

(4) 讨论后学生应做一次总结作业,教师进行批阅。

注:此讨论也可在学完铸造、锻造部分后进行。

4. 讨论示范

针对讨论题(2),讨论示范如下。

1) 铁-碳相图的组成及特征

铁-碳合金相图是研究铁-碳合金的基础,是分析钢铁材料和制定热加工工艺的重要工具,对这张图要非常熟悉才行,要求能默画出来,一开始接触这张图会感觉很复杂,其实归纳一下,就会发现并不难掌握。

整个铁-碳合金相图是由包晶、共晶、共析三个基本相图组成。图上有三条水平线:包晶线 *HJB*(见配套教材图 2-35,余同)、共晶线 *ECF*、共析线 *PSK*;液相线为 *ABCD*;固相线为 *AHJECF*;还有奥氏体的溶碳饱和线 *ES*、铁素体的溶碳饱和线 *PQ* 和从奥氏体中析出铁素体的开始线 *GS*。

相图上的三条水平线即 *HJB* 线、*ECF* 线和 *PSK* 线的间距大致相等,*HJB* 线的长度约为横坐标轴的十分之一,*ECF* 线的长度约为横坐标轴的三分之二,*PSK* 线比横坐标轴略短。只要确定了位于三条水平线和两个纵坐标轴上的特征点位置,便可根据包晶、共晶、共析相图的形状进行相应的连线画出相图。

相图画好后标上组元、纵坐标轴和横坐标轴的说明及各点的符号,填上各区域的相或组织组成物(注意 $A+Fe_3C$ 和 $F+Fe_3C$ 两个相区中组织组成物区域是以点 *P*、*S*、*E*、*C* 的成分为界的)。

图中各线围成的区域中有四个单相区——L、δ、A、F 相区(另外还有一个单相区 Fe_3C 是相图端垂线),其余都是两相区。相图中的水平线都是三相区。

2) 杠杆定律的应用

杠杆定律虽然在介绍二元合金相图类型时已经讲过,但应用较多的还是在铁-碳合金相图上。应用杠杆定律,首先要弄清相组成及组织组成的概念,例如 45 钢在室温下的相组成是铁素体+渗碳体,组织组成是铁素体+珠光体;其次,就是注意计算的要求是什么,是计算某相的相对质量百分比,还是组织组成物的相对质量百分比。计算相的相对质量百分比,则以相的成分作为杠杆的端点;计算组织组成物的相对质量百分比,则以组织组成物的成分作为杠杆的端点。合金的成分是杠杆的支点。在几种典型铁-碳合金中，以亚共晶白口铸铁的计算最为复杂，如图 2-1-1 所示碳含量为 3.0%的铁-碳合金为例做一示范。

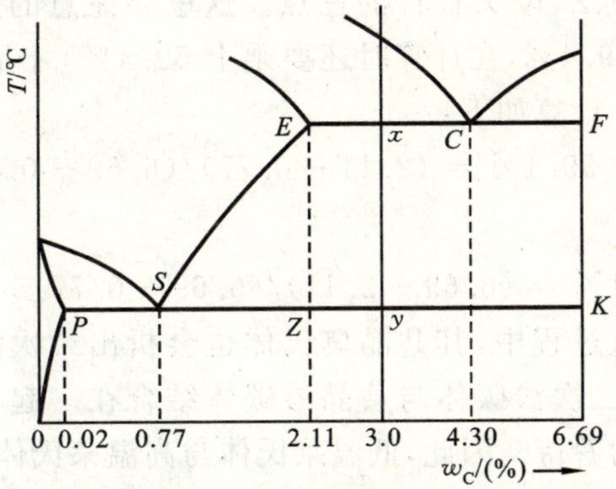

图 2-1-1　简易铁-碳相图

首先，计算该合金共晶反应结束时，两相在整个合金中所占的质量百分比。

要明确共晶反应结束时的相组成是奥氏体(A)和渗碳体(Fe_3C)。这时奥氏体的成分是点 E，渗碳体的成分是点 F，则杠杆的端点是 E 和 F，杠杆的支点就是 x 点。计算如下。

$$Q_A = xF/EF = [(6.69 - 3.0)/(6.69 - 2.11)]\% = 80.6\%$$

$$Q_{Fe_3C} = (100 - 80.6)\% = 19.4\%$$

如果要计算共晶反应结束时组织组成物在整个合金中占的质量百分比，那么，首先明确这时的组织组成物是奥氏体(A)和莱氏体(Le)，所以这时杠杆的三点为 E、x、C，且以点 x 为支点。

$$Q_A = xC/EC = (4.3 - 3.0)/(4.3 - 2.11) = 59.4\%$$

$$Q_{Le} = 100\% - 59.4\% = 40.6\%$$

如果要计算在 727 ℃共析转变刚结束时，两相在整个合金中各占的百分数。我们知道，在共析转变结束时的相组成是铁素体(F)和渗碳体(Fe_3C)。杠杆的三个点为 P、y、K。计算如下：

$$Q_F = yK/PK = (6.69 - 3.0)/(6.69 - 0.021\,8) = 55.3\%$$

$$Q_{Fe_3C} = 100\% - 55.3\% = 44.7\%$$

如果要计算这时的组织组成物在整个合金中各占的百分含量，首先要看这时的组织组成物是什么。根据结晶过程的分析，其组织组成物是珠光体、二次渗碳体和低温莱氏体。乍一看，有三种组织组成物，不能用杠杆定律。但仔细分析一下还是可以计算的。由前面的计算已知，在共晶转变完成时，合金的组织是由 59.4% A 和 40.6% Le 所组成。这部分奥氏体(A)到共析转变结束时转变为珠光体和二次渗碳体。这相当于有一成分为2.11%的铁-碳合金分解为$P+Fe_3C_{II}$，因此，可以应用杠杆定律求出P和Fe_3C_{II}各自在这部分奥氏体中所占的质量百分比。选S、Z、K为杠杆的三点。这里要注意的是，由于这部分奥氏体只占整个合金的59.4%，在计算时还要乘上59.4%，才是P和Fe_3C_{II}在整个合金中占的百分数。计算如下：

$$Q_{Fe_3C_{II}} = SZ/SK \times 59.4\% = (2.11-0.77)/(6.69-0.77) \times 59.4\% = 13.4\%$$

$$Q_P = ZK/SK \times 59.4\% = (6.69-2.11)/(6.69-0.77) \times 59.4\% = 46\%$$

高温莱氏体在降温过程中，其共晶奥氏体也会析出二次渗碳体，但由于共晶奥氏体细小，析出的二次渗碳体与共晶渗碳体结合在一起不易分辨，因而不作为独立的组织组成物看待。因此，低温莱氏体与高温莱氏体质量相等。

所以，含碳3.0%共晶白口铸铁在共析转变刚完成时各组织组成物的相对质量百分比为

$$Q_{Le'} = Q_{Le} = 40.6\%,\quad Q_P = 46\%,\quad Q_{Fe_3C_{II}} = 13.4\%$$

该合金在结晶过程中所析出的所有二次渗碳体的质量百分比为

$$Q_{总} = (xF/EF) \times (SZ/SK)$$
$$= [(6.69-3.0)/(6.69-2.11)] \times [(2.11-0.77)/(6.69-0.77)] \times 100\%$$
$$= 18.2\%$$

其中，18.2%－13.4%＝4.8%为共晶奥氏体析出的二次渗碳体的质量百分比。

该合金(先共晶奥氏体和共晶奥氏体)所析出的所有珠光体的相对质量百分比为

$$Q_{P总} = yK/SK = (6.69-3.0)/(6.69-0.77) \times 100\% = 62.3\%$$

课堂讨论2 钢的热处理

1. 讨论目的

(1) 巩固课堂讲解的有关热处理原理，主要是等温冷却转变曲线(C曲线)的来源和意义。

(2) 运用C曲线分析冷却条件下得到的组织及其特征，以及组织与性能的关系。

(3) 初步学会选用热处理工艺的基本方法，为以后分析不同材料在各种热处理条件下所得到的大致组织和性能打下基础。

2. 讨论题

(1) 共析钢如图2-2-1所示曲线加热、冷却，试指出图示各点的组织是什么？

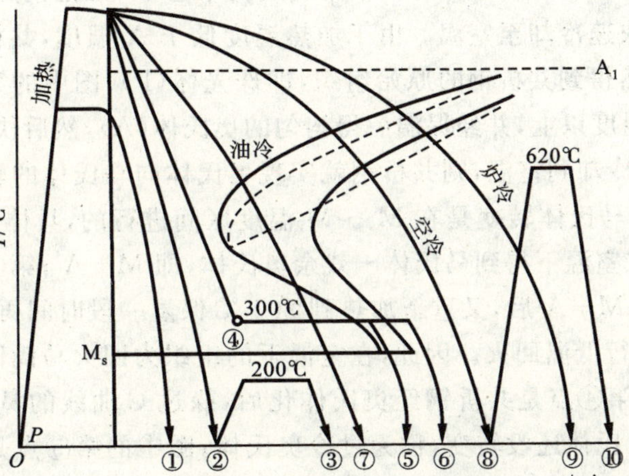

图 2-2-1 共析钢连续及等温转变及冷却曲线示意图

(2) 什么是钢的淬透性和淬硬性？淬透性的好坏对钢热处理后的组织和性能有什么影响？淬透性增加则C曲线是向右移动还是左移动？并试比较下列

钢种的淬透性和淬硬性的高低：45、T8、40Cr、20CrMnTi。

(3) 对退火态及淬火态的 45 钢分别进行电弧焊接后，焊缝及热影响区的组织、性能分别怎样变化？如对冷轧铝板进行气焊或电弧焊后的组织、性能又分别怎样变化？

3. 讨论要求

(1) 要先复习有关热处理原理、热处理工艺及低碳钢焊接热影响区的相关内容，然后准备发言提纲。

(2) 讨论时，最好先在黑板上画出此 C 曲线图，在教师引导下自由讨论，相互启发，相互补充。最后由同学或教师进行总结，并完成一次作业，交给教师审阅。

4. 讨论示范

针对讨论题(1)，讨论示范如下。

C 曲线是热处理原理部分的重点，是继铁-碳合金相图的又一张重要的图。$Fe\text{-}Fe_3C$ 相图是在平衡条件下，反映一定成分、一定温度下铁-碳合金的组织状态。而 C 曲线是 $Fe\text{-}Fe_3C$ 相图的进一步发展，是考虑到在不平衡条件下，冷却速度与组织转变的关系。在实际生产中，常把连续冷却曲线画在 C 曲线上，按所相交的位置判断其组织转变过程和转变的产物。

题中示出了共析钢的 C 曲线。冷却曲线的第①点，是把钢加热到低于 A_1 的某温度，然后快速冷却至室温。由于加热温度低于 A_1 温度，共析钢没发生相变，在室温下仍然得到共析钢的原始组织，即珠光体(P)；图中的第②点是把共析钢加热到 A_1 温度以上，并经保温后得均匀的奥氏体(A)，然后快速冷却，躲过 C 曲线的鼻子尖冷却到室温，则共析钢就实现奥氏体向马氏体的转变(P→M)，又因为共析钢的马氏体转变是在 $M_s \sim M_f$ 温度区间进行的，具体温度是 230～－50 ℃，因此，在室温下得到马氏体＋残余奥氏体，即 $M + A'$；第③点是相当于共析钢淬火得到 $M + A'$ 后，又重新加热到 200 ℃保温一段时间再冷却下来，这相当于淬火后进行低温回火。因此，在室温下的组织为回火马氏体＋残余奥氏体，即 $M_{回} + A'$；第④点是共析钢经奥氏体化后，躲过 C 曲线的鼻子尖，快冷到 300 ℃，这时的奥氏体还没转变，称为过冷奥氏体；图中的第⑤点是在 300 ℃保温，进入下贝氏体转变区，进行部分下贝氏体转变后，再冷却到室温，则在室温下的组织为下贝氏体＋马氏体＋残余奥氏体，即 $B_{下} + M + A'$；第⑥点是过冷奥氏体实现完全的下贝氏体转变后，再冷却至室温，这相当于等温淬火，其组织为下贝氏体，即 $B_{下}$；第⑦点相当于共析钢油冷至室温，它自奥氏体化后先进入珠光体转变区，实现珠光体类型转变，即 A→T(托氏体)。对于共析钢，在连续冷却过程中，没有贝氏体转变，因此在 M_s 点以下，剩余的奥氏体就转变为马氏体＋残余奥氏体，所以在室温下的组织是 T＋M＋A′；第⑧点是共析钢空冷至室温，相当于正火，穿过珠光体转变区，实现奥氏体向珠光体类型的转变，因此，在室温下得到索氏体组织，即 S；第⑨点是共析钢随炉冷却，相当于退火，在室温下得珠光体组织，即 P；第⑩点是共析钢空冷后得索氏体（S）后，重新加热到 620 ℃，保温一段时间，再冷却下来，因为加热温度在 A_1 温度以下，原来的索氏体组织不变，在室温下仍然是索氏体（S）。

课堂讨论3 典型零件选材与工艺路线

1. 讨论目的

(1) 了解各类工程材料的大致应用范围及性能特点。

(2) 掌握常用零件的选材分析步骤，做到正确和合理地选定材料，安排加工工艺路线。

2. 讨论题

(1) 机床主轴可由

A. 45 钢(调质＋表面淬火＋低温回火)；

B. 40Cr(调质＋表面淬火＋低温回火)；

C. 20CrMnTi(渗碳＋淬火＋低温回火)；

D. 38CrMoAl(调质＋渗氮)

等材料及工艺制造，回答下面问题并简单解释原因：

①成本最高的是________；最不抗冲击及抗重载的为________；精度高且变形最小的为________；淬透性最低的为________；淬透性最高的为________；最耐热耐蚀的为________；轴心部可能为低碳马氏体而表层为高碳马氏体的为________；表面、心部成分相同的为________。

②上述表面处理应安排在半精加工之前还是之后？

(2) 现有箱体材料如下：

A. HT200；　B. ZAlSi7Mg；　C. Q295 拼焊；　D. 工程塑料

回答下面问题并简单解释原因：铸造性最好且适于中大型箱体的为________；质量轻且散热良好的复杂小型壳体最好选________；体积较大、结构简单及生产批量较小的最好选________；适于复杂小型电器、玩具等应优先选________。

(3) 指出 Q215、HT250、QT600-3、ZG230-450 的大致组织(如 P、P＋F、P＋球或片状等)，分别排出其 σ_b 和塑性的大小顺序、铸造性好坏的顺序及焊接性好坏的顺序，不适合整体淬火的是哪一种？

(4) 有一个45钢制造的机床床头箱齿轮，其工艺路线为：下料→锻造→正火→机加工→调质→半精加工→高频表面淬火→低温回火→精磨，试分析锻造及各热处理工序的目的及其组织性能。

(5) 汽车半轴是传递转矩的典型零件，工作应力较大，并且承受一定的冲击载荷，其结构和主要尺寸如图2-3-1所示。对它的性能要求是：$\sigma_s \geqslant 600$ MPa，$\sigma_{-1} \geqslant 300$ MPa，30～35 HRC，$a_K = 60 \sim 80$ J/cm²。试选择合适的材料和热处理工艺，并制订相应的加工工艺路线。

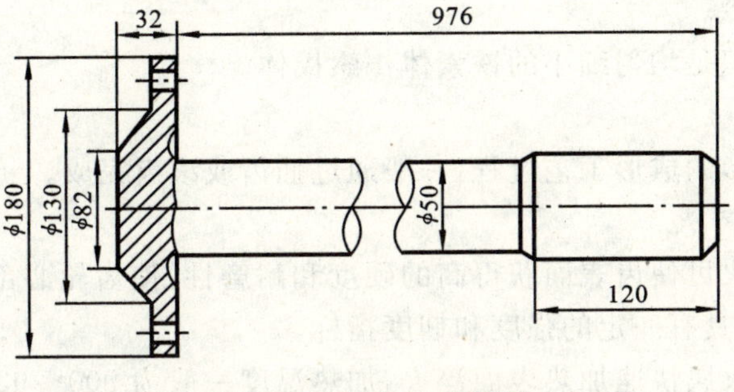

图2-3-1 汽车半轴简图

3. 讨论要求

(1) 讨论前，学生要充分复习常用工程金属材料的特性及其选择应用，然后有针对地按讨论题目准备发言提纲；

(2) 讨论时，每个题目先由一个同学发言，或在教师的提示下讨论，其他同学补充；

(3) 讨论后，同学对自己的发言提纲进行修改整理，作为作业交给教师审阅。

4. 讨论示范

针对讨论题(4)，讨论示范如下。

1) 锻造

齿轮毛坯一般都经过锻造，这一方面是齿轮的成形过程，另一方面也是使齿轮毛坯得到合理的流线分布，使齿的受力方向与流线方向垂直。

45钢的锻造温度一般为1 200～800 ℃，始锻温度高于1 200 ℃，易造成严重的氧化、脱碳，易产生魏氏组织和过热，甚至过烧，影响锻件质量。终锻温度过低，则锻件变形抗力增加，塑性下降，易产生锻造裂纹。

45钢锻造后的组织是铁素体＋索氏体。由于锻造工艺温度不能准确控制，锻后的硬度也就很不均匀。

2）正火

正火的目的在于：

(1) 消除锻造缺陷，消除应力，细化组织；

(2) 调整硬度，便于机械加工；

(3) 为后续的高频表面淬火做好组织准备。因为高频表面淬火属快速加热表面淬火，有一个均匀、细化的组织，有利于快速加热的相变。

45 钢的正火温度范围应在 Ac_3＋(30～50) ℃，一般为 840～860 ℃，保温一定时间后出炉空冷。

正火后的组织是均匀细小的铁素体＋索氏体。

3）机加工

这是齿轮齿形的成形工艺过程，一般通过插齿或滚齿完成。

4）高频表面淬火

通过表面淬火可使齿表面获得高的硬度和耐磨性，使齿轮心部仍保持正火后的组织和性能，具有一定的强度和韧度指标。

高频表面淬火属快速加热表面淬火，加热温度一般为 900～920 ℃，喷水冷却后获得隐晶的混合马氏体组织，即隐针马氏体和板条马氏体的混合组织。其硬度比一般普通淬火高出 2～3 HRC，齿面硬度能达到 45～48 HRC，齿轮的心部加热温度在 A_1 温度以下，因此，仍然保持正火状态下的组织和性能。表层和心部之间的过渡区在加热时处于铁素体＋奥氏体的两相区，故水冷后得到铁素体＋马氏体的组织。

5）低温回火

低温回火的目的是消除高频表面淬火产生的残余内应力，降低马氏体的脆性。

回火温度为 200～250 ℃，保温一段时间后，在空气中冷却，也可以采用自动回火工艺。经低温回火后，齿轮表面的组织为回火马氏体。

课堂讨论4　材料成形技术综合分析及应用

1. 讨论目的

(1) 通过典型实例的介绍及讨论来加深理解零件结构的性能要求与材料及毛坯成形方法的选择之间的关系。

(2) 综合运用所学的知识进行初步的材料及成形方法的选择。

2. 讨论题及解答

1) 实例一:某小型汽油发动机

图 2-4-1 所示为某小型汽油发动机结构。其主要支承件是缸体和缸盖。缸体内有气缸,缸内有活塞(其上带活塞环及活塞销)、连杆、曲轴及轴承;缸体的右侧面有凸轮轴,背面有离合器壳、飞轮(图中未画出)等;缸体底部为油缸底壳;缸盖顶部有进气门、排气门、挺杆、摇臂,右上部为配电器,左上部为化油器及火花塞。试为该小型汽油发动机各主要零件选定合适的材料及成形工艺。

分析:由于各部件服役条件各不相同,需根据各零件的服役条件确定其性能要求,从而选定材料,再根据零件的形状特点、生产批量确定成形工艺。

解题要点:发动机工作时,首先由配电系统控制化油器及火花塞点火,气缸内的可燃气体燃烧膨胀,产生很大的压力,使活塞下行,借助连杆将活塞的往复直线运动转变为曲轴的回转运动;同时,通过曲轴上的飞轮储蓄能量,使其转动平稳连续;再通过离合器及齿轮传动机构,将发动机的动力用来驱动汽车行驶。发动机中的凸轮轴、挺杆、摇臂系统用来控制进气门、排气门的实时开闭,周期性地实现进气、点火燃烧、膨胀、活塞下行推动曲轴回转、活塞上升、排气等步骤,连续不断地进行循环工作。

其各主要零件的选材及成形方案如下。

(1) 缸体、缸盖　它们为形状复杂件(其内腔尤为复杂),且为基础支撑件,有吸振性的要求,同时汽车多为批量生产,故选用 HT200 或 HT250 材料,并选用机器造型、砂型铸造成形工艺。

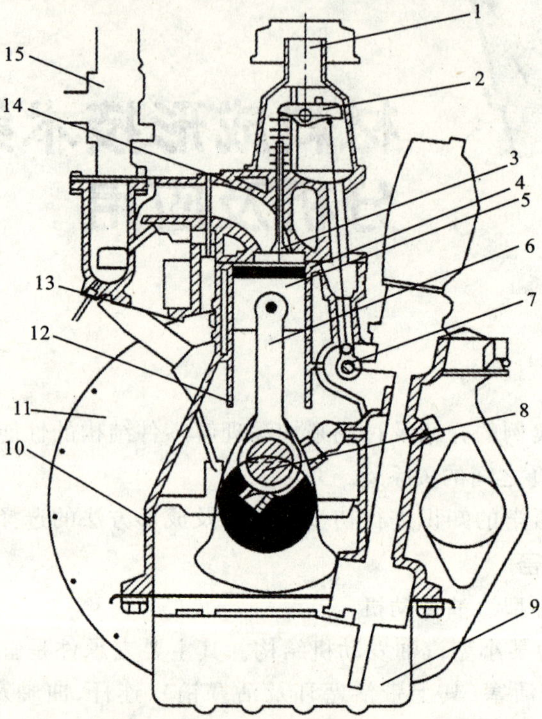

图 2-4-1　小型汽油发动机结构

1—油杯；2—摇臂；3—气门；4—活塞环；5—活塞；6—连杆；
7—凸轮轴；8—曲轴；9—油底壳；10—缸体；11—离合器罩；
12—气缸；13—火花塞；14—缸盖；15—化油器

如果是用在摩托车、快艇或飞机上的发动机缸体、缸盖，由于要求其质量小，则常选用铸造铝合金材料，并根据批量及耐压要求，可选用压铸、低压铸造或重力金属型铸造成形工艺。

(2) 曲轴、连杆、凸轮轴　目前多采用珠光体球墨铸铁材料和砂型铸造机器造型工艺。更小型的曲轴、连杆及凸轮轴，当毛坯尺寸精度要求更高时，也可选用球墨铸铁壳型铸造或熔模铸造成形。对于力学性能要求更高的零件（如机车上的连杆、凸轮轴及部分车的曲轴），受冲击负荷较大时，也可采用 45 钢、40Cr 及其他合金钢，模锻成形。

(3) 活塞　目前，最普遍的成形工艺是采用铸造铝合金进行金属型铸造成形。也有用液态模锻及低压铸造的工艺。对于船用大型柴油发动机的活塞，则多采用铝合金低压铸造成形，以达到较高的内部致密度和力学性能。

(4) 活塞环　活塞环是箍套在活塞外圆表面的止口环槽中，并与气缸壁直接接触，进行滑动摩擦的零件，要求其有良好的减摩和自润滑特性，并应承受活塞头部点火燃烧所产生的高温和高压，而且其本身形状为薄片环状胀形件，一般多采用经过孕育处理的孕育铸铁 HT250 或合金铸铁及机器造型的砂型铸造。在一些无油润滑的条件下，也有用聚四氟乙烯模压后烧结成形来制造活塞环的。

(5) 摇臂　它承受频繁地摇摆及点击气门挺杆的作用力，应有一定的力学性能和抗疲劳强度，并且与挺杆接触的头部要求耐磨。同时，摇臂除孔要进行机械加工外，其外形基本不加工，故对毛坯的形状和尺寸精度要求较高，因此多选用碳钢熔模精密铸造。

(6) 离合器壳及油缸底壳　它们均系薄壁件，其中油缸底壳受力要求低，但要求铸造性能好，可采用普通灰铸铁；而离合器壳多选用孕育铸铁或铁素体球墨铸铁，它们均用机器造型砂型铸造成形。要求质量轻时，可用铸造铝合金，选用压力铸造和低压铸造成形，也可采用薄钢板或铝板冲压。

(7) 飞轮　应承受较大的转动惯量，有足够的强度，一般采用孕育铸铁或球墨铸铁机器造型的砂型铸造。但对于高速发动机(如轿车上的发动机)的飞轮，因转速高，则需选用 45 钢闭式模锻成形。

(8) 进、排气门　进气门承受温度不高，一般用 40Cr 钢材；而排气门则需在 600 ℃以上的高温下持续工作，多用含氮的耐热钢制造。其成形工艺目前国内仍以冷轧杆径圆钢进行电镦头部法兰，并用模锻终锻成形的工艺；而先进的成形工艺则用热轧粗圆钢进行热挤压成形。

(9) 曲轴轴承及连杆轴承　它们均属滑动轴承，多采用减摩性能优良的铸造铜合金(如 ZCuSn5Pb5Zn5 等)离心铸造或真空吸铸等成形工艺，或采用轧制成形的铝基合金轴瓦。

(10) 化油器　其为形状十分复杂的薄壁件，铸造后不需进行切削加工就直接使用，因此对毛坯的精度要求高，多采用铸造铝合金压力铸造成形。

此外，发动机还用到了除金属以外的材料，如缸盖与缸体的密封垫，是用石棉板冲压成形；多种密封圈是采用橡胶压塑成形；对于要求耐热、耐磨的气门座圈，还可采用粉末冶金压制成形，一些受力受热不太大的零件还可采用工程塑料来制造。

2) 实例二：大型水轮机空心轴

如图 2-4-2(a)所示的大型水轮机空心轴，工件净重 4.73 t，可采用以下三种成形工艺。

(1) 整根轴在水压机上自由锻造，两端法兰锻不出，需采用敷料，使加工余量大，材料利用率只有 22.6%，切削加工需 1 400 台时。

(2) 两端法兰用砂型铸造成形的铸钢件，轴筒仍采用水压机自由锻造成形，然后将轴筒与两个法兰焊接成形为一体，材料利用率提高到 35.8%，切削加工需用台时数下降为 1 200 台时(见图 2-4-2(b))。

(3) 两端法兰用铸钢件，轴筒用厚钢板弯成两个半筒形，再焊成整个筒体，最后与法兰焊成一体，材料利用率可高达 47%，切削加工只需 1 000 台时，且不需大型熔炼与锻压设备(见图 2-4-2(c))。

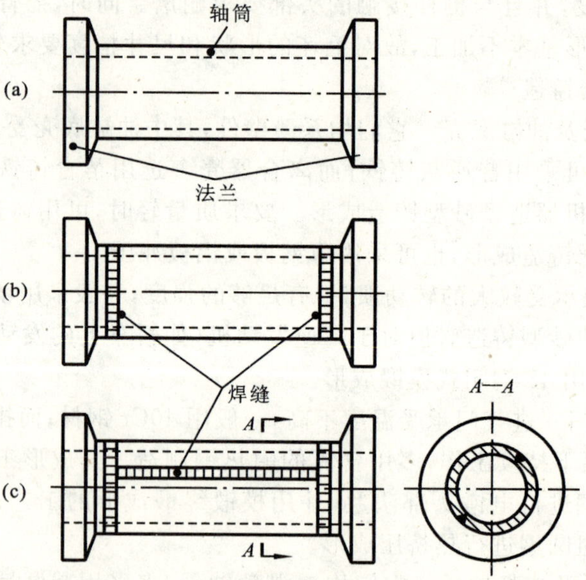

图 2-4-2　水轮机空心轴

三种成形工艺的相对直接成本(即材料成本与工时成本之和)依次为 2.2∶1.4∶1.0，若再计算重型与专用设备的维修、管理、折旧费，方案(1)的生产总成本将超出方案(3)的三倍以上。

在选择成形方法时，必须考虑企业的实际生产条件，如设备条件、技术水平、管理水平等。一般情况下，应在满足零件使用要求的前提下，充分利用现有生产条件。当采用现有条件不能满足产品生产要求时，也可考虑调整毛坯种类或成形方法，对设备进行适当的技术改造；或扩建厂房，更新设备，提高技术水平；或通过厂间协作解决。

如单件生产大、重型零件结构时，一般工厂往往不具备重型与专用设备，此时可采用板材、型材焊接，或将大件分成几小块铸造、锻造或冲压，再采用铸-焊、锻-焊、冲-焊联合成形工艺拼成大件，这样不仅成本较低，而且一般工厂也可以生产。

总之，在具体选择材料成形方法时，应具体问题具体分析，在保证使用要求的前提下，力求做到质量好、成本低和制造周期短。

3）实例三：承压液压缸

承压液压缸的形状及尺寸如图 2-4-3 所示，材料为中碳钢（45 钢），年产量为 200 件。技术要求：工作压力为 1.5 MPa，进行水压试验的压力为 3 MPa。图样规定内孔及两端法兰接合面要加工，不允许有任何缺陷，其余外圆部分不加工。现提出如表 2-4-1 所示的 6 种成形方案进行分析比较。

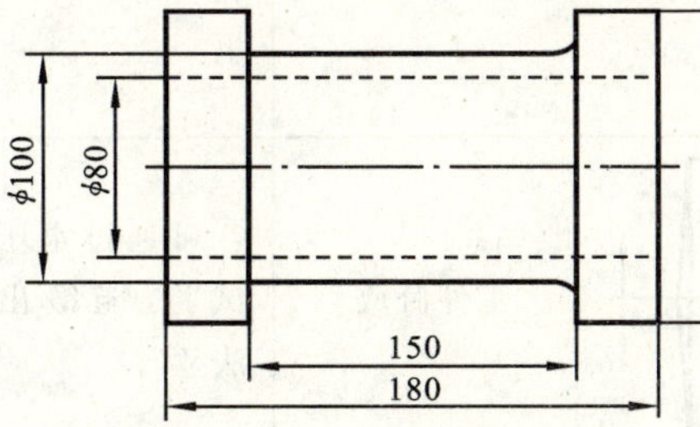

图 2-4-3　承压液压缸

表 2-4-1　承压液压缸成形方案分析比较

方案名称	工艺简图	工艺说明	优　点	缺　点
1. 砂型铸件	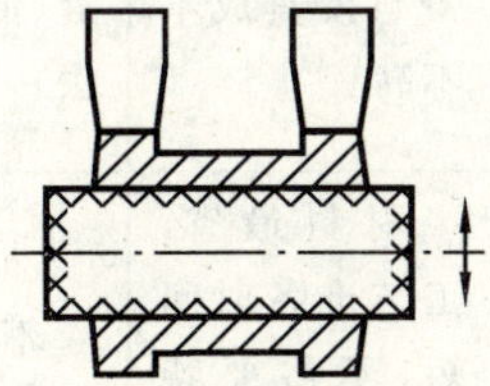	平浇：法兰顶部安置冒口	工艺简单，内孔铸出，加工量少	法兰与缸壁交接处补缩不好，水压试验合格率低，内孔质量不好，冒口浪费钢液
	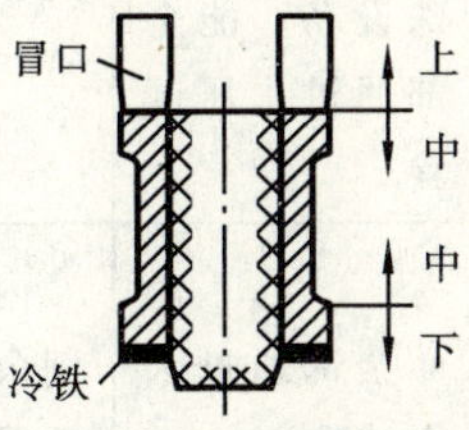	立浇：上部用冒口，下法兰四周端面用冷铁	缩松问题有所改善，内孔质量较好	仍不能全部通过水压试验
2. 平锻件	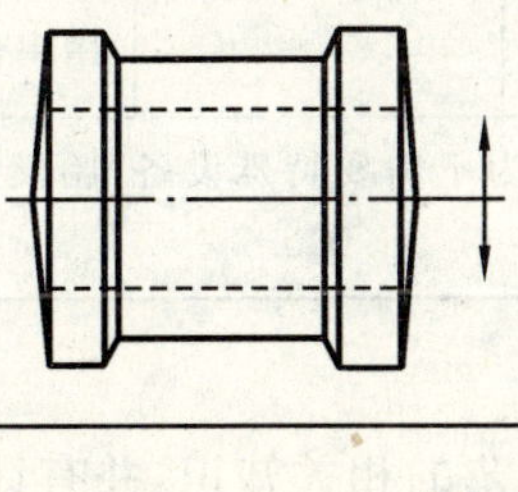	平锻机上锻造	能全部通过水压试验，能锻出通孔，锻件精度高，加工余量少	平锻机昂贵，模具昂贵，工艺准备时间长，批量太小时不合适

续表

方案名称	工艺简图	工艺说明	优点	缺点
3. 模锻件	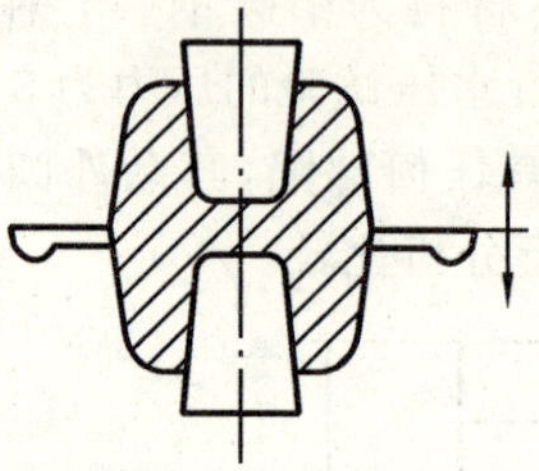	工件立放	可通过水压试验，能锻出孔	设备昂贵，模具成本高，不能锻出法兰，外圆面加工余量大
	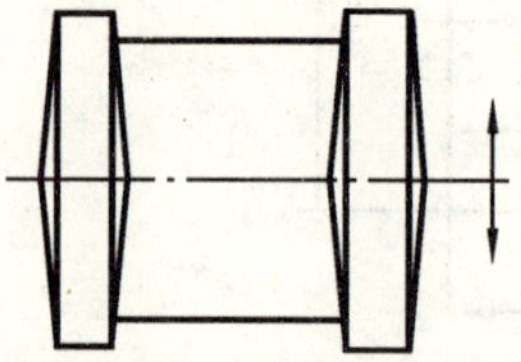	工件卧放	可通过水压试验，能锻出法兰	设备昂贵，模具成本高，锻不出孔，内孔的加工余量大
4. 胎模锻件	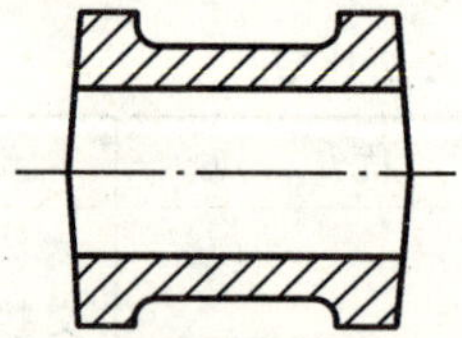	在空气锤上先镦粗、冲孔、带芯轴拔长，然后在胎模内带芯轴锻出法兰	能全部通过水压试验，加工余量小，设备与模具成本不高	生产率比锤上模锻法低，非加工面上有披缝(但可打磨除去)
5. 焊接件	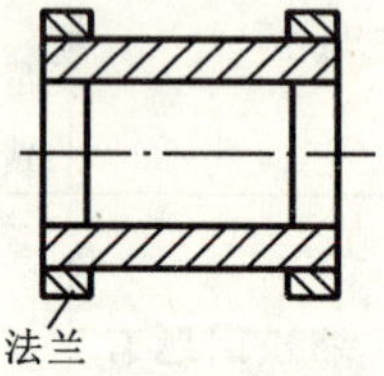	用无缝钢管，两端焊上法兰	材料最省，工艺准备时间短，不需要特殊设备。能全部通过水压试验	不易获得此规格的无缝钢管
6. 用圆钢切削加工	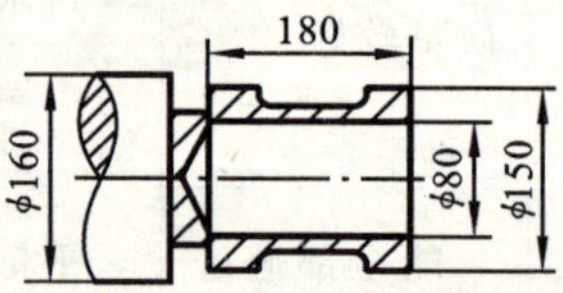	用 ϕ160 mm 圆钢直接经钻孔、车削加工出	全部通过水压试验	内、外表面切削余量大，机加工费高，材料利用率低

结合批量与现实可能性考虑，以方案 4 最合理。因为不需要特殊设备，胎模成本不高，能保证产品质量，且原材料供应有保证。

3. 讨论要求

(1) 讨论前，学生要学完材料及各种成形工艺的相关知识，并有针对性地按讨论题目查阅相关资料（如发动机的某一零件的最新用材及其成形方法等情况）来准备答题提纲。

（2）讨论时，最好由教师提示性或引导性讲解，其他同学则由预先查阅的相关资料补充最新用材及其成形方法情况，也可以专题讲座的形式进行，以增加学生在材料和成形方法选择的综合知识。

（3）要求学生初步掌握选择常见零件毛坯的成形方法。

第三部分　练习题、自测题及参考答案

第1章的练习题及参考答案

1.1 练　习　题

一、填空题

1. 零件在工作条件下可能受到的负荷及作用有(　　),(　　),(　　)。

2. 材料常用的塑性指标有(　　)和(　　)两种,其中用(　　)表示塑性更接近材料的真实变形。

3. 检验淬火钢成品件的硬度一般用(　　),而布氏硬度适用于测定(　　)材料的硬度。

4. 零件的表面加工质量对其(　　)性能有很大影响。

5. 在外力作用下,材料抵抗(　　)和(　　)的能力称为强度。屈服强度与(　　)的比值,在工程上称为(　　)。

6. 表征材料抵抗冲击载荷能力的性能指标是(　　),其单位是(　　)。

7. 金属材料的工艺性能有(　　),(　　),(　　),(　　),(　　)等。

二、选择题

1. 在设计汽车缸盖螺钉时应选用的强度指标是(　　)。

A. σ_e　　B. σ_s　　C. $\sigma_{0.2}$　　D. σ_b

2. 有一碳钢制作的支架刚性不足,解决的办法是(　　)。

A. 用热处理方法强化　　B. 另选合金钢

C. 增加横截面积　　D. 在冷塑性变形状态下使用

3. 材料在服役过程中的使用温度(　　)。

A. 应在其韧脆转变温度以上　　B. 应在其韧脆转变温度以下

C. 与其韧脆转变温度相等　　D. 与其韧脆转变温度无关

4. 长轴类零件在热处理后进行冷校直，可能会造成力学性能指标降低，主要是(　　)。

A. σ_b　　B. σ_{-1}　　C. δ　　D. HB

5. 在零件图样上出现如下几种硬度技术条件的标注，其中正确的是(　　)。

A. HB159　　B. 180～210 HB

C. 800 HV　　D. 10～17 HRC

三、判断题

1. 工业中所用金属材料均有明显的屈服现象。 (　　)

2. 同种材料不同尺寸的试样所测得的延伸率相同。 (　　)

3. 强度高的材料其密度和熔点也就高。 (　　)

4. 零部件对材料性能的要求不仅要满足力学性能，还要充分考虑其理化性能和工艺性能。 (　　)

5. 目前，金属材料仍旧是制造业中的主要机械工程材料，但高分子材料、陶瓷材料和复合材料的应用也日益增大。 (　　)

四、综合分析题

1. 在设计机械零件时哪两种强度指标用得较多？为什么？

2. 设计要求刚度好的零件，应根据何种指标选择材料？材料的弹性模量 E 值越大，其塑性越差，这种说法是否正确？为什么？

3. 一根直径为 8 mm、长为 1 200 mm 的钢筋受 6 000 N 拉伸载荷作用后，有多大的变形？(钢筋的弹性模量 $E=205\ 000$ MPa)

4. 简述各类机械工程材料的主要特征。

1.2　练习题参考解答

一、填空题

1. 力学负荷　热负荷　环境介质的作用

2. δ　ψ　ψ

3. 洛氏硬度 HRC　较软

4. 疲劳

5. 塑性变形　断裂　抗拉强度　屈强比

6. a_K　J/m^2

7. (可)铸造性　(可)锻压性　(可)焊接性　(可)切削性　热处理工艺性

二、选择题

1. C　　2. C　　3. A　　4. B　　5. B,C

三、判断题

1. ×　　2. ×　　3. ×　　4. √　　5. √

四、综合分析题

1. **答**　在设计机械零件时多用 σ_b 和 σ_s 或 $\sigma_{0.2}$ 两种强度指标。因为绝大多数机器零件,如紧固螺栓、连杆、销、轴等,在工作时都不允许产生明显塑性变形,常用 σ_s 或 $\sigma_{0.2}$ 作为设计依据。但从保证零件不产生断裂的安全角度出发,同时考虑到 σ_b 的测量方便,也往往将 σ_b 作为零件设计的依据,但要采用更大的安全系数。

2. **答**　设计要求刚度好的零件,一般应根据弹性模量 E 来选择材料;按照使用条件的不同,可选用金属材料、复合材料等。材料的 E 值越大,其塑性越差,这种说法不完全正确,因为零件的刚度除取决于材料的 E 值外,还与零件的结构因素有关。

3. **解**　已知:$d_0=8$ mm;$l_0=1\ 200$ mm;$P=6\ 000$ N;$E=205\ 000$ MPa

所受的拉应力为

$\sigma=P/A_0=P/\pi(d_0/2)^2=6\ 000/(3.14\times16)\ \text{N/mm}^2=119.43\ \text{N/mm}^2$

假定钢筋的变形在弹性变形范围内,则由 $E=\sigma/\varepsilon$ 得

$$\varepsilon=\sigma/E=119.43/205\ 000=5.826\times10^{-4}$$

又由 $\varepsilon=\Delta l/l_0=(l_1-l_0)/l_0$ 得

$$\Delta l=l_0\times\varepsilon=1\ 200\times5.826\times10^{-4}\ \text{mm}=0.699\ \text{mm}$$

即钢筋伸长了 0.699 mm。

4. **答**　机械工程材料按化学组成分为四大类:金属材料,高分子材料,陶瓷材料,复合材料。

金属材料的主要特征:金属材料具有金属键(个别含有一定量的共价键),

有良好的导热导电性，特有的金属光泽，工程应用的金属材料大多具有较高强度，耐热及工艺性能优良，通过热处理及表面改性可大幅度改变其性能，故工程应用十分广泛。

高分子材料的主要特征：高分子材料是以共价键为主结合而形成，大分子主链内原子间的强共价键及大分子链间的弱分子键的结合特征，使其强度、弹性模量低，弹性高，绝缘性能、减摩、耐蚀性、透光性和隔热、隔音性优良，密度小，可加工性好。但不耐热（<300 ℃），可燃，易老化等。

陶瓷材料的主要特征：由一种或多种金属和非金属元素形成的具有强离子键或共价键的化合物，主要为由氧化物、碳化物、氮化物及硅酸盐等物质组成的材料，具有熔点高、硬度高、化学稳定性好，极高的弹性模量，耐高温、耐腐蚀、耐磨损、绝缘，热膨胀系数小等优点；但抗压不抗拉，脆性大及不易加工成形，使其应用受到一定限制。

复合材料的主要特征：由两种或两种以上物理性质和化学性质不同的物质经人工组成的兼有各组成物性能的一种多相固体材料，各组成物间仍保持一定的界面。复合材料能充分发挥其组成材料的各自长处，又在一定程度上克服了它们的弱点，其成分、性能可较大范围地人为调整设计，并且材料的合成与产品的成形大多同时进行，具有广阔的应用前景。

第2章的练习题及参考答案

2.1 练 习 题

一、填空题

1. 晶体与非晶体最根本的区别是(　　),(　　),(　　)。

2. α-Fe、γ-Fe 的一个晶胞内的原子数分别为(　　)和(　　)。

3. 位错分两种,它们是(　　)和(　　),多余半原子面是(　　)位错所特有的。

4. 金属晶体中最主要的面缺陷是(　　)和(　　)。

5. 实际金属材料内几乎都是多晶体,且晶粒越细小,晶界面积就越(　　)。

6. 高分子材料(也称高聚物)中,大分子主链内原子间的结合键为(　　),而大分子链间的结合键为(　　)。

7. 陶瓷材料中存在(　　)、(　　)和(　　)三种基本相,其中对性能影响最大的是(　　)相。

8. 结晶过程是依靠两个密切联系的基本过程来实现的,这两个过程是(　　)和(　　)。

9. 在金属学中,通常把金属从液态凝固为固体晶态的转变称为(　　);而把金属从一种固体晶态转变为另一种固体晶态称为(　　)。

10. 过冷度是指(　　　　　　　　　　　　),其表示符号为(　　)。

11. 合金的相结构有(　　)和(　　)两大类,其中前者具有较好的(　　)性能,适宜作为(　　);后者具有较高的(　　),适宜作为(　　)。

12. 能提高金属材料强度、硬度的同时,又能提高其塑性、韧度的强化方法称(　　)。

13. 固溶体的强度和硬度比溶剂金属的强度和硬度(　　)。

14. 以电子浓度因素起主导作用而生成的化合物称(　　)。

15. 共晶反应表达式为(　　),共晶反应的特点是(　　)。

16. 二元合金在进行共晶反应时,其组成相是(　　)共存。

17. 具有匀晶型相图的单相固溶体合金其力学性能中(　　)好。

18. 固溶体的晶体结构取决于(　　),金属间化合物的晶体结构(　　)。

19. 珠光体的本质是(　　);Fe_3C 的本质是(　　)。

20. 铁素体(F)的晶体结构为(　　);奥氏体(A)的晶体结构为(　　)。

21. 共析成分的铁-碳合金室温平衡组织是(　　),其组成相为(　　)。

22. 在铁-碳合金室温平衡组织中,含 Fe_3C_{II} 最多的合金成分为(　　),含 L_e' 最多的合金成分为(　　),含三次渗碳体最多的合金成分为(　　)。

23. 碳含量大于 0.77%的铁-碳合金从 1 148 ℃冷至 727 ℃时,将从奥氏体中析出(　　),其分布特征主要为(　　)。

24. 在缓慢冷却条件下,含碳 0.8%的钢比含碳 1.2%的钢硬度(　　),强度(　　)。

25. 在实际生产中,若要将钢热锻或热轧时,必须把钢加热到(　　)相区。

26. 在图 3-2-1 所示的铁-碳合金相图中,试解答下列问题。

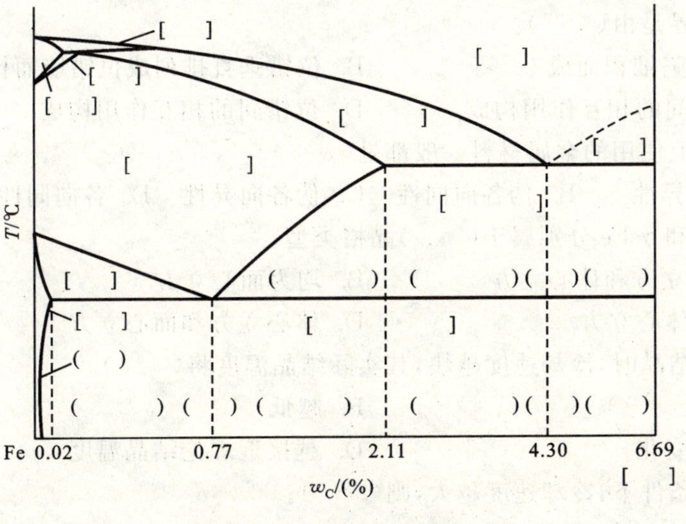

图 3-2-1　铁-碳合金相图

(1) 标上各点的符号。

(2) 填上各区域的组成相(写在方括号内)。

(3) 填上各区域的组织组成物(写在圆括号内)。

(4) 指出下列各点的碳含量：E(　　)、C(　　)、P(　　)、S(　　)、K(　　)。

(5) 在表 3-2-1 中填出水平线的温度、反应式、反应产物的名称。

表 3-2-1　填空题 26 表

水平线	温度	反应式	产物名称
线			
线			
线			

二、选择题

1. 在立方晶系中指数相同的晶面和晶向(　　)。

A. 互相平行　　B. 互相垂直

C. 既平行又垂直　　D. 无必然联系

2. 晶体中的空位属于(　　)。

A. 点缺陷　　B. 面缺陷　　C. 线缺陷　　D. 不是缺陷

3. 亚晶界是由(　　)。

A. 点缺陷堆积而成　　B. 位错垂直排列成位错墙而构成

C. 晶界间的相互作用构成　　D. 位错间的相互作用构成

4. 工程上使用的金属材料一般都呈(　　)。

A. 各向异性　　B. 伪各向同性　　C. 伪各向异性　　D. 各向同性

5. α-Fe 和 γ-Fe 分别属于(　　)晶格类型。

A. 面心立方和体心立方　　B. 均为面心立方

C. 均为体心立方　　D. 体心立方和面心立方

6. 金属结晶时，冷却速度越快，其实际结晶温度将(　　)。

A. 越高　　B. 越低

C. 没有变化　　D. 越接近理论结晶温度

7. 铸造条件下，冷却速度越大，则(　　)。

A. 过冷度越大，晶粒越细　　B. 过冷度越大，晶粒越粗

C. 过冷度越小，晶粒越细　　D. 过冷度越小，晶粒越粗

8. 从液态转变为固态时，为了细化晶粒，可采用(　　)。

A. 快速浇注　　B. 加变质剂

C. 以砂型替代金属型　　D. 增大过冷度

9. 实际金属结晶时，通过控制形核速率(N)和长大速率(G)的比值来控制晶粒大小，在下列哪种情况下获得粗大晶粒(　　)。

A. $N/G \gg 1$ 时　B. $N/G \ll 1$ 时　C. $N/G=1$ 时　D. $N/G \approx 1$ 时

10. 间隙固溶体与间隙化合物的(　　)。

A. 结构相同，性能不同　B. 结构不同，性能相同

C. 结构与性能都相同　D. 结构与性能都不同

11. 固溶体的性能特点是(　　)。

A. 塑性、韧度高，强度、硬度较低　B. 塑性、韧度低，强度、硬度高

C. 综合力学性能高　D. 综合力学性能低

12. 在发生 $L \rightarrow (\alpha+\beta)$ 的共晶反应时，三相的成分(　　)。

A. 相同　B. 确定　C. 不定　D. 发生变化

13. 一个合金的组织为 $\alpha+\beta_{\rm I}+(\alpha+\beta)$，其组织组成物为(　　)。

A. α,β　B. $\beta_{\rm I},(\alpha+\beta)$　C. $\alpha,\beta_{\rm I},(\alpha+\beta)$　D. $\alpha,\beta,\beta_{\rm I}$

14. 二元合金在发生 $L \rightarrow (\alpha+\beta)$ 共晶转变时，其相组成是(　　)。

A. 液相　B. 单一固相　C. 两相共存　D. 三相共存

15. 在固溶体合金结晶过程中，产生枝晶偏析的原因是由于(　　)。

A. 液固相线间距很小，冷却缓慢　B. 液固相线间距很小，冷却速度快

C. 液固相线间距大，冷却也快　D. 液固相线间距大，冷却速度极慢

16. 在二元合金中，铸造性能相对较好的合金是(　　)。

A. 固溶体合金　B. 共晶合金　C. 共析合金　D. 包晶成分合金

17. 奥氏体是(　　)。

A. 碳在 α-Fe 中的间隙固溶体　B. 碳在 γ-Fe 中的间隙固溶体

C. 碳在 α-Fe 中的有限固溶体　D. 碳在 γ-Fe 中的有限固溶体

18. 珠光体是一种(　　)。

A. 单相固溶体　B. 单相化合物　C. 两相混合物　D. Fe 与 C 的化合物

19. T10 钢的平均碳含量为(　　)。

A. 0.01%　B. 0.1%　C. 1.0%　D. 10%

20. 铁素体的力学性能特点是(　　)。

A. 强度高、硬度低、塑性好　B. 强度低、硬度低、塑性差

C. 强度低、硬度低、塑性好　D. 强度低、硬度高、塑性差

21. 下列能进行锻造的铁-碳合金是(　　)。

A. 亚共析钢　B. 共析钢

C. 共晶白口铸铁　D. 亚共晶白口铸铁

三、判断题

1. 因为单晶体是各向异性的，所以实际应用的金属材料在各个方向上的性能也是不相同的。 （　　）

2. 实际金属内部的多晶体是由许多结晶方向相同的单晶体组成的。 （　　）

3. 因为面心立方晶格的配位数大于体心立方晶格的配位数，所以面心立方晶格比体心立方晶格更致密。 （　　）

4. 金属理想晶体的强度比实际晶体的强度高得多。 （　　）

5. 晶体缺陷的共同之处是它们都能引起晶格畸变。 （　　）

6. 凡是由液体凝固成固体的过程都是结晶过程。 （　　）

7. 金属由液态转变成固态的结晶过程，就是由短程有序状态向远程有序状态转变的过程。 （　　）

8. 在实际金属和合金中，自发形核常常起着优先和主导的作用。 （　　）

9. 金属结晶时，形核率随过冷度的增加而不断增加。 （　　）

10. 当晶核长大时，随过冷度增大，晶核的长大速度也增大。但当过冷度很大时，晶核长大的速度很快减小。 （　　）

11. 过冷度的大小取决于冷却速度和金属的本性。 （　　）

12. 间隙相不是一种固溶体，而是一种金属间化合物。 （　　）

13. 平衡结晶获得的20%Ni 的 Cu-Ni 合金比40%Ni 的 Cu-Ni 合金的硬度和强度高。 （　　）

14. 在共晶相图中，由 L 中结晶出来的 β 晶粒与从 α 中析出的 β_{I} 晶粒具有相同的晶体结构。 （　　）

15. 杠杆定律只适用于两相区。 （　　）

16. 凡组织组成物都是以单相状态存在于合金系中。 （　　）

17. 在合金结晶过程中析出的初生晶和二次晶均具有相同的晶体结构，但有不同的组织形态。 （　　）

18. Fe_3C_{I} 与 Fe_3C_{II} 的形态与晶体结构均不相同。 （　　）

19. 在铁-碳合金平衡结晶过程中，只有碳的质量分数为4.3%的铁-碳合金才能发生共晶反应。 （　　）

20. 碳素钢在奥氏体状态时的塑性好。 （　　）

21. 在铁-碳合金中，只有共析成分的合金冷却时，才能发生共析转变，形成共析组织。 （　　）

22. 在铁-碳合金中，只有过共析钢的平衡组织中才有二次渗碳体存在。 （ ）

四、综合分析题

1. 常见的金属晶体结构有哪几种？它们晶胞中的原子数和原子直径各为多少？α-Fe、γ-Fe、Al、Cu、Ni、Pb、Cr、V、Mg、Zn 各属何种晶体结构？

2. 已知 α-Fe 的晶格常数 $a=0.287$ nm，γ-Fe 的晶格常数 $a=0.364$ nm，试求出：

（1）α-Fe 和 γ-Fe 的原子半径和致密度；

（2）当 γ-Fe 转变为 α-Fe 时，其体积变化率是多少？

3. 在常温下，已知铁的原子直径 $d=0.254$ nm，铜的原子直径 $d=0.255$ nm，求铁和铜的晶格常数。

4. 金属结晶的基本规律是什么？晶核的形成率和成长速度受到哪些因素的影响？

5. 在实际应用中，细晶粒金属材料往往具有较好的常温力学性能，试从过冷度对结晶基本过程的影响，分析细化晶粒、提高金属材料力学性能的措施。

6. 什么是固溶强化？造成固溶强化的原因是什么？

7. 图 3-2-2 所示为 Pb-Sn 合金相图，试解答下列问题。

（1）用冷却曲线表示 96%Pb 的 Pb-Sn 合金的平衡结晶过程，画出室温平衡组织示意图、标上各组织组成物。

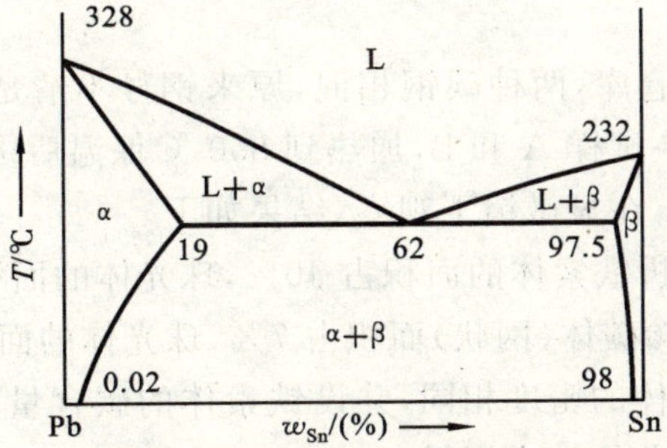

图 3-2-2 Pb-Sn 合金相图

（2）计算该合金室温组织中组成相的相对质量和组织组成物的相对质量。

（3）指出该合金系室温组织中含 β_{II} 最多的合金成分。

（4）指出该合金系室温组织中共晶体最多和最少的合金的成分或成分范围。

8. 发动机活塞用 Al-Si 合金铸造制成，根据相图（见图 3-2-3），选择铸造用 Al-Si 合金的合适成分，简述其原因。

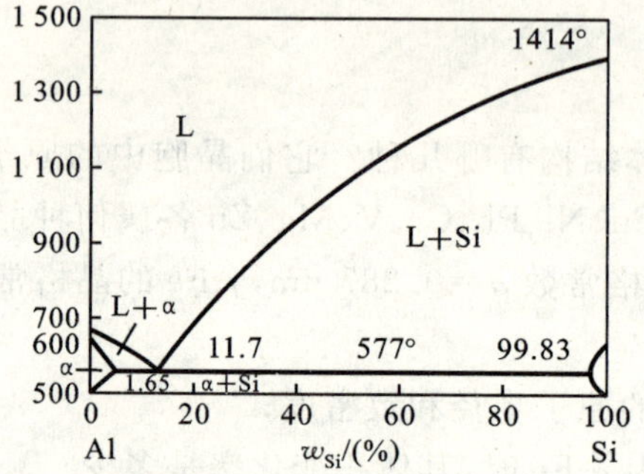

图 3-2-3　Al-Si 合金相图

9. 默画出 Fe-Fe_3C 相图，填出各区域的组织，并分析碳质量分数分别为 0.4%、1.2%、3.0%合金的结晶过程及室温下的（显微）组织。

10. 计算平衡状态下 45（0.45%C）、T8（0.8%C）、T12（1.2%C）三种钢室温下组织组成物的相对质量（$Fe_3C_{Ⅲ}$ 忽略不计），比较三种钢的硬度、强度、塑性和冲击韧度哪种最大，哪种最小？原因是什么？

11. 根据铁-碳相图，分析产生下列现象的原因。

（1）碳含量为 1.0%的钢比碳含量为 0.5%的钢硬度高。

（2）在室温下，含碳 0.8%的钢的强度比含碳 1.2%的钢高。

（3）在 1 100 ℃时，含碳为 0.4%的钢能进行锻造，而含碳为 4.0%的白口铸铁则不能进行锻造。

12. 某工厂的材料仓库，两种碳钢相混，原来钢号不清楚，为了分辨这两种材料，实验人员截取两块试样 A 和 B，加热到 850 ℃保温后缓冷至室温（接近平衡状态），制成金相试样，在显微镜下观察，结果如下。

（1）A 试样中先共析铁素体的面积占 40%，珠光体的面积占 60%。

（2）B 试样中二次渗碳体（网状）面积占 7%，珠光体的面积占 93%。

假定珠光体与铁素体的密度相同，并设铁素体的碳含量为零，试求 A、B 两种钢的碳含量是多少？并估计出钢号。

13. 对某一碳钢（平衡状态）进行相分析，得知其组成相为 80%F 和 20% Fe_3C，求此钢的成分及其硬度。

14. 用冷却曲线表示点 E 成分的铁-碳合金的平衡结晶过程，画出室温组织示意图，标出组织组成物，计算室温平衡组织中组成相和组织组成物的相对质量。

15. 同样形状的两块铁-碳合金，其中一块是15钢，一块是白口铸铁，用什么简便方法可迅速区分它们？

2.2 练习题参考答案

一、填空题

1. 晶体有固定的熔点　原子排列具有规律性　性能各向异性
2. 2　4
3. 刃型位错　螺型位错　刃型
4. 晶界　相界
5. 大
6. 共价键　分子键
7. 晶体相　玻璃相　气相　晶体
8. 形核　晶核长大
9. 结晶　同素异构转变或相变
10. 金属理论结晶温度(T_0)与实际开始结晶温度(T_1)的差值　$\Delta T = T_0 - T_1$
11. 固溶体　金属化合物　塑性　基本相　硬度　强化相
12. 细晶强化
13. 高
14. 电子化合物
15. $L \longrightarrow (\alpha + \beta)$　恒温，三个相的成分是固定的，产物为共晶体
16. 三相
17. 塑性
18. 溶剂组元的晶体结构　与组成它的组元不同，是一个新相
19. F与Fe_3C组成的呈层片状分布的机械混合物　Fe与C形成的一种复杂间隙化合物
20. bcc(体心立方晶格)　fcc(面心立方晶格)
21. P(珠光体)　$F + Fe_3C$
22. 2.11%C　4.3%C　0.0218%C
23. Fe_3C_{II}　呈网状分布

24. 低　高

25. 单相A(奥氏体)

26. (1),(2),(3)如图 3-2-4 所示。

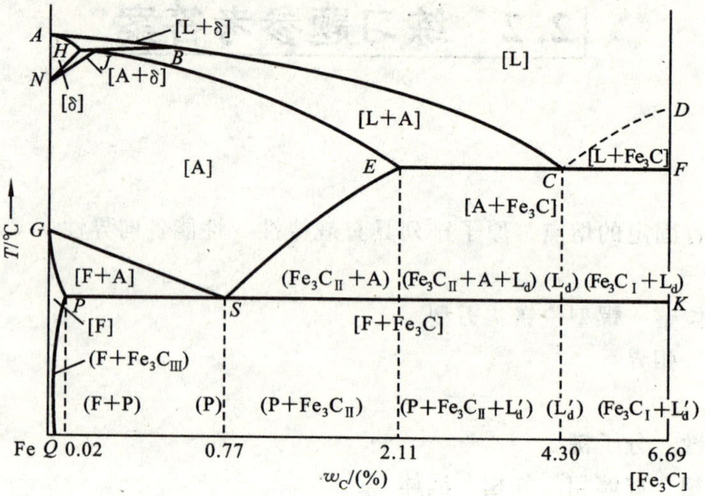

图 3-2-4

(4) E(2.11%)　C(4.3%)　P(0.0218%)　S(0.77%)　K(6.69%)

(5) 在表 3-2-2 中填数据如下：

表 3-2-2　填空题 26 表

水平线	温度	反应式	产物名称
HJB 线(包晶反应线)	1 495 ℃	L+δ→A	奥氏体
ECF 线(共晶反应线)	1 148 ℃	$L \rightarrow L_e(A+Fe_3C)$	莱氏体
PSK 线(共析反应线)	727 ℃	$A \rightarrow P(F+Fe_3C)$	珠光体

二、选择题

1. B　2. A　3. B　4. B　5. D
6. B　7. A　8. B,D　9. B　10. D
11. A　12. B　13. C　14. D　15. C
16. B　17. B,D　18. C　19. C　20. C
21. A,B

三、判断题

1. ×　2. ×　3. √　4. √　5. √
6. ×　7. √　8. ×　9. ×　10. √
11. √　12. √　13. ×　14. √　15. √
16. ×　17. √　18. ×　19. ×　20. √
21. ×　22. ×

四、综合分析题

1. **答**　常见的金属晶体结构有以下几种。

(1) 体心立方　晶胞中的原子数为 2，原子直径 $d=\frac{\sqrt{3}}{2}a$，如 α-Fe，Cr，V 等。

(2) 面心立方　晶胞中的原子数为 4，原子直径 $d=\frac{\sqrt{2}}{2}a$，如 γ-Fe，Al，Cu，Ni，Pb 等。

(3) 密排六方　晶胞中的原子数为 6，原子直径 $d=a$，如 Mg，Zn 等。

2. **解**　(1) 已知 α-Fe 的晶格常数 $a=0.287$ nm，则

原子半径　$r=\frac{\sqrt{3}}{4}a=\frac{\sqrt{3}}{4}\times 0.287\ \text{nm}=0.124\ \text{nm}$

致密度　$K_\alpha=\frac{nv}{V}=\frac{2\times\frac{4\pi r^3}{3}}{a^3}=\frac{2\times\frac{4}{3}\pi\left(\frac{\sqrt{3}}{4}a\right)^3}{a^3}=0.68$

γ-Fe：$a=0.364$ nm，则

原子半径　$r=\frac{\sqrt{2}}{4}a=\frac{\sqrt{2}}{4}\times 0.364\ \text{nm}=0.129\ \text{nm}$

致密度　$K_\gamma=\frac{nv}{V}=\frac{4\times\frac{4\pi r^3}{3}}{a^3}=\frac{4\times\frac{4}{3}\pi\left(\frac{\sqrt{2}}{4}a\right)^3}{a^3}=0.74$

(2) 体积变化率 $=K_\gamma/K_\alpha=0.74/0.68=1.088$

3. **解**　已知在常温下，铁为体心立方晶格的 α-Fe；原子直径 $d=0.254$ nm

由体心立方晶格的原子直径 $d=\frac{\sqrt{3}}{2}a$，得晶格常数

$$a=\frac{2}{\sqrt{3}}\times d=\frac{2}{\sqrt{3}}\times 0.254\ \text{nm}=0.293\ \text{nm}$$

在常温下，铜为面心立方晶格，$d=0.255$ nm。由面心立方晶格的原子直径 $d=\frac{\sqrt{2}}{2}a$，得晶格常数为

$$a=\frac{2}{\sqrt{2}}\times d=\frac{2}{\sqrt{2}}\times 0.255\ \text{nm}=0.361\ \text{nm}$$

4. **答** 金属结晶的基本规律为：过冷是金属结晶的必要条件，金属结晶的过程由晶核形成（简称形核）和晶核长大组成。

晶核的形成率和成长速度主要受到以下因素影响。

(1) 冷却速度 冷却速度越大，过冷度就越大。在一般过冷度情况下，随过冷度的增大，晶核的形成率和成长速度都增大，且晶核形成率的增长率大于成长速度的增长率；但当过冷度很大时，晶核的形成率和成长速度反而随过冷度的增大而减小，原因是过冷度很大时，液体温度已很低，原子扩散困难。

(2) 液体中的不熔杂质 当液体中存在未熔杂质时，金属可以依附在这些现成的固体质点表面产生晶核，起异质形核作用，大大提高晶核的形成率，如实际生产中的变质处理。

5. **答** 金属结晶由晶核形成（简称形核）和晶核长大两个基本过程构成，而这两个过程都与过冷度有很大关系，故在实际中采取提高金属液的冷却速度，即增大其过冷度，这样提高了液体的形核动力，降低了临界晶核半径，使形核率大大增加且形核速率的增大远大于晶核长大速度，结果使金属结晶的晶粒细化，从而提高了金属材料的力学性能。另外，还可通过变质处理——增加非自发（均匀）形核或者振动、搅拌——使先形成的树枝晶破碎增加格外晶核，也能达到细化晶粒的目的。

6. **答** 通过在溶剂组元中溶入某种（些）溶质元素形成固溶体而使合金强度、硬度提高的效应，称为固溶强化。其原因是溶入溶质元素后，溶剂组元晶格产生畸变，使位错运动的阻力增大，从而达到提高合金的强度和硬度。

7. **解** 含96%Pb的Pb-Sn合金中含有4%Sn。

(1) 冷却曲线和室温下的组织示意图分别如图3-2-5和图3-2-6所示。

(2) 相组成物和组织组成物相对质量如下。

相为α和β：

$\alpha\%=(98-4)/(98-0.02)\times100\%=95.94\%$， $\beta\%=1-\alpha\%=4.06\%$

组织为 $\alpha+\beta_{II}$：

$\beta_{II}\%=(4-0.02)/(98-0.02)\times100\%=4.06\%$， $\alpha\%=1-\beta_{II}\%=95.94\%$

(3) 含19%Sn的Pb-Sn合金中 β_{II} 量最多。

(4) 含62%Sn的Pb-Sn合金中含共晶体的量最多，<19%Sn或>97.5%

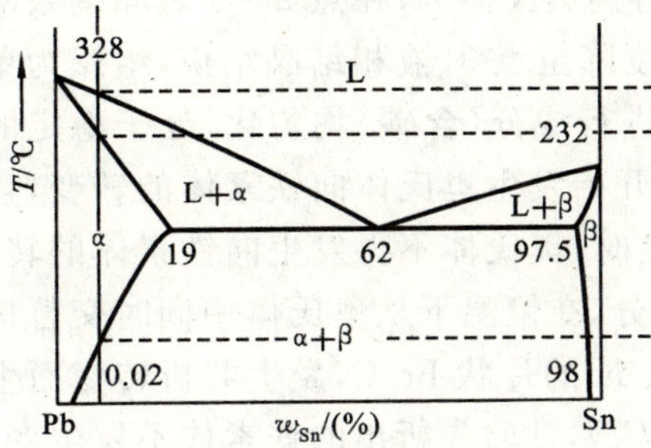

(a) Pb-Sn合金相图

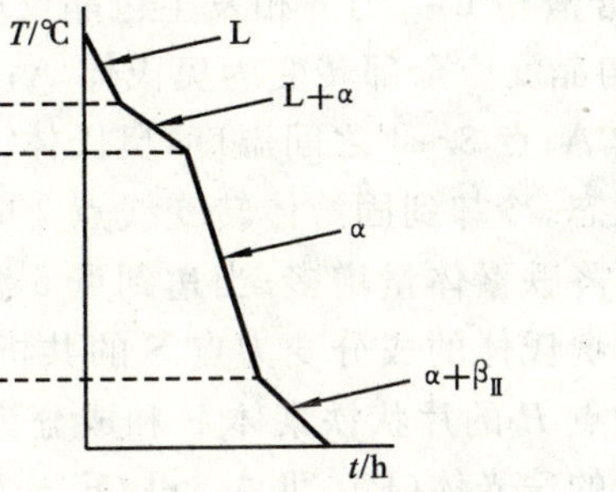

(b) 含96%Pb的Pb-Sn合金的冷却曲线

图 3-2-5　Pb-Sn 合金相图及冷却曲线

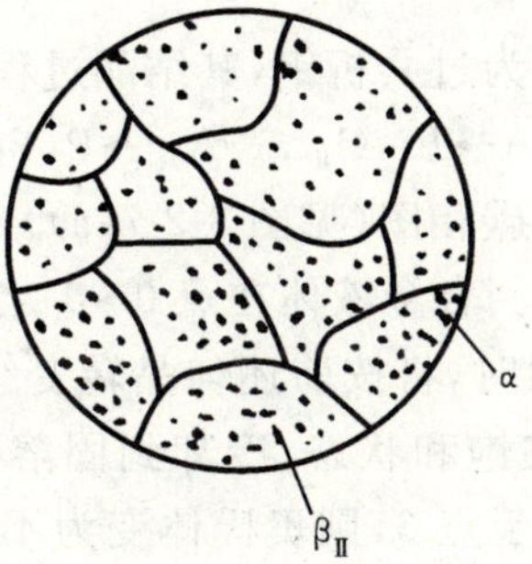

图 3-2-6　室温下的组织示意图

Sn 的 Pb-Sn 合金中含共晶体量最少，为 0。

8. **答**　选用共晶成分或近共晶成分的合金，即含 11.7%Si 的 Al-Si 合金或接近含 11.7%Si 的 Al-Si 合金制造活塞。因为共晶合金或共晶成分附近的合金的液固相结晶温度间隔最小，故合金的流动性能好且熔点低，易于铸造；另外，该类合金结晶时主要形成集中缩孔，而集中缩孔易于防止，故可获得致密铸件。

9. **答**　Fe-Fe_3C 相图及各区域的组织参见填空题第 26 小题。

(1) 含 0.4%C 铁-碳合金为亚共析钢，其结晶过程如下。

$$L \rightarrow \delta \rightarrow L_{部分} + \delta \searrow A \rightarrow F, A_{余} \rightarrow P、F \swarrow L_{余}$$

分析说明如下：在铁-碳相图中作 $w_C = 0.4\%$ 的合金的成分垂线交相图于点 1、2、3、4、5（见配套教材）。合金液在点 0～1 之间的温度范围内，处于稳定的液相；冷却到点 1～2 之间时，液相将按匀晶转变结晶出 δ 铁素体；温度达到点 2

时，部分液相$L_{部分}$与δ相发生包晶反应得到奥氏体A；在点2～3之间剩余液体$L_{余}$按匀晶反应全部转变为奥氏体A；温度降至点3，液相结晶结束，组织为单一奥氏体A；点3～4之间温度，奥氏体A进行成分（含碳）均匀化，处于稳定的欠饱和状态；冷却到固溶体转变线点4时，开始发生奥氏体向铁素体的转变，且随温度下降铁素体量增多；当达到点5温度时，奥氏体不再发生向铁素体的转变，而余下奥氏体的成分变为点S的共析成分，在恒温下从奥氏体中同时交替析出成分为点P的片状铁素体F和成分为点K的片状Fe_3C，发生共析转变而生成层片状的珠光体(P)，即$A_S \rightarrow P(F_P + Fe_3C_k)$，此时先析出的铁素体不发生变化；在继续冷却过程中，先析出的铁素体和珠光体中的铁素体F还会沿PQ线析出$Fe_3C_{Ⅲ}$，但因析出量很少，常忽略不计，所以最终得到"铁素体(F)＋珠光体(P)"的室温组织。

(2) 含1.2%C铁-碳合金为过共析钢，其结晶过程如下。

$$L \rightarrow A,\quad A \rightarrow Fe_3C_{Ⅱ},\quad A_{余} \rightarrow P、Fe_3C_{Ⅱ}$$

分析说明如下：在简易铁-碳相图（见图3-2-7(a)）中作$w_C = 1.2\%$的合金的成分垂线交相图于点1、2、3、4。合金液体在点0～1之间的温度范围内，处于稳定的液相；冷却到点1～2之间时，将按前述匀晶转变结晶成奥氏体A；在点2～3之间奥氏体A处于稳定的欠饱和状态；冷却到固溶线点3时，奥氏体刚好处于饱和的临界状态；如温度低于点3，则奥氏体变为不稳定的过饱和状态，会以网状$Fe_3C_{Ⅱ}$的形式析出多余的溶质，温度越低，析出的$Fe_3C_{Ⅱ}$就越多越粗，此时奥氏体的碳含量沿固溶线ES降低，奥氏体的数量也随之减少；达到点4时，$Fe_3C_{Ⅱ}$不再析出，而余下奥氏体的成分变为点S的共晶成分，而在恒温下从奥氏体中同时交替析出成分为点P的片状铁素体F和成分为点K的片状Fe_3C，发生共析转变而生成层片状的珠光体(P)，即$A_S \rightarrow P(F_P + Fe_3C)$；在继续冷却过程中$Fe_3C_{Ⅱ}$（网状）不再变化，而珠光体中的铁素体F还会沿$PQ$线析出$Fe_3C_{Ⅲ}$，但因析出量特少，常忽略不计，所以最终得到"珠光体(P)＋网状$Fe_3C_{Ⅱ}$"的室温组织。上述分析说明的示意图如图3-2-7所示。

(3) 含3.0%C铁-碳合金为亚共晶白口铸铁，其结晶过程如下。

$$L \rightarrow A,\quad L_{余} \rightarrow L_d(A + Fe_3C)、A,\quad A \rightarrow Fe_3C_{Ⅱ}、A、L_d(A + Fe_3C + Fe_3C_{Ⅱ}),$$

$$A \rightarrow P、Fe_3C_{Ⅱ}、L_d'(P + Fe_3C + Fe_3C_{Ⅱ})$$

分析说明如下：在铁-碳相图中作$w_C = 3\%$的合金的成分垂线交相图于点1、2、3、4。合金液体在点0～1之间的温度范围内，处于稳定的液相；冷却到点1～2之间时，将按前述匀晶转变结晶出奥氏体A；冷却到共晶线点2时，剩余液相的碳含量沿BC线增加到点C发生共晶反应，转变为高温莱氏体(L_d)；如温度低于点2，则奥氏体变为不稳定的过饱和状态，会以网状$Fe_3C_{Ⅱ}$的形式析出多余的溶质，温度越低，析出的 Fe_3C_{II} 就越多越粗，此时奥氏体的碳含量沿固溶线 *ES* 降低，奥氏体的数量也随之减少；达到点 3 时，Fe_3C_{II} 不再析出，而余下奥氏体的成分变为点 *S* 的共析成分，而在恒温下从奥氏体中同时交替析出成分为点 *P* 的片状铁素体 F 和成分为点 *K* 的片状 Fe_3C，发生共析转变而生成层片状的珠光体(P)，即 $A_S \rightarrow P(F_P + Fe_3C)$；在继续冷却过程中 Fe_3C_{II}（网状）不再变化，而珠光体中的铁素体 F 还会沿 *PQ* 线析出 Fe_3C_{III}，但因析出量很少，常忽略不计，故最终得到“珠光体(P) + Fe_3C_{II} + 低温莱氏体 $L'_d(P + Fe_3C + Fe_3C_{II})$”的室温组织。

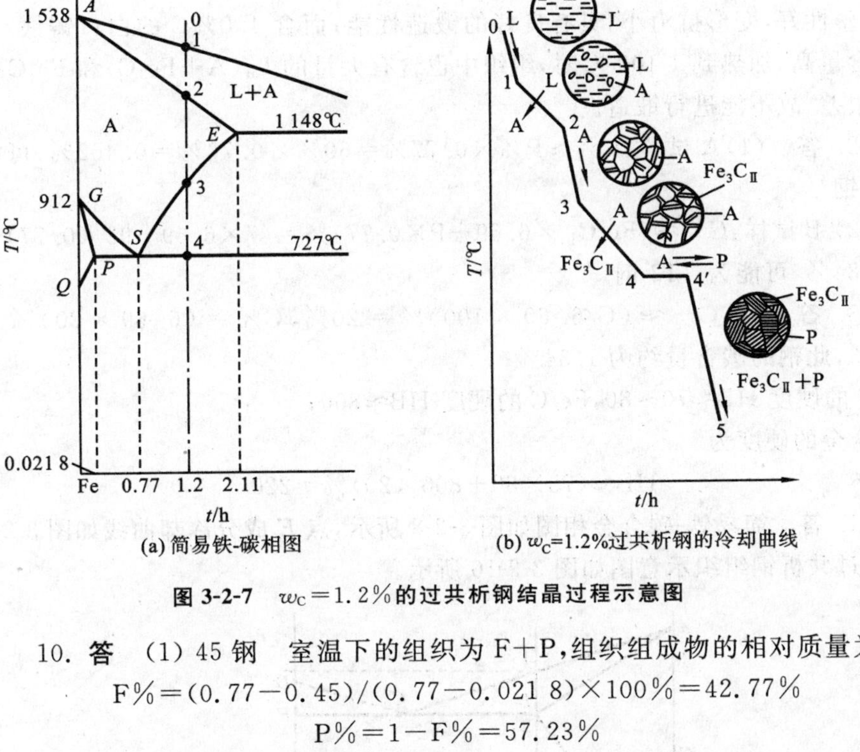

(a) 简易铁-碳相图 (b) w_C=1.2%过共析钢的冷却曲线

图 3-2-7 $w_C = 1.2\%$ 的过共析钢结晶过程示意图

10. 答 (1) 45 钢 室温下的组织为 F+P，组织组成物的相对质量为

$$F\% = (0.77 - 0.45)/(0.77 - 0.021\,8) \times 100\% = 42.77\%$$

$$P\% = 1 - F\% = 57.23\%$$

(2) T8 钢 室温下的组织几乎全为 P。

(3) T12 钢 室温下的组织为 $P + Fe_3C_{II}$，组织组成物的相对质量为

$$Fe_3C_{II}\% = (1.2 - 0.77)/(6.69 - 0.77) \times 100\% = 7.26\%$$

$$P\% = 1 - Fe_3C_{II}\% = 92.74\%$$

硬度比较： 45 钢＜T8＜T12

强度比较： T8＞45 钢＞T12

塑性、冲击韧度比较： 45 钢＞T8＞T12

原因分析：从铁-碳相图分析可知，碳钢在平衡状态下是由 F 和 Fe_3C 两相组成。F 具有良好塑性，而 Fe_3C 硬而脆。钢中碳含量较低时，Fe_3C 以层片状分布于 F 中，随碳含量增高，Fe_3C 数量越多，对位错运动的阻力越大，其强度、硬度增大，塑性、韧度降低。当钢的碳含量超过 0.9%时，沿晶界呈现网状分布的 Fe_3C_{II}，随碳含量增加，其数量越多，网络越厚越完整，晶粒间的结合力就越弱，因此，钢的强度在其含碳 0.9%后随碳含量的提高而降低，但硬度继续增大。

11. **答**　(1)、(2)原因分析参见第 10 题。

(3) 含 0.4%C 的钢为亚共析钢，加热到 1 100 ℃时，已全部转变为单相 A 组织，塑性好，变形抗力小，具有良好的锻造性能；而含 4.0%C 的白口铸铁，由于碳含量高，加热到 1 100 ℃时，组织中也含有大量的 $L_d(A+Fe_3C)$ 和 Fe_3C_{II}，塑性很差，故不能进行锻造。

12. **答**　(1) A 试样：$C\% \approx P\% \times 0.77\% = 60\% \times 0.77\% = 0.462\%$，可能为 45 钢。

(2) B 试样：$C\% \approx (Fe_3C_{II} \times 6.69 + P \times 0.77)\% = (7 \times 6.69 + 93 \times 0.77)\% = 1.184\%$，可能为 T12 钢。

13. **答**　$Fe_3C\% \approx (C/6.69 \times 100)\% = 20\%$，$C\% = (6.69 \times 20)\% = 1.34\%$，此钢的碳含量约为 1.34%；

F 的硬度 HB≈70～80，Fe_3C 的硬度 HB≈800；

合金的硬度为

$$HB \approx (75 \times 80 + 800 \times 20)\% = 220$$

14. **答**　简易铁-碳合金相图如图 3-2-8 所示，点 E 成分冷却曲线如图 3-2-9 所示，过共析钢组织示意图如图 3-2-10 所示。

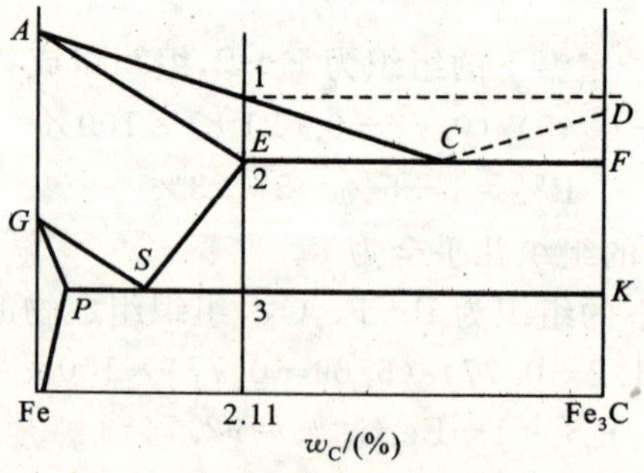

图 3-2-8　简易铁-碳相图

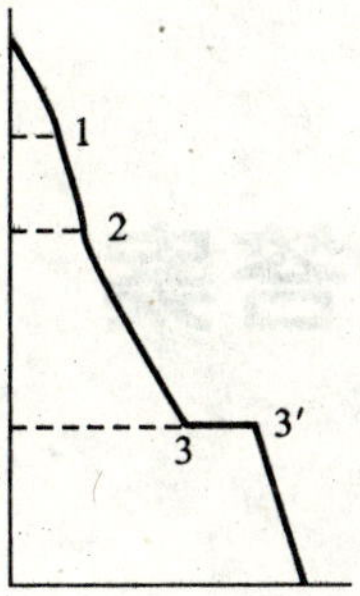

图 3-2-9　点 E 成分冷却曲线

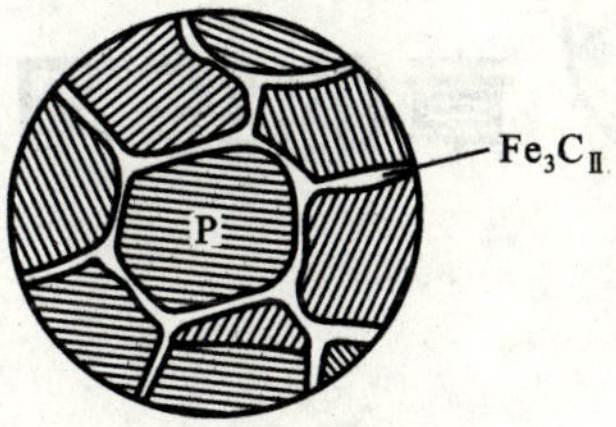

图 3-2-10　过共析钢组织示意图

组成相为 F、Fe_3C，其相对质量为

$$Fe_3C\% = (2.11-0.0008)/(6.69-0.0008)\times 100\% = 31.54\%$$

$$F\% = 1 - Fe_3C\% = 68.45\%$$

组织组成物为 $P+Fe_3C_{Ⅱ}$，其相对质量为

$$Fe_3C_{Ⅱ}\% = (2.11-0.77)/(6.69-0.77)\times 100\% = 22.64\%$$

$$P\% = 1 - Fe_3C_{Ⅱ}\% = 77.36\%$$

15. **答**　区分的方法有：

(1) 测量硬度的方法，硬度高者为白口铸铁；

(2) 观察金相组织，15 钢的平衡组织为 F+P，而白口铸铁的组织中含有大量莱氏体(L_d')；

(3) 采用测定碳含量的方法，15 钢的碳含量为 0.15%，白口铸铁的碳含量超过 2.11%。

第3章的练习题及参考答案

3.1 练 习 题

一、填空题

1. 钢加热时奥氏体形成是由(　　)、(　　)、(　　)和(　　)四个基本过程所组成。

2. 在过冷奥氏体等温转变产物中,珠光体与托氏体的主要相同点是(　　),不同点是(　　)。

3. 用光学显微镜观察,上贝氏体的组织特征呈(　　)状,而下贝氏体则呈(　　)状。

4. 与共析钢相比,非共析钢C曲线的特征是(　　)。

5. 马氏体的显微组织形态主要有(　　)、(　　)两种,其中(　　)的韧度较好。

6. 钢的淬透性越高,则其C曲线的位置越(　　),说明临界冷却速度越(　　)。

7. 钢的热处理工艺是由(　　)、(　　)、(　　)三个阶段组成。一般来讲,它不改变被处理工件的(　　),但改变其(　　)。

8. 利用Fe-Fe_3C相图确定钢完全退火的正常温度范围是(　　),它只适应于(　　)钢。

9. 球化退火的主要目的是(　　),它主要适用于(　　)。

10. 钢的正常淬火温度范围,对亚共析钢是(　　),对过共析钢是(　　)。

11. 当钢中发生奥氏体向马氏体的转变时,原奥氏体中碳含量越高,则M_s点越(　　),转变后的残余奥氏体量就越(　　)。

12. 在正常淬火温度下,碳素钢中共析钢的临界冷却速度比亚共析钢和过共析钢的临界冷却速度都(　　)。

13. 钢热处理确定其加热温度的依据是(　　)，而确定过冷奥氏体冷却转变产物的依据是(　　)。

14. 淬火钢进行回火的目的是(　　)，回火温度越高，钢的硬度越(　　)。

15. 钢在回火时的组织转变过程是由(　　)、(　　)、(　　)和(　　)四个阶段所组成。

16. 化学热处理的基本过程包括(　　)、(　　)和(　　)三个阶段。

17. 索氏体和回火索氏体在形态上的区别是(　　)，在性能上的区别是(　　)。

18. 参考铁-碳合金相图，将45钢及T10钢(已经过退火处理)的小试样经850 ℃加热后水冷、850 ℃加热后空冷、760 ℃加热后水冷、720 ℃加热后水冷等处理，把处理后的组织填入表3-3-1。

表 3-3-1　填空题 18

材　料	热处理工艺			
	850 ℃水冷	850 ℃空冷	760 ℃水冷	720 ℃水冷
45钢				
T10钢				

二、选择题

1. 钢在淬火后获得的马氏体组织的粗细主要取决于(　　)。

A. 奥氏体的本质晶粒度　　B. 奥氏体的实际晶粒度

C. 奥氏体的起始晶粒度　　D. 奥氏体的最终晶粒度

2. 奥氏体向珠光体的转变是(　　)。

A. 扩散型转变　　C. 非扩散型转变

C. 半扩散型转变　　D. 高温转变

3. 钢经调质处理后获得的组织是(　　)。

A. 回火马氏体　B. 回火托氏体　C. 回火索氏体　D. 回火贝氏体

4. 过共析钢的正常淬火加热温度是(　　)。

A. Ac_3 +30～50 ℃　　B. Ac_1 +30～50 ℃

C. Ac_{cm} +30～50 ℃　　D. A_0 +30～50 ℃

5. 影响碳钢淬火后残余奥氏体量的主要因素是(　　)。

A. 钢材本身的碳含量　　B. 钢中奥氏体的碳含量

C. 钢中碳化物的含量　　　　　D. 钢的淬火加热温度

6. 共析钢过冷奥氏体在550～350 ℃的温度区间等温转变时，所形成的组织是(　　)。

A. 索氏体　　B. 下贝氏体　　C. 上贝氏体　　D. 珠光体

7. 若合金元素能使C曲线右移，则钢的淬透性将(　　)。

A. 降低　　B. 提高　　C. 不改变

8. 马氏体的硬度取决于(　　)。

A. 奥氏体的冷却速度　　　　B. 奥氏体的转变温度

C. 奥氏体的碳含量　　　　　D. 奥氏体的晶粒

9. 淬火时，零件易变形、开裂的形状可能有(　　)。

A. 形状对称　　B. 有尖角　　C. 壁厚均匀　　D. 壁厚不均匀

10. 对形状复杂、截面变化大的钢件进行淬火时，应选用(　　)。

A. 高淬透性钢　　B. 中淬透性钢　　C. 低淬透性钢　　D. 碳素钢

11. 对形状复杂、截面变化大的零件进行淬火时，应采用(　　)。

A. 水中淬火　　B. 油中淬火　　C. 盐浴中淬火　　D. 空冷

12. 若要提高淬火时的淬硬层深度，应采取(　　)。

A. 选择高淬透性钢　　　　　B. 选择低淬透性钢

C. 选用比较缓和的冷却介质　　D. 增大工件的截面尺寸

13. 直径为10 mm的40钢的常规淬火温度大约为(　　)。

A. 750 ℃　　B. 850 ℃　　C. 920 ℃　　D. 1 050 ℃

14. 45钢为得到回火索氏体组织，应进行(　　)。

A. 淬火+低温回火　　　　B. 等温淬火

C. 淬火+中温回火　　　　D. 淬火+高温回火

15. 完全退火主要适用于(　　)。

A. 亚共析钢　　B. 共析钢　　C. 过共析钢　　D. 亚共晶白口铸铁

16. 扩散退火的主要目的是(　　)。

A. 消除和改善晶内偏析　　　B. 消除冷塑性变形后产生的加工硬化

C. 降低硬度以便于加工　　　D. 消除内应力及稳定组织

17. 钢的回火处理是在(　　)。

A. 退火后进行　　B. 正火后进行　　C. 淬火后进行　　D. 调质后进行

18. 钢的渗碳温度范围是(　　)。

A. 600～650 ℃　　B. 800～850 ℃　　C. 900～950 ℃　　D. 1 000～1 050 ℃

19. 过共析钢正火的目的是(　　)。

A. 调整硬度，改善切削加工性能　　B. 细化晶粒，为淬火作组织准备

C. 消除网状二次渗碳体　　D. 消除内应力，防止淬火变形和开裂

20. T12钢正常淬火的组织是(　　)。

A. 马氏体＋残余奥氏体　　B. 马氏体＋球状碳化物

C. 马氏体　　D. 马氏体＋残余奥氏体＋球状碳化物

三、判断题

1. 经加热奥氏体化后，在任何情况下，奥氏体中碳的含量均与钢中碳的含量相等。(　　)

2. 所谓本质细晶粒钢就是一种在任何加热条件下晶粒均不发生粗化的钢。(　　)

3. 马氏体是碳在 α-Fe 中的过饱和固溶体，当奥氏体向马氏体转变时，体积要收缩。(　　)

4. 当把亚共析钢加热到 Ac_1 和 Ac_3 之间的温度时，将获得由铁素体和奥氏体构成的两相组织，在平衡条件下，其中奥氏体的碳含量总是大于钢的碳含量。(　　)

5. 当原始组织为片状珠光体的钢加热奥氏体化时，细片状珠光体的奥氏体化速度要比粗片状珠光体的奥氏体化速度快。(　　)

6. 当共析成分的奥氏体在冷却发生珠光体转变时，温度越低，其转变产物组织就越粗。(　　)

7. 贝氏体是过冷奥氏体中温转变产物，在转变过程中，碳原子能进行短距离的扩散，而铁原子不能进行扩散。(　　)

8. 不论碳含量高低，马氏体的硬度都很高，脆性都很大。(　　)

9. 在正常热处理加热条件下，随碳含量的增高，过共析钢的过冷奥氏体越稳定。(　　)

10. 因为过冷奥氏体的连续冷却转变曲线位于等温转变曲线的右下方，所以连续冷却转变曲线的临界冷却速度比等温转变曲线的大。(　　)

11. 高合金钢既具有良好的淬透性，也具有良好的淬硬性。(　　)

12. 经退火后再高温回火的钢，能得到回火索氏体组织，具有良好的综合力学性能。(　　)

13. 钢的淬透性越高，则其淬透层的深度也越大。(　　)

14. 在正常加热淬火条件下，亚共析钢的淬透性随碳含量的增高而增大，过共析钢的淬透性随碳的增高而减小。(　　)

15. 表面淬火既能改变钢的表面化学成分，也能改善心部的组织和性能。(　　)

16. 同一钢材，在相同的加热条件下，水冷比油冷的淬透性好，小件比大件的淬透性好。 （ ）

17. 为了调整硬度，便于机械加工，低碳钢、中碳钢和低碳合金钢在锻造后应采用正火处理。 （ ）

四、综合分析题

1. 本质细晶粒钢的奥氏体晶粒是否一定比本质粗晶粒钢的细，为什么？

2. 低碳钢板硬度低，可否用淬火方法提高其硬度？用什么办法能显著提高其硬度？

3. 20 钢采用表面淬火是否合适？为什么？45 钢进行渗碳处理是否合适？为什么？

4. 再结晶和重结晶有何不同？

5. 试指出影响奥氏体形成速度和影响奥氏体实际晶粒度的因素。

6. 试说明共析钢 C 曲线各个区、各条线的物理意义，并指出影响 C 曲线形状和位置的主要因素。

7. 试比较共析钢过冷奥氏体等温转变曲线和连续转变曲线的异同点。

8. 何谓钢的临界冷却速度？它的大小受哪些因素影响？它与钢的淬透性有何关系？

9. 为什么亚共析钢热处理时的快速加热并适当保温可提高其屈服强度和冲击韧度？

10. 加热使钢完全转变为奥氏体时，原始组织是以粗粒状珠光体为好，还是以细片状珠光体为好？为什么？

11. 热轧空冷的 45 钢，组织为什么能细化？

12. 试简述各种淬火方法及其适用范围。

13. 试述马氏体转变的基本特点。

14. 试比较索氏体、托氏体和回火索氏体、回火托氏体之间在形成条件、组织形态与性能上的主要区别。

15. 马氏体的本质是什么？它的硬度为什么很高？是什么因素决定了它的脆性？

16. 淬透性和淬透层深度有何联系与区别？影响钢件淬透层深度的主要因素是什么？

17. 分析图 3-3-1 的实验曲线中硬度随碳含量变化的原因。图中曲线 1 为亚共析钢加热到 Ac_3 以上，过共析钢加热到 Ac_{cm} 以上淬火后，随钢中碳含量的增加钢的硬度变化曲线；曲线 2 为亚共析钢加热到 Ac_3 以上，过共析钢加热到 Ac_1 以上淬火后，随钢中碳含量的增加钢的硬度变化曲线；曲线 3 表示随碳含量增加，马氏体硬度的变化曲线。

18. 共析钢加热到相变点以上，如图 3-3-2 所示的冷却曲线冷却，各应得到什么组织？各属于何种热处理方法？

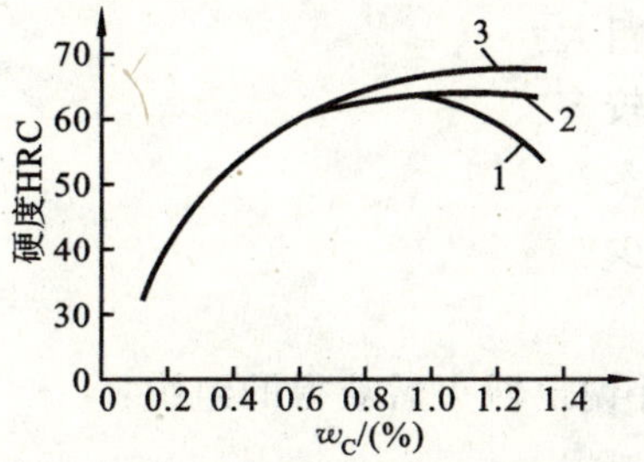

图 3-3-1　硬度随碳含量变化曲线

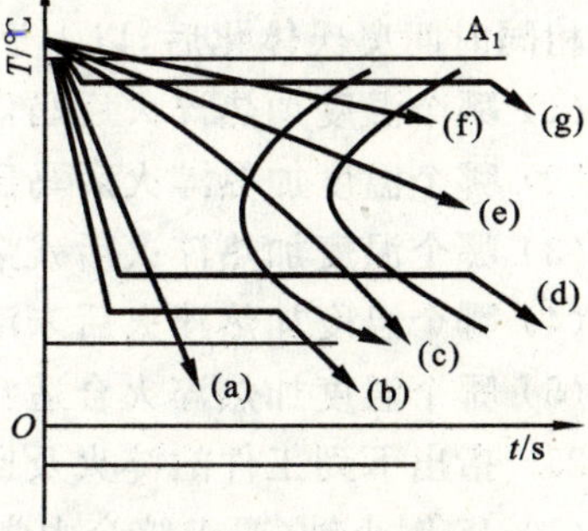

图 3-3-2　冷却转变曲线

19. T12 钢加热到 Ac_1 以上，如图 3-3-3 所示各种方法冷却，分析其所得到的组织。

20. 某钢的连续冷却转变曲线如图 3-3-4 所示，试指出该钢按图中(a)、(b)、(c)、(d)速度冷却后得到的室温组织。

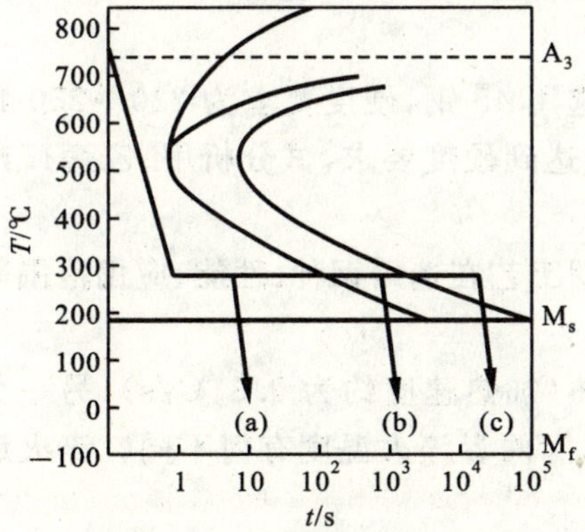

图 3-3-3　冷却转变曲线

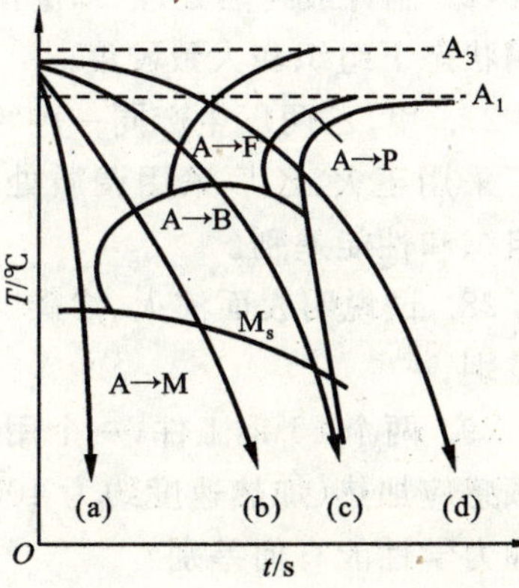

图 3-3-4　连续冷却转变曲线

21. 正火与退火的主要区别是什么？生产中应如何选择正火与退火？

22. 确定下列钢件的退火方法，并指出退火的主要目的及退火后的组织：

(1) 经冷轧后的 15 钢钢板，要求降低硬度；

(2) ZG350 钢的铸造齿轮；

(3) 锻造中出现过热的 60 钢锻坯；

(4) 改善 T12 钢的切削加工性能。

23. 试说明直径为 10 mm 的 45 钢试样经下列温度加热、保温并在水中冷却得到的室温组织：700 ℃、760 ℃、840 ℃、1 100 ℃。

24. 两个碳含量为 1.2%的碳钢薄板试样，分别加热到 780 ℃和 900 ℃并保温相同时间奥氏体化后，以大于淬火临界冷却速度冷至室温。试分析：

(1) 哪个温度加热淬火后马氏体晶粒较粗大？

(2) 哪个温度加热淬火后马氏体碳含量较多？

(3) 哪个温度加热淬火后残余奥氏体较多？

(4) 哪个温度加热淬火后未溶碳化物较少？

(5) 哪个温度加热淬火合适？为什么？

25. 指出下列工件的淬火及回火温度，并说出回火后获得的组织：

(1) 45 钢小轴(要求综合力学性能好)；

(2) 65 钢弹簧；

(3) T12 钢锉刀。

26. 用 T10 钢制造直径较大的钻头。其工艺路线为：锻造→热处理→机加工→热处理→磨削加工。

(1) 写出其中热处理工序的名称及作用。

(2) 制订最终热处理(即磨削加工前的热处理)的工艺规范，并指出钻头在使用状态下组织和大致硬度。

27. 甲、乙两厂生产同一种零件，均选用 45 钢，硬度要求为 220～250 HB，甲厂采用正火，乙厂采用调质处理，均能达到硬度要求，试分析甲、乙两厂产品的组织和性能差别。

28. 试说明表面淬火、渗碳、渗氮处理工艺在选用钢种、性能、应用范围等方面差别。

29. 两个 45 钢工件，一个用电炉加热(加热速度约为 0.3 ℃/s)，另一个用高频感应加热(加热速度约为 400 ℃/s)，问两者淬火温度有何不同？淬火后组织和力学性能有何差别？

30. 低碳钢(0.2%C)小件经 930 ℃、5 h 渗碳后，表面碳含量增至 1.0%，试分析以下处理后表层和心部的组织：

(1) 渗碳后慢冷；

(2) 渗碳后直接水淬并低温回火；

(3) 由渗碳温度预冷到 820 ℃，保温后水淬，再低温回火；

(4) 渗碳后慢冷至室温，再加热到 780 ℃，保温后水淬，再低温回火。

31. 调质处理后的 40 钢齿轮，经高频加热后的温度分布如图 3-3-5 所示，试分析高频水淬后，轮齿由表面到中心各区（Ⅰ，Ⅱ，Ⅲ）的组织变化。

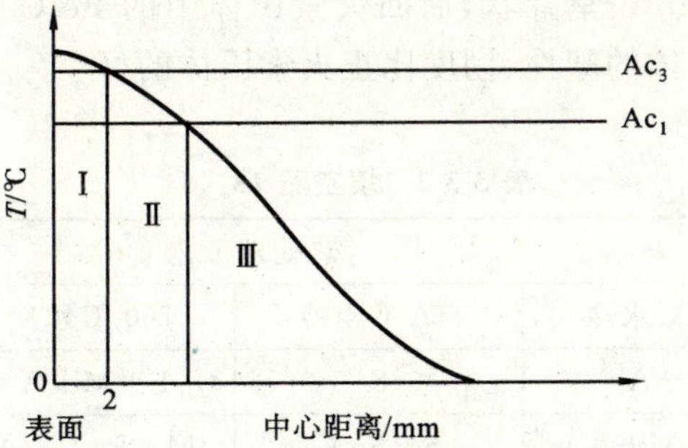

图 3-3-5　综合分析题 31 图

3.2 练习题参考答案

一、填空题

1. A 晶核的形成　A 晶核的长大　剩余 Fe_3C 的溶解　A 成分的均匀化

2. 由 F 和 Fe_3C 组成的机械混合物　T 的片层间距比 P 的片层间距小、强度硬度比 P 高

3. 羽毛　针

4. 亚共析钢多一条铁素体析出线，过共析钢多一条渗碳体析出线

5. 板条状　针状　板条状

6. 靠右　小

7. 加热　保温　冷却　形状　组织与性能

8. Ac_3 以上 20～30 ℃　亚共析

9. 使 P 中的 Fe_3C 球化、降低硬度、便于机加工　高碳钢

10. Ac_3 以上 30～50 ℃　Ac_1 以上 30～50 ℃

11. 低　多

12. 小

13. Fe-Fe_3C 相图　C 曲线

14. 获得所要求的力学性能、消除内应力、稳定组织和尺寸　低

15. 碳的偏聚　马氏体的分解　残余奥氏体的转变　渗碳体的聚集长大和铁素体再结晶

16. 分解　吸收　扩散

17. 索氏体中的 Fe_3C 呈片状，而回火索氏体中的 Fe_3C 呈粒状　在强度、硬度相同时，回火索氏体的塑性、韧度比正火索氏体的好

18.

表 3-3-2　填空题 18

材　料	热处理工艺			
	850 ℃水冷	850 ℃空冷	760 ℃水冷	720 ℃水冷
45 钢	M+A′	S	F+M+A′	F+P
T10 钢	粗大 M+A′	$S+Fe_3C$	$M+Fe_3C+A'$	$P+Fe_3C_{II}$

二、选择题

1. B,D　2. A,D　3. C　4. B　5. B,D
6. C　7. B　8. C　9. B,D　10. A
11. C　12. A　13. B　14. D　15. A
16. A　17. C　18. C　19. A,B,C　20. D

三、判断题

1. ×　2. ×　3. ×　4. √　5. √
6. ×　7. √　8. ×　9. ×　10. ×
11. ×　12. ×　13. √　14. √　15. ×
16. ×　17. √

四、综合分析题

1. **答**　不一定。本质晶粒度表示在特定的加热条件下 A 晶粒长大的倾向。本质细晶粒钢是指钢在特定的加热条件下，A 晶粒不容易长大；而本质粗晶粒钢则是指钢在特定的加热条件下，A 晶粒迅速长大。超过规定的温度，阻止 A 晶粒长大的碳化物也溶解后，本质细晶粒钢的 A 晶粒并不一定比本质粗晶粒钢的细。

2. **答**　低碳钢不宜用淬火方法提高硬度，因为碳含量太低，淬火后的低碳马氏体的硬度不是很高；另外，板材的热处理工艺性差且不宜进行热处理操作。

可以通过冷塑性变形产生的加工硬化效应来提高硬度；对于面积不大的低碳钢板，可采用渗碳＋淬火＋低温回火的方法，提高表面硬度。

3. **答** 20钢采用表面淬火不合适，因为表面淬火是提高材料表面硬度的一种热处理工艺，20钢的碳含量太低，所以采用表面淬火方法对硬度的提高不大，故不合适；对45钢进行渗碳处理不合适，因为45钢的碳含量为中碳，采用淬火就可得到较高的硬度；而渗碳处理是提高钢材表层的碳含量，故适用于低碳钢。

4. **答** 再结晶是指冷塑性变形的金属加热到较高温度（再结晶温度），通过重新形核和核长大，形成新的细小等轴晶粒的过程，金属的晶格类型不发生变化。

重结晶即金属的同素异构转变，是指金属在固态下由于温度的改变由一种晶格向另一种晶格的转变，也遵循晶体结晶的一般规律，但晶格类型发生了变化。

5. **答** 影响奥氏体（A）形成速度的因素有温度、碳含量、原始组织、合金元素和加热速度等。影响A实际晶粒度的因素有加热温度和保温时间、钢的原始组织、合金元素等。

6. **答** 共析钢的等温转变曲线（即C曲线，见配套教材，余同）中的两条C曲线，左边一条是组织转变开始线，右边一条是组织转变终了线。直线M_s——马氏体（M）转变开始温度线，直线M_f——马氏体转变终了温度线。

影响C曲线形状和位置的主要因素是钢的成分，包括碳含量及合金元素的种类及含量。

7. **答** 共析钢过冷奥氏体连续转变曲线与等温转变曲线相比：①连续冷却转变曲线向右下方向移动，说明转变开始和转变终了温度低一些，时间更长一些；②连续冷却获得的珠光体组织是在一个温度范围内形成的，所以粗细不均，较高温度下形成的粗些；③没有贝氏体转变，珠光体型转变在KK'线中止。

8. **答** 钢在淬火时获得全部M组织的最小冷却速度称为临界冷却速度，以v_k表示，它的大小主要受几方面因素的影响：①钢中碳含量的影响；②钢中合金元素的影响；③加热温度和保温时间的影响等。v_k越小，钢的淬透性就越大。

9. **答** 亚共析钢在热处理时的快速加热并适当保温，使奥氏体化所形成的A晶粒细小且较均匀，这样，在随后的冷却转变后得到的组织也细小均匀，产生细晶强化，故屈服强度和冲击韧度得以提高。

10. **答** 原始组织为细片状珠光体好。因为A晶核的形成是在F和Fe_3C的相界面处形成，原始的珠光体组织越细小，相界面积就越多，Fe_3C的片间距越小，C的扩散距离越缩短，既提高了奥氏体化形成速度，同时又有利于获得细小均匀的A晶粒。

11. **答** 45钢的热轧是45钢在奥氏体区间内进行的热塑性变形，热轧后其组织为再结晶的细小奥氏体；空冷相当于热轧后45钢经过一次正火处理，发生了奥氏体向珠光体型组织转变的过程，不仅细化了组织且得到索氏体(S)。

12. **答** (1)普通淬火(单液淬火) 将加热保温后的工件放入一种淬火剂中冷却。碳钢的淬火剂一般用水，合金钢的淬火剂一般用油。适用于形状较简单的零件。

(2) 双液淬火 钢件奥氏体化后，先将其放入一种冷却能力较强的介质中，当钢件冷却到300 ℃左右时，再放入另一种冷却能力较弱的介质中冷却。例如，先在水中淬火后油冷。广泛用于高碳工具钢。

(3) 分级淬火 将钢件加热后迅速投入温度稍高于M_s的冷却介质中(如盐浴或碱浴槽内)，停留2～5 min，然后取出空冷，称为分级淬火。由于盐浴或碱浴冷却能力不大，一般只适用于尺寸较小的工件，如刀具等。

(4) 等温淬火 将钢件奥氏体化后淬入高于M_s温度的熔盐中，等温保持，获得下贝氏体组织的工艺。可用于尺寸不大、形状复杂而要求较高的工件如弹簧、小齿轮及丝锥等。

13. **答** 马氏体(M)转变的基本特点为：

(1) M在M_s～M_f温度范围内形成；

(2) M转变不彻底；

(3) M转变是非扩散型转变；

(4) M晶体成长速度极快，致使M形成过程中产生相互撞击，而形成内应力和微裂纹。

14. **答** S、T是通过正火或退火直接由奥氏体转变获得的组织，而回火索氏体、回火托氏体是由淬火钢经过高温、中温回火后获得的组织。尽管它们都是由F和Fe_3C组成的混合物，但S、T中的Fe_3C呈片状，而回火索氏体、回火托氏体中的Fe_3C呈粒状；在强度、硬度相同时，回火索氏体、回火托氏体的塑性、韧度比S、T的要好。

15. **答** M是C在α-Fe中形成的过饱和间隙固溶体。低碳马氏体虽然溶碳量较低，但M内因存在大量位错，位错强化明显，故低碳马氏体也具有较高的硬度；高碳马氏体，除固溶强化外，还由于马氏体针状晶体中形成了孪晶亚结构，使高碳马氏体具有很高的硬度。此外，由于形成过程中马氏体针状晶体相互撞击产生裂纹，导致高的脆性。

16. **答** 淬透性是指钢接受淬火获得马氏体的能力。淬透性大小是用一定条件下淬透层(或称淬硬层)深度来表示的。淬透层深度是指工件表面至中心马氏体占50%的部位(称为半马氏体区，其余50%为珠光体类组织)的尺寸。钢在一定条件下淬火时，淬透层深度愈深，说明钢的淬透性愈大；反之，淬透层深度小，说明淬透性小。影响淬透层深度的主要因素：钢件的成分包括碳含量及合金元素含量、淬火加热温度和保温时间、冷却速度等。

17. 答　曲线1:亚共析钢加热到 Ac_3 以上,属正常的淬火加热温度范围,所以淬火后获得的M组织硬度随碳含量的增加而提高;但过共析钢加热到 Ac_{cm} 以上温度已完全奥氏体化,A晶粒较粗大且碳含量较高,故淬火后将获得较粗的M且残余A较多,使钢的硬度有所降低。

曲线2:过共析钢加热到 Ac_1 以上温度,属正常的淬火加热温度范围,淬火后的组织为细M、$Fe_3C_{Ⅱ}$ 和少量残余A。少量未溶的 $Fe_3C_{Ⅱ}$ 可阻止A晶粒长大,有利于提高钢的硬度。

曲线3:M是C在α-Fe中形成的过饱和间隙固溶体。M的溶碳量越高,过饱和度越大,固溶强化效果越明显,其硬度值就越大。

18. 答　(a)——M+A′,单液淬火;(b)——M+A′,分级淬火;(c)——T+M+A′,油中淬火;(d)——$B_下$,等温淬火;(e)——S,正火;(f)——P,退火;(g)——P,等温退火。

19. 答　(a)——M+粒状 Fe_3C+A′;(b)——$B_下$+M+粒状 Fe_3C+A′;(c)——$B_下$+粒状 Fe_3C。

20. 答　(a)——M+A′;(b)——B+M+A′;(c)——F+B+M+A′;(d)——F+P。

21. 答　正火与退火的主要区别如下。

(1) 加热温度不同　正火的加热温度范围为:亚共析钢加热到 Ac_3 以上30～50 ℃,共析钢和过共析钢加热到 Ac_{cm} 以上30～50 ℃。而退火根据目的不同,加热温度范围也不同。

(2) 冷却的方式不同　正火是在空气中冷却,而退火一般是缓慢冷却(随炉冷却),时间长。

(3) 获得的组织不同　就钢而言,正火主要得到S类组织,而退火主要获得P类组织。

生产中一般根据要达到的目的来进行选择,同时考虑尽量降低成本。一般低中碳钢选正火,高碳钢选退火。

22. 答　(1)再结晶退火;消除加工硬化效应,降低硬度,恢复塑性;组织:F+P。

(2) 去应力退火;消除铸造应力;组织:F+P。

(3) 完全退火;均匀细化组织,改善力学性能;组织:F+P。

(4) 球化退火;使钢中渗碳体球化,获得粒状P组织,降低硬度;组织:粒状P。

23. 答　700 ℃:加热温度低,未进行奥氏体化,处理后组织未发生变化,为原组织(F+P)。

760 ℃:加热温度不够,未完全奥氏体化,只有部分奥氏体化,组织:F+M+A′。

840 ℃:正常淬火加热温度,完全奥氏体化,组织:M+A′。

1100 ℃:加热温度太高,产生过热,A 晶粒粗大,组织:粗大 M+A′。

24. **答** (1)加热到 900 ℃的淬火后 M 晶粒粗大,因为加热温度高,A 晶粒粗大;

(2) 加热到 900 ℃的淬火后 M 碳含量较多,因为 C 在 A 中的溶解度随温度升高而增大;

(3) 加热到 900 ℃的淬火后残余 A 较多,因为加热温度高,A 中溶解了大量的 C,使得残余 A 增多;

(4) 加热到 900 ℃的淬火后未溶碳化物较少,因为加热温度越高,有利于原子的扩散,碳化物发生溶解。

(5) 碳含量为 1.2%的钢为过共析钢,780 ℃加热淬火较合适,属正常的淬火加热温度范围(Ac_1 以上 30～50 ℃),少量未溶的 Fe_3C_{II} 可阻止 A 晶粒长大,有利于提高钢的硬度,淬火后的组织为细 M、粒状 Fe_3C 和少量残余 A。

25. **答** (1)淬火(830～860 ℃)+高温回火(500～650 ℃),回火索氏体;

(2) 淬火(800～830 ℃)+中温回火(480～550 ℃),回火托氏体;

(3) 淬火(770～810 ℃)+低温回火(180～200 ℃),回火马氏体。

26. **答** (1)前一热处理工序为球化退火,其作用是均匀细化组织,降低硬度,便于机加工。后一热处理工序为,淬火+低温回火,淬火是为了获得 M 组织,提高硬度和耐磨性,低温回火是为了获得回火马氏体组织,稳定组织和尺寸,消除内应力。

(2) 最终热处理:淬火(760～780 ℃)+低温回火(180～200 ℃)。

钻头在使用状态下的组织为:回火马氏体+碳化物+A′,硬度大约为 62 HRC。

27. **答** 45 钢:通过正火处理得到正火索氏体组织,通过调质处理获得回火索氏体组织。两者在性能上的差别为:尽管它们都是由 F 和 Fe_3C 组成的混合物,但正火索氏体中的 Fe_3C 呈片状,而回火索氏体中的 Fe_3C 呈粒状;在强度、硬度相同时,回火索氏体的塑性、韧度比正火索氏体的要好。45 钢通过调质处理后具有良好的综合力学性能,但调质处理的费用要比正火处理的高。

28. **答** (1) 表面淬火不改变材料的化学成分,仅改变材料表面的组织和性能。一般在表面淬火前先进行正火或调质处理,保证心部有良好的力学性能;表面淬火后需进行低温回火,以减少淬火应力和降低脆性。感应加热表面淬火目前主要用于中碳钢和中碳合金钢,要求淬硬层较薄的中小型零件,如齿轮、轴类等。火焰加热表面淬火只适用于单件、小批量生产或大型零件,例如大型齿轮、轴、轧辊等。

(2) 渗碳使碳原子渗入钢件表层，从而使钢件表层具有高的碳含量(0.85%～1%)。渗碳后再经淬火和低温回火，可使零件表面具有高的硬度和耐磨性，表面硬度达到58～64 HRC，而中心具有一定强度和韧度。此外，渗碳层中M比容大，在工件表面造成压应力，可提高工件表面的疲劳强度。机械中的许多零件，如传递功率的齿轮、凸轮轴和活塞销等，常采用渗碳来满足其性能要求。适合于渗碳的钢种的通常为低碳钢和低碳合金钢，如20钢、20Cr、20CrMnTi、12Cr2N14A、18Cr2Ni4WA等。

(3) 渗氮是将氮原子渗入工件表面，形成富氮层的热处理工艺。渗氮用钢通常为含C、Mo、Al等元素的合金钢，如38CrMoAl是一种典型的渗氮钢。合金钢渗氮的目的在于提高表面硬度、耐磨性、疲劳强度和耐蚀性等。渗氮前，预先调质处理为回火索氏体组织。与渗碳性能对比氮化处理：①渗氮层的化学稳定性高，与渗碳层相比，硬度、耐磨性高、耐蚀性也较高。渗氮1 000～1 100 HV相当于70 HRC，而渗碳58～64 HRC；②渗氮层的高硬度可以维持到500 ℃，而渗碳层硬度在200 ℃以上就明显下降，因此，渗氮可用于在较高温度下工作的高硬度、高耐磨性零件如气缸筒、阀门杆、齿轮等；③由于渗氮的加热温度较低，所以变形很小，渗氮后不再进行热处理。渗氮零件尺寸精度高，最适合于尺寸大而厚度薄的耐磨零件。不足之处：渗氮层脆性较大，当零件受到较大冲击力时，渗氮层易出现裂纹和剥落现象。渗氮常用在交变载荷下工作的各种结构零件，尤其是要求耐磨性和高精密度及在高温下工作的零件，如内燃机的曲轴、齿轮、量规、铸模、阀门等。

29. **答**　电炉加热为工件整体淬火处理，而高频感应加热为表面局部淬火处理，淬火加热温度都为Ac_3以上30～50 ℃(大约840 ℃)，使之奥氏体化。电炉加热工件经淬火后，获得M+A′组织，在经高温回火后获得回火索氏体组织，具有良好的综合力学性能；高频感应加热工件为其保证心部具有良好的力学性能，一般在表面淬火前先进行正火或调质处理，经表面淬火后，工件表层获得M+A′组织，还要进行低温回火，使工件表面获得回火马氏体+A′组织，减少淬火应力和降低脆性。

30. **答**　(1)表层组织为P+Fe_3C_{II}，心部组织为F+P。

(2) 表层组织为粗大回火马氏体+A′，心部组织为粗大低碳回火马氏体+A′。

(3) 表层组织为回火马氏体+Fe_3C+A′，心部组织为低碳回火马氏体+A′，相对于(2)工件的韧度好些且淬火内应力小，工件不易变形开裂。

(4) 表层组织为回火马氏体+Fe_3C+A′，心部组织为低碳回火马氏体+F+A′。

31. **答**　Ⅰ——M+A′；Ⅱ——M+回火索氏体(其中M逐渐减少，回火索氏体逐渐增多)；Ⅲ——回火索氏体+原始组织。

第4章的练习题及参考答案

4.1 练习题

一、填空题

1. 按钢中合金元素含量，可将合金钢分为(　　)、(　　)和(　　)三类(分别写出合金元素质量分数的取值范围)。

2. 常用合金元素中，碳化物形成元素有(　　)。

3. 常见的使奥氏体稳定化的元素有(　　)。

4. 促进晶粒长大的合金元素有(　　)。

5. 除(　　)和(　　)外，几乎所有的合金元素都使 M_s、M_f 点(　　)，因此淬火后相同碳含量的合金钢比碳钢的(　　)增多，使钢的硬度(　　)。

6. 热强钢主要包括(　　)、(　　)和(　　)。

7. 合金钢按用途主要可分为(　　)、(　　)和(　　)三大类合金钢。

8. 强烈阻止奥氏体晶粒长大的常见元素有(　　)等。

9. 常用合金元素中除(　　)外，其他的合金元素都使C曲线向(　　)移动，即使钢的临界冷却速度(　　)，淬透性(　　)。

10. 合金钢中最常用来提高淬透性的合金元素有(　　)等，其中作用最大的是(　　)。

11. 一些含有(　　)、(　　)、(　　)、(　　)元素的合金钢，容易产生第二类回火脆性。消除第二类回火脆性的方法是(　　)，(　　)。

12. 20CrMnTi是(　　)钢，Cr、Mn的作用是(　　)；Ti的作用是(　　)。热处理工艺是(　　)。

13. W18Cr4V是(　　)钢，碳含量是(　　)，W的主要作用是(　　)，Cr的主要作用是(　　)，V的主要作用是(　　)。热处理工艺是(　　)，最后的组织是(　　)。

14. 0Cr18Ni9Ti 是(　　),Cr、Ni 和 Ti 的作用分别是(　　)。

15. 金属材料中提高强度的方法有细晶强化、固溶强化、弥散强化、加工硬化,其实质都是增加了(　　)密度,从而有效地阻止位错运动。因而(　　)相变和(　　)转变是钢中最有效、最经济的综合强化手段。

16. 从合金化的角度出发,提高钢的耐蚀性的主要途径有:(　　);(　　);(　　)。

17. 钢的淬透性主要取决于(　　),钢的淬硬性主要取决于(　　)。

18. 拖拉机和坦克履带板受到严重的磨损及强烈的冲击,应选用(　　)钢,采用(　　)处理。

19. 白口铸铁中碳主要以(　　)的形式存在,灰铸铁中碳主要以(　　)形式存在。

20. 普通灰铸铁、可锻铸铁、球墨铸铁及蠕墨铸铁中石墨的形态分别为(　　)状、(　　)状、(　　)状和(　　)状。

21. 铸铁的基体主要有(　　)、(　　)、(　　)三种。

22. QT500-05 牌号中,QT 表示(　　),数字 500 表示(　　),数字 05 表示(　　)。

23. HT250 是(　　)铸铁,250 表示(　　)。

24. 灰铸铁的成分中,促进石墨化的元素有(　　)、(　　),阻碍石墨化的元素有(　　)、(　　)。

25. 铸铁的石墨化过程分为三个阶段,分别为(　　)、(　　)、(　　)。

26. 可锻铸铁件的生产方法是先(　　),然后再进行(　　)。

27. 生产孕育(变质)铸铁常选用(　　)作为孕育(变质)剂。

28. 生产球墨铸铁常选用(　　)作为球化剂。

29. 灰铸铁的力学性能主要取决于(　　)。

30. 机架和机床床身应选用(　　)铸铁。

31. 影响石墨化的主要因素有(　　)和(　　)。

32. 球墨铸铁的强度、塑性和韧度均较普通灰铸铁高,这主要是因为(　　)。

33. ZL110 是(　　)合金,其主要组成元素为(　　)。

34. HSn70—1 是(　　)合金,其含 Sn 量为(　　)%。

35. QA17 是(　　)合金,其主要组成元素为(　　)。

36. TC4 是(　　)型的(　　)合金。

二、选择题

1. 钢的淬透性主要取决于(　　)。

A. 碳含量　　B. 冷却介质　　C. 合金元素　　D. 加热温度

2. 钢的淬硬性主要取决于(　　)。

A. 碳含量　　B. 冷却介质　　C. 合金元素　　D. 加热温度

3. 要制造直径 25 mm 的螺栓，要求整个截面上具有良好的综合力学性能，应选用(　　)。

A. 45 钢经正火处理　　B. 60Si2Mn 钢经淬火和中温回火

C. 40Cr 钢经调质处理　　D. 20 钢渗碳淬火后低温回火

4. 制造钳工用锯条应当选用(　　)。

A. T12 钢经淬火和低温回火　　B. Cr12MoV 钢经淬火和低温回火

C. 65 钢淬火后中温回火　　D. 45 钢调质处理

5. 高速钢的红硬性取决于(　　)。

A. 马氏体的多少

B. 淬火加热时溶于奥氏体中的合金元素的量

C. 钢中的碳含量

D. 冷却介质

6. 汽车、拖拉机的齿轮要求表面高耐磨性，中心有良好的强韧度，应选用(　　)。

A. 20 钢渗碳淬火后低温回火

B. 40Cr 淬火后高温回火

C. 20CrMnTi 渗碳后淬火低温回火

D. ZGMn13 水韧处理

7. 下列钢种中，以球化退火作为预备热处理的钢种是(　　)。

A. 40Cr　　B. T12　　C. 16Mn　　D. GCr15

8. 60Si2Mn 钢的热处理工艺是(　　)。

A. 淬火和低温回火　　B. 淬火和中温回火

C. 再结晶退火　　D. 淬火和高温回火

9. 热锻模应选用(　　)。

A. Cr12MoV 淬火和低温回火　　B. 5CrNiMo 调质处理

C. 40Cr 调质处理　　D. 45 钢调质处理

10. GCr15 钢中 Cr 的平均含量为(　　)。

A. 15%　　B. 1.5%　　C. 0.15%　　D. 没有表示出来

11. 高速钢二次硬化属于(　　)。

A. 固溶强化　　B. 细晶强化　　C. 位错强化　　D. 第二相强化

12. 欲制一耐酸容器,选用的材料和相应的热处理工艺应为(　　)。

A. W18Cr4V,固溶处理　　B. 1Cr18Ni9,稳定化处理

C. 1Cr18Ni9Ti,固溶处理　　D. 1Cr17,固溶处理

13. 0Cr18Ni9 钢固溶处理的目的是(　　)。

A. 增加塑性　　B. 提高强度　　C. 提高耐蚀性　　D. 增加硬度

14. 下列钢中最易发生晶间腐蚀的是(　　)。

A. 00Cr18Ni9Ti　B. 1Cr18Ni9　　C. 1Cr18Ni9Ti　　D. 0Cr18Ni9Ti

15. 铸铁石墨化过程的第一、二、三阶段完全进行,其显微组织为(　　)。

A. F+G　　B. F+P+G　　C. P+G　　D. P+G+Fe_3C

16. 铸铁石墨化过程的第一、二阶段完全进行,第三阶段部分进行,其显微组织为(　　)。

A. F+G　　B. P+G　　C. F+P+G　　D. P+G+Fe_3C

17. 铸铁石墨化过程的第一、二阶段完全进行,第三阶段未进行,其显微组织为(　　)。

A. F+P+G　　B. P+G　　C. F+G　　D. P+G+Fe_3C

18. 提高灰铸铁的耐磨性应采用(　　)。

A. 整体淬火　　B. 渗碳处理　　C. 表面淬火　　D. 调质处理

19. 普通灰铸铁的力学性能主要取决于(　　)。

A. 基体组织　　B. 石墨的大小和分布

C. 石墨化程度　　D. 磷和硫的含量

20. 现有下列铸铁,请按用途选材:

A. HT200　　B. KTH350—10　C. QT600—03　　D. RuT380

①机床床身(　　)　　②汽车前后轮壳(　　)　　③柴油机曲轴(　　)

21. 灰铸铁磨床床身薄壁处出现白口组织,造成切削加工困难。解决的办法是(　　)。

A. 用球墨铸铁　B. 正火处理　　C. 软化退火　　D. 等温淬火

22. 在下列铸铁中可采用调质、等温淬火工艺方法以提高力学性能的是(　　)。

A. 灰铸铁　　B. 球墨铸铁　　C. 可锻铸铁　　D. 蠕墨铸铁

23. HMn58—2 中含 Mn 量为(　　)。

A. 0%　　B. 2%　　C. 58%　　D. 42%

24. ZChSnSb8—4 是(　　)。

A. 铸造铝合金　B. 铸造黄铜　　C. 铸造青铜　　D. 滑动轴承合金

25. 5A06(LF6)的(　　)。

A. 铸造性能好　B. 强度高　　C. 耐蚀性好　　D. 时效强化效果好

26. 对于可热处理强化的铝合金,其热处理方法为(　　)。

A. 淬火+低温回火　　　　　　B. 完全退火

C. 水韧处理　　　　　　　　D. 固溶+时效

三、判断题

1. 所有的合金元素都能提高钢的淬透性。(　　)

2. 调质钢的合金化主要是考虑提高其红硬性。(　　)

3. 合金元素对钢的强化效果主要是固溶强化。(　　)

4. T8 钢比 T12 和 40 钢有更好的淬透性和淬硬性。(　　)

5. 提高奥氏体不锈钢的强度,宜采用冷塑性变形予以强化。(　　)

6. 高速钢反复锻造是为了打碎鱼骨状共晶莱氏体,使其均匀分布于基体中。(　　)

7. T8 与 20MnVB 相比,淬硬性和淬透性都较低。(　　)

8. W18Cr4V 高速钢采用很高温度淬火,其目的是使合金碳化物尽可能多地溶入奥氏体中,从而提高钢的红硬性。(　　)

9. 奥氏体不锈钢的热处理工艺是淬火后稳定化处理。(　　)

10. 所有的合金元素均使 M_s、M_f 下降。(　　)

11. 20CrMnTi 与 1Cr18Ni9Ti 中的 Ti 都是起细化晶粒的作用。(　　)

12. 4Cr13 钢的耐蚀性不如 1Cr13 钢。(　　)

13. 铸铁可以经过热处理改变基体组织和石墨形态。(　　)

14. 可锻铸铁在高温时可以进行锻造加工。(　　)

15. 石墨化的第三阶段不易进行。(　　)

16. 可以通过球化退火使普通灰铸铁变成球墨铸铁。(　　)

17. 球墨铸铁可以通过调质处理和等温淬火工艺提高其力学性能。(　　)

18. 采用热处理方法,可以使灰铸铁中的片状石墨细化,从而提高其力学性能。(　　)

19. 铸铁可以通过再结晶退火使晶粒细化,从而提高其力学性能。(　　)

20. 灰铸铁的减振性能比钢的好。(　　)

21. 所有的铝合金都可以通过热处理予以强化。(　　)

22. 铅黄铜加铅是为了提高合金的切削加工性。 （　）

23. ZChSnSb8—4 是在软基体上分布硬颗粒的滑动轴承合金。 （　）

24. 若铝合金的晶粒粗大，可以重新加热予以细化。 （　）

四、综合分析题

1. 试述固溶强化、加工硬化和弥散强化的强化原理，并说明三者的区别。

2. 合金元素提高钢的回火稳定性的原因何在？

3. 什么是钢的回火脆性？下列几种钢中，哪种钢的回火脆性较严重，如何避免？

（45、40Cr、35SiMn、40CrNiMo）

4. 为什么说得到马氏体及随后进行回火处理是钢最有效且经济的强韧化方法？

5. 解释下列现象：

（1）在相同碳含量的情况下，除了含镍、锰的合金钢外，大多数合金钢的热处理温度都比碳钢高；

（2）碳含量相同时，含碳化物形成元素的合金钢比碳钢具有较高的回火稳定性；

（3）碳含量≥0.4%，含铬量 12%的铬钢属于过共析钢；而含碳 1.0%，含铬 12%的钢属于莱氏体钢；

（4）高速钢在热锻或热轧后，经空冷即可获得马氏体组织；

（5）在相同碳含量的情况下，合金钢的淬火变形和开裂现象不易产生；

（6）调质钢在回火后需快冷至室温；

（7）高速钢需高温淬火和多次回火。

6. 试从矿产资源情况分析我国合金结构钢的合金化方案的特点。

7. 为什么低合金高强钢用锰作为主要的合金元素？

8. 试述渗碳钢和调质钢的合金化及热处理特点。

9. 有两种高强螺栓，一种直径为 10 mm，另一种直径为 30 mm，都要求有较高的综合力学性能：$\sigma_b \geqslant 800$ MPa，$a_K \geqslant 25$ J/cm^2。试问，应选择什么材料及热处理工艺？

10. 为什么合金弹簧钢以硅为重要的合金元素？为什么要进行中温回火？

11. 轴承钢为什么要用铬钢？为什么对非金属夹杂限制特别严格？

12. 简述高速钢的化学成分、热处理特点和性能特点，并分析合金元素的作用。

13. W18Cr4V 钢的 Ac_1 约为 820 ℃，若以一般工具钢 Ac_1 +30～50 ℃的常规方法来确定其淬火加热温度，最终热处理后能否达到高速切削刀具所要求的性能？为什么？其实际淬火温度是多少？W18Cr4V 钢刀具在正常淬火后都要进行 560 ℃三次回火，这又是为什么？

14. 不锈钢的固溶处理与稳定化处理的目的各是什么？

15. 试分析 20CrMnTi 钢和 1Cr18Ni9Ti 钢中 Ti 的作用。

16. 试分析珠光体、马氏体和奥氏体耐热钢提高强度的主要手段。

17. 试分析合金元素 Cr 在 40Cr、GCr15、CrWMn、1Cr13、1Cr18Ni9Ti、4Cr9Si2 等钢中的作用。

18. 试就下列四个钢号：20CrMnTi、65、T8、40Cr 讨论如下问题：

(1) 在加热温度相同的情况下，比较其淬透性和淬硬性，并说明理由；

(2) 各种钢的用途，热处理工艺，最终的组织。

19. 指出表 3-4-1 各类钢中的合金元素的主要作用。

表 3-4-1　综合分析题 19

钢　号	元素	合金元素的主要作用	钢　号	元素	合金元素的主要作用
20CrMnTI	Ti		40CrNiMo	Mo	
GCr15	Cr		ZGMn13	Mn	
60Si2Mn	Si		1Cr18Ni9	Ni	
W18Cr4V	V		40MnB	B	

20. 20Cr 钢渗碳淬火后的零件，表层的金相组织为马氏体和网状渗碳体，心部为马氏体和大量块状铁素体，试问：

(1) 表层和心部的马氏体形态如何？

(2) 经过何种热处理才能得到这种组织？

21. 用 20CrMnTi 制造的齿轮，经渗碳、淬火低温回火后，进行磨削加工。磨完后发现表面有很多磨削裂纹。在检查渗碳层金相组织时，发现表面有一薄层白色的马氏体组织，次层为回火索氏体，试解释这一现象。

22. 吊环零件，原按进口图纸的要求，选材为 35 钢，正火后使用，吊环尺寸庞大，重达 296 kg，十分笨重。现改用低碳马氏体钢 20CrMn2MoVA，淬火、低温回火后使用，质量约为前者的三分之一，只有 98 kg，深受用户的欢迎。试从改进前后两种钢材热处理后的组织、性能分析大大减轻质量的原因。

23. 试述铸铁的石墨形态对性能的影响。

24. 某钢厂轧制用的轧辊，采用铸铁制造，根据轧辊的工作条件，表面要求高硬度，因而希望表层为白口铸铁，由于轧辊还承受很大的弯曲应力，要求材料具有足够的强度和韧度，故希望心部为灰铸铁，为了满足这些要求，铸铁的化学成分应如何选择？应采用什么方法铸造？

25. 生产中出现下列不正常现象，应采取什么有效措施加以防止或改善？

(1) 灰铸铁的磨床床身铸造后就进行切削加工，加工后发生了不允许的变形；

(2) 灰铸铁件薄壁处出现白口组织，造成切削加工困难。

26. 试比较各类铸铁之间性能的优劣顺序，与钢相比较铸铁性能有什么优缺点？

27. 白口铸铁、灰铸铁和碳钢的成分、组织和性能有何主要区别？

28. 为什么一般机器的支架、机床的床身常用灰铸铁制造？

29. 指出下列铸铁的类别、用途及性能的主要指标。

(1) HT250、HT350。

(2) QT420—10、QT1200—1。

30. 下列工件宜选择何种特殊性能的铸铁制造？

(1) 磨床导轨；(2)用于1 000～1 100 ℃加热炉的底板；(3)耐蚀容器。

31. 铝合金的性能有哪些主要特点？

32. 分析4%Cu的Al-Cu合金固溶处理与45钢淬火两种工艺的不同点及相同点。

33. 什么是硅铝明？为什么硅铝明具有良好的铸造性能？硅铝明采用变质处理的目的是什么？

34. ZL102铸态(未变质处理)、ZL102铸态(变质处理后)、H62退火状态、锡基巴氏合金ZChSnSbll—6铸态的组织各是什么？

35. 说出下列材料常用的强化方法：H70、45钢、HT150、0Cr18Ni9、2A12。

36. 说出下列材料的类别，各举一个应用实例：2A12、ZL102、ZChSnSbll—6、H62、QBe2。

例如：5A05，防锈铝合金，可制造油箱。

4.2 练习题参考答案

一、填空题

1. 低合金钢<5%　中合金钢5%～10%　高合金钢>10%

2. Ti、Zr、Nb、V、Mo、W、Cr、Mn、Fe

3. Ni、Mn、Cu

4. Mn、P

5. Co Al 降低 $A_{残}$ 降低

6. 珠光体耐热钢 马氏体耐热钢 奥氏体耐热钢

7. 合金结构钢 合金工具钢 特殊性能钢

8. Al、Ti、Nb、V

9. Co 右 减小 增大

10. Mn、Cr、Ni、Si、B B

11. Cr Si Mn Ni 回火后快速冷却，加入 Mo、W 等元素

12. 渗碳钢 提高淬透性 细化晶粒 渗碳＋淬火＋低温回火

13. 高速钢 0.7%～1.5% 保证红硬性 提高淬透性，耐磨性 细化晶粒，产生二次硬化，提高耐磨性 淬火＋三次高温回火 （高碳）回火马氏体＋（粒状）碳化物＋少量的残余奥氏体

14. 奥氏体不锈钢 Cr、Ni 提高耐蚀性、获得单相奥氏体，Ti 防止晶间腐蚀

15. 位错 马氏体 回火

16. 提高金属基体电极电位 形成单相组织 表面形成钝化膜

17. 合金元素 碳含量

18. 耐磨钢（ZGMn13） 固溶

19. Fe_3C 石墨

20. 片 团絮 球 蠕虫

21. P P＋F F

22. 球铁 $\sigma_b \geqslant 500$ MPa 延伸率 $\delta \geqslant 5\%$

23. 灰 最低抗拉强度 $\sigma_b \geqslant 250$ MPa

24. C Si S Mn

25. 从液相到共晶结晶阶段 从奥氏体中析出（从共晶转变到共析转变之间）阶段 共析转变阶段

26. 生产出白口铸铁件 石墨化退火

27. 含硅量 75%的硅铁

28. 镁或稀土镁合金

29. 基体组织、石墨大小与分布

30. 灰

31. 化学成分 冷却速度

32. 球状石墨对基体的割裂作用小、应力集中作用小

33. 特殊铝硅铸造 铝、硅、铜

34. 锡黄铜 1

35. 铝青铜 铜、铝

36. α+β 钛

二、选择题

1. C	2. A	3. C	4. A	5. B
6. A,C	7. B,D	8. B	9. B	10. B
11. D	12. C	13. C	14. B	15. A
16. C	17. B	18. C	19. A,B	20. ①A,②B,③C
21. C	22. B	23. B	24. D	25. C
26. D				

三、判断题

1. ×	2. ×	3. ×	4. ×	5. √
6. √	7. ×	8. √	9. ×	10. ×
11. ×	12. √	13. ×	14. ×	15. √
16. ×	17. √	18. ×	19. ×	20. √
21. ×	22. ×	23. √	24. ×	

四、综合分析题

1. 答　固溶强化:通过溶质原子溶入溶剂晶格中,使晶格发生畸变,畸变的晶格阻碍位错的运动,提高塑性变形抗力。

加工硬化:通过塑性变形产生的大量位错,位错之间的交互作用阻碍位错的运动,使基体的变形抗力提高,以此来提高材料的强度。

弥散强化:通过大量第二相质点的析出均匀分布在基体上,对位错起钉扎作用,阻碍位错的移动,使基体的变形抗力提高,从而提高材料的强度。

它们之间的区别:固溶强化是靠加入合金元素引起材料内部结构发生晶格畸变而阻碍位错的运动;加工硬化是在外力作用下造成材料内部组织中出现大量位错,产生位错间的交互作用而阻碍位错的运动;弥散强化是通过材料内各组分在制造、处理等过程中所形成的细小的第二相质点在基体上均匀分布对位错起钉扎作用,从而阻碍位错的移动。

2. **答** 回火稳定性是指钢对回火时发生软化过程的抵抗能力。由于合金元素尤其是强碳化物形成元素能使铁、碳原子扩散速度减慢，使淬火钢回火加热时马氏体不易分解，析出的碳化物也不易聚集长大，保持一种较细小、分散的组织状态，从而使钢的硬度随回火温度的升高而下降的程度减弱。

3. **答** 钢的回火脆性：指淬火钢在某些温度范围内回火时，冲击韧度下降的现象。含Cr、Ni、Si、Mn元素多的钢易出现回火脆性。钢中若含有W、Mo等合金元素，在回火时有抑制脆性的作用。35SiMn钢的回火脆性较严重，可以在回火的冷却过程中采取快速冷却的方法避免。

4. **答** 因为得到马氏体及随后的回火处理综合了几种金属强化的原理：钢淬火后形成的马氏体溶有过饱和的碳和合金元素，产生很强的固溶强化效应；马氏体形成时产生高密度位错，位错强化效应很大；奥氏体转变为马氏体时，形成许多极细小的、取向不同的马氏体束，产生细晶强化效应；淬火后回火，马氏体中析出细碳化物粒子，间隙固溶强化效应大大减小，但产生强烈的析出强化效应。由此可知，马氏体强化充分且合理地利用了上述四种强化机制，是钢最有效的强化方法。

钢淬火工艺简单、操作便捷、成本低。但马氏体形成过程中会产生较大的应力，同时马氏体碳含量较高时的脆性大，通过回火可以消除应力、降低脆性，保证马氏体具有较高的硬度和强度；另外，控制回火温度可使马氏体很容易地向不同类型的组织转变，从而得到不同要求的力学性能；故马氏体及随后的回火处理是钢最有效且经济的强韧化方法。

5. **答** (1) Ni是非碳化物形成元素，能增加碳的扩散速度，加速奥氏体的形成，Mn是促进奥氏体长大的元素，也有利于奥氏体化过程的进行。其他元素一方面降低碳的扩散速度，另一方面，有些元素还抑制奥氏体的形成，阻碍奥氏体的长大，因此，对碳含量相同的合金钢而言，其热处理的温度要比碳钢的高。

(2) 大多数合金元素能使铁、碳原子的扩散速度减慢，使马氏体的分解不易进行，组织的转变向高温推迟；除此之外，含碳化物形成元素的合金钢在回火过程中，析出的碳化物又不易聚集长大，呈分散、细小状态存在，使回火后钢的硬度下降的程度减小，回火稳定性提高。

(3) 由于Cr使$Fe\text{-}Fe_3C$相图上的S点（共析点）和E点向左移动的结果，使碳含量≥0.4%，含铬12%的铬钢属于过共析钢；而含碳1.0%，含铬12%的钢属于莱氏体钢。

(4) 因高速钢中含有较多的Cr、W、V等碳化物形成元素，提高了奥氏体的稳定性，使高速钢的C曲线明显向右移动，淬火的临界冷却速度降低很多，而热锻或热轧后的空冷的冷却速度也比高速钢的临界冷却速度大，因此，高速钢在热锻或热轧后，经空冷就获得了马氏体组织。

(5) 因合金钢的淬火临界冷却速度比碳钢的临界冷却速度小，淬火时可以采用冷却速度较慢的介质进行淬火冷却，这样，减轻了淬火的急冷作用，减小了工件淬火应力和脆性。所以在相同碳含量下，合金钢的淬火变形和开裂现象小易产生。

(6) 快冷主要是为了避免出现第二类回火脆性的产生。

(7) 因为高速钢中含有较多的强碳化物形成元素 W、V，只有在较高温度下这些稳定的碳化物才能较多地溶入奥氏体中，提高奥氏体的稳定性、淬透性和二次硬化的效果，保证高速钢的红硬性。也因为高速钢中含有较多的合金元素，使 M_s 和 M_f 很低，淬火后保留了大量残余奥氏体；第一次回火的目的是对淬火得到的 M 进行回火，并使大量残余奥氏体析出弥散碳化物，提高了 M_s，使残余奥氏体在回火冷却过程中部分转变成马氏体；第二次回火和第三次回火是对前次回火时得到的马氏体进行回火，并使马氏体析出弥散的碳化物，使钢的硬度和强度明显提高。

6. **答** 我国的镍、钨等元素的矿产资源相对稀缺，而硅、锰、铝等元素的矿产资源较多。故在保证钢的性能要求的情况下，我国合金结构钢大多选择锰、硅、铬等元素作为合金化元素。

7. **答** 因为低合金高强度钢含碳低，钢中形成的碳化物较少，主要靠合金元素的固溶强化来提高钢的强度；由于锰的固溶强化效果显著，既能保证钢的强度要求，又能满足钢的塑性和韧度要求，同时也能节省贵重的镍和铬等元素。

8. **答** 渗碳钢要满足表面高硬度、高耐磨，因此要求钢中含有碳化物形成元素，同时由于渗碳温度高，还加入防止奥氏体晶粒粗化的元素(如 V、Ti 等)，另外含有提高基体淬透性、强度和韧度的元素(如 Ni、Si 等)，为保证渗碳，渗碳钢碳含量为低碳。热处理工艺为渗碳＋淬火＋低温回火。

调质钢的碳含量为中碳(0.3%～0.5%)，以保证强度、塑性和韧度的匹配，主要合金元素包括提高淬透性的元素(如 Ni、Si、Mn、Cr 等)，还有细化晶粒、抑制高温回火脆性的元素(如 Mo、W 等)。热处理工艺为淬火＋高温回火(即调质)。

9. **答** 对直径为 10 mm 的螺栓，选择 40Cr 钢经调质处理；而直径为 30 mm的螺栓，因为尺寸较大，要求材料的淬透性高，因此选择 35CrMo 经调质处理。

10. **答** 因为硅能提高钢的淬透性，又能使钢淬火后经中温回火得到的回火托氏体得以强化。弹簧应具有高的弹性极限、屈服强度，较高的疲劳强度和足够的塑性、韧度，弹簧钢淬火后经中温回火所得到的回火托氏体能满足性能要求。

11. **答** 因为铬能提高钢的淬透性，使钢淬火及回火后整个截面 P 的组织较均匀，且铬存在于渗碳体中，形成合金渗碳体，不仅使渗碳体细小，分布均匀，而且可增大渗碳体的稳定性，使淬火加热时奥氏体晶粒不易长大，同时溶入奥氏体的铬也能提高马氏体的回火稳定性，使钢在热处理后具有较高的硬度、强度和耐磨性。

由于轴承钢的接触疲劳性能对钢材料的微小缺陷十分敏感，所以非金属夹杂对轴承钢的使用寿命影响很大，因此，对非金属夹杂限制特别严格。

12. **答** 高速钢中碳的质量分数在 0.75%～1.5%，碳在淬火加热时可以溶入基体相中，提高了基体中碳的浓度，这样，既可提高钢的淬透性，也可获得高碳马氏体，进而提高了硬度；高速钢中的碳还可以与合金元素 W、Mo、Cr、V 等形成合金碳化物，以提高硬度、耐磨性和红硬性。高速钢中碳含量必须与合金元素含量相匹配，过高或过低都对其性能有不利影响。

W 和 Mo 是形成高速钢红硬性的主要合金元素。在 18-4-1 高速钢中，退火状态时，W 以 W_6C 形式存在。在淬火加热时，一部分 W_6C 碳化物溶入奥氏体，淬火后存在于马氏体中，W 原子与 C 原子结合力较强，能提高回火马氏体的分解温度；W 的原子半径大，增加 Fe 原子的自扩散激活能，能使高速钢中的马氏体加热到 600～625 ℃附近时还比较稳定。在回火过程中，有一部分以 W_2C 的形式弥散析出，引起二次硬化；在淬火加热时未溶解的 W_6C 碳化物能阻止高温下奥氏体晶粒长大。由此可见，W 含量的增加可提高钢的红硬性并减小过热敏感性；但 W 的含量过高，钢中碳化物的不均匀性增加，降低钢的热导率，为此通常用 Mo 代替部分 W 或适当增加 V 的含量。Mo 在高速钢中的作用与 W 相似，两者红硬性相近。

V 在高速钢中的作用是能显著提高钢的红硬性、硬度和耐磨性，同时 V 还能细化晶粒，降低钢的过热敏感性。例如在 18-4-1 钢中，V 大都存在于 M_6C 化合物中，当 V 含量大于 2%时，可形成 VC，M_6C 中的 V 在加热时部分溶于奥氏体，淬火后存在于马氏体中，增加了马氏体的同火稳定性，从而提高了钢的红硬性，在回火时以细小的 VC 析出，产生弥散硬化。VC 的硬度高，能提高钢的耐磨性，但给磨削加工造成困难。Cr 主要也存在于 M_6C 中，使 M_6C 的稳定性下降，同时一部分 Cr 还形成 $Cr_{23}C_6$，它的稳定性更低，所以淬火加热时，几乎全部溶于奥氏体中，从而增加钢的淬透性。此外，Cr 还能使高速钢在切削过程中的抗氧化作用增强，利用 Cr 氧化膜的致密性防止粘刀，降低磨损。

热处理特点：高温淬火＋多次回火，即淬火加热温度高（约 1 280 ℃），回火次数多。

性能特点：具有高的硬度、耐磨性及红硬性。

13. **答** 不能，因为只有在较高温度下加热，稳定的碳化物才能溶入奥氏体中，达到提高淬透性，并提高二次硬化的效果。

实际淬火温度为1 280 ℃；淬火后560 ℃三次回火的原因是：淬火后高速钢中存在着较多的残余奥氏体，这样钢的硬度并不高。第一次回火的目的是对淬火得到的M进行回火，并使大量残余奥氏体析出弥散碳化物，提高M_s使残余奥氏体在回火冷却过程中转变成马氏体，但也有一部分残余奥氏体未转变为马氏体；第二次回火和第三次回火是对前次回火时得到的马氏体进行回火，并使残留的残余奥氏体发生马氏体转变及马氏体析出弥散的碳化物，使钢的硬度和强度明显提高。

14. **答** 固溶处理目的：使碳化物溶入奥氏体中，以获得单相奥氏体组织，使其具有良好的耐蚀性。

稳定化处理的目的：使$Cr_{23}C_6$充分溶解，使TiC或NbC充分形成，提高钢抗晶间腐蚀。

15. **答** 30CrMnTi钢中Ti的主要作用是细化晶粒；1Cr18Ni9Ti钢中Ti的主要作用是使钢中的碳稳定，以提高钢抗晶间腐蚀的能力。

16. **答** 珠光体耐热钢的强化主要靠固溶强化和细晶强化；马氏体耐热钢强化主要是固溶强化、细晶强化和碳化物沉淀强化；奥氏体耐热钢提高强度的主要手段是变形强化。

17. **答** 40Cr、GCr15、CrWMn、4Cr9Si2钢中的Cr主要是提高淬透性，强化基体，形成碳化物，以提高钢的强硬度；1Cr13、1Cr18Ni9Ti钢中的Cr主要是提高钢的耐蚀性。

18. **答** (1)在加热温度相同的情况下，淬透性由高到低为20CrMnTi、40Cr、T8、65；因钢的淬透性在很大程度上由钢中所加合金元素的种类和含量决定。

淬硬性由大到小为T8、65、40Cr、20CrMnTi，钢的淬硬性由碳含量决定。

(2) 20CrMnTi为渗碳钢，用于既要求强韧度又要求表面耐磨的重要零件，如汽车变速齿轮、轴类等；渗碳＋淬火＋低温回火；其组织：表面为高碳回火马氏体＋粒状碳化物＋少量A′，心部为低碳回火马氏体或低碳回火马氏体＋托氏体。

T8为碳素工具钢，主要用于各类五金工具；淬火＋低温回火；其组织：高碳回火马氏体＋粒状碳化物＋少量A′。

65为弹簧钢，主要用于各类冷卷小型弹簧；去应力退火；其组织：P＋F。

40Cr为调质钢，主要用于各类要求综合力学性能好的轴类零件；淬火＋高温回火(调质);其组织:$S_{回}$。

19. **答** 综合分析题19答案如表3-4-2所示。

表3-4-2 综合分析题19答案

钢 号	元素	合金元素的主要作用	钢 号	元素	合金元素的主要作用
20CrMnTi	Ti	细化晶粒	40CrNiMo	Mo	抑制回火脆性
GCr15	Cr	提高淬透性	ZGMn13	Mn	形成单相A体组织
60Si2Mn	Si	提高淬透性、固溶强化	1Cr18Ni9	Ni	获得奥氏体组织、提高耐蚀性
W18Cr4V	V	细化晶粒、二次硬化	40MnB	B	提高淬透性

20. **答** (1)表层的马氏体形态为片状(高碳),心部马氏体形态为板条状(低碳)。

(2)渗碳后缓冷至A_1以上某一温度淬火,随后油冷即淬火。

21. **答** 可能是磨削时的冷却润滑不好,磨削摩擦热使表层产生中或高温回火,导致组织发生相变的结果。

22. **答** 35钢正火组织为索氏体+铁素体,强度不高,只有增大吊环截面才能保证强度要求,所以尺寸较庞大。现改用低碳马氏体钢20CrMn2MoVA,淬火+低温回火后使用,组织为综合性能好的低碳马氏体且强度高,所以,吊环零件的质量较前减轻了两倍。

23. **答** 当铸铁中的石墨形态呈片状时,相当于在钢的基体上嵌入了大量的石墨,即相当于钢的基体上存在很多裂纹,由于石墨的强度、塑性和韧度极低,加之石墨形态呈片状时易在石墨片的边缘产生应力集中,因而铸铁的力学性能较差,尤其是塑韧度。

当铸铁中的石墨呈球状时,球状石墨对钢基体的割裂作用和应力集中大大减少,力学性能有较大的提高。

当铸铁中的石墨呈团絮状时,团絮状石墨对基体的割裂作用和应力集中现象减小,力学性能比灰铸铁好。

24. **答** 选用灰铸铁的化学成分,对轧辊表层采用快速冷却的方法铸造,使轧辊表层组织为白口铁,达到表面高硬度要求,而心部因冷却速度慢,也可得到灰铸铁,因而具有足够的强度和减振性。

25. **答** (1)原因是床身在铸造过程产生铸造内应力,在未进行去应力退火就机加工,机加工后床身的铸造内应力重新分布而导致出现不允许的变形;应通过消除应力的退火或自然时效后再进行机加工。

(2)这是由于铸件薄壁处的冷却速度快造成的;在铸造生产中采取使薄壁处冷却速度减慢的铸造工艺措施,如提高薄壁处铸型的温度、减缓薄壁处的散热等，对已出现白口组织的铸件进行高温石墨化退火处理。

26. **答** 常用的铸铁是灰铸铁、球墨铸铁、可锻铸铁。灰铸铁的强度低、塑性和韧度差。球墨铸铁和可锻铸铁的强度比灰铸铁的高，有一定的塑性和韧度，但铸造性能不如灰铸铁，生产工艺上可锻铸铁最复杂。从性能上优劣顺序为球墨铸铁、可锻铸铁、灰铸铁。钢的强度、塑性和韧度总的来说要高于铸铁，但减振性、缺口敏感性、铸造性能、机加工性能等远不如铸铁。

27. **答** 钢铁都属铁-碳合金，成分上铸铁的碳含量较高(2.5%～4.0%)，P、S 含量也较高，而碳钢中碳含量一般小于1.3%且 P、S 含量较低。

白口铸铁的组织为钢的基体＋渗碳体，性硬而脆，强度低；灰铸铁组织为钢的基体＋片状石墨，强度低，塑性、韧度差，但其缺口敏感性低、减振、铸造性能和机加工性能优良。

碳钢的组织有 F＋P，P，P＋Fe_3C，性能随碳含量的增加出现强度、硬度增大，塑性、韧度降低。

28. **答** 因为灰铸铁的抗压强度与钢相当，由于石墨的存在，灰铸铁能够吸收振动，具有良好的消振性，缺口敏感性低，同时，它的铸造性能优良和机加工性能好，加之机器的支架、机床的床身通常都有较复杂的内腔，易选择铸造生产，所以一般机器的支架、机床的床身常用灰铸铁制造。

29. **答** (1)HT250、HT350 均为灰铸铁，最小抗拉强度分别为 250 MPa、350 MPa，HT250 可以制作承受较大载荷或较为重要的零件，如活塞、齿轮、机床床身等，HT350 可以制作大型发动机曲轴、机架等。

(2) QT420—10、QT1200—1 均为球墨铸铁，最小抗拉强度分别为 420 MPa、1 200 MPa，延伸率分别为 10%、1%；QT420—10 可用于泵、壳体零件等，QT1200—1 可制作强度要求较高的曲轴、凸轮、高速重负荷零件等。

30. **答** (1)磨床导轨宜选择灰铸铁；(2)用于 1 000～1 100 ℃加热炉的底板宜选择耐热铸铁；(3)耐蚀容器宜选择耐蚀铸铁。

31. **答** (1)密度小，比强度高；(2)导热导电性好，抗大气腐蚀能力较强；(3)易冷成形、易切削，铸造性能较好，有些铝合金可通过热处理进行强化。

32. **答** 4%Cu 的 Al-Cu 合金固溶处理是将该合金加热到单相 α 组织，加热时无相变发生，然后快冷(如水冷)，目的是为了将高温时的单相组织保留到室温，冷却时也无相变发生；而 45 钢的淬火是将 45 钢加热到 840 ℃左右，获得单相 A 组织，加热时发生了相变，然后快冷(如水冷)，目的是为了获得马氏体组织，冷却时也发生了相变。两者的工艺过程相似，但目的和实质不同。

33. **答** 硅铝明是指铸造硅铝合金。因其硅含量在 10%～13%，铸造后几乎全部得到共晶组织，结晶温度范围窄，熔点较低，合金在液态时的流动性好，因此铸造性能好。

硅铝明采用变质处理的目的主要是细化针状硅晶体晶粒，这样可以提高硅铝明的强度。

34. **答** 未变质处理的ZL102铸态组织为粗大针状Si晶体＋共晶体(Si＋α)；变质处理后ZL102的铸态组织为细小共晶体(Si＋α)＋α；H62退火状态组织为α＋β双相组织；锡基巴氏合金ZChSnSbll—6铸态的组织是$\alpha+\beta'+Cu_6Sn_5$。

35. **答** H70和0Cr18Ni9采用变形强化；45钢采用淬火＋回火；2A12采用固溶＋时效；HT150采用孕育处理。

36. **答** 2A12——硬铝，飞机蒙皮；ZL102——铸造硅铝合金，轿车发动机气缸体；H62——黄铜，螺钉、散热器；ZChSnSbll—6——锡基轴承合金(巴氏合金)，滑动轴承；QBe2——铍青铜，仪表齿轮。

第5章的练习题及参考答案

5.1 练习题

一、填空题

1. 线型无定形高聚物的三种物理力学状态为(　　)、(　　)、(　　)。

2. 在高分子材料中,大分子链中原子之间的结合键是(　　),而大分子链之间的结合键是(　　)。

3. 橡胶在液氮温度(−170 ℃)呈现(　　)的物理状态。

4. 塑料按合成树脂的特性可分为(　　)和(　　),按照用途可分为(　　)和(　　)。

5. 陶瓷材料中存在(　　)、(　　)和(　　)三种基本相;其中对性能影响最大的是(　　)相。

6. 根据合成方法的不同,聚乙烯可分为(　　)、(　　)、(　　)和(　　)四种。

7. 四大通用塑料是(　　)、(　　)、(　　)和(　　)。

8. 陶瓷材料大致可分为(　　)、(　　)和(　　)。

9. 复合材料的增强材料主要是纤维,最常用的纤维为(　　),另外还有(　　)、(　　)等。

10. 复合材料按基体材料分类可分为(　　)、(　　)和(　　)。

11. 复合材料一般由(　　)相和(　　)相组成。影响复合材料性能的因素很多,主要有(　　)材料的性能、含量及分布情况,(　　)材料的性能、含量,以及它们之间的界面结合情况。

12. 复合材料中基体有三种主要作用:(　　)、(　　)和(　　)。

13. 颗粒复合材料中增强相和基体相的作用分别为(　　)和(　　);颗粒

复合材料的强度通常取决于颗粒的(　　)、(　　)和(　　)。

二、选择题

1. 用来合成高聚物的低分子化合物称为(　　)。

A. 链节　B. 单体　C. 链段　D. 单分子

2. 塑料制品的玻璃化温度(　　)为好，橡胶制品的玻璃化温度(　　)为好。

A. 低，高　B. 高，低　C. 高，高　D. 低，低

3. 聚氯乙烯是一种(　　)。

A. 热固性塑料，可制作化工排污管道

B. 热塑性塑料，可制作导线外皮等绝缘材料

C. 合成橡胶，可制作轮胎

D. 热塑性塑料，可制作地膜、包装袋等材料

4. 陶瓷材料的弹性模量一般比低碳钢的(　　)，而弹性变形量比低碳钢的(　　)。

A. 小，大　B. 大，小　C. 大，大　D. 小，小

5. Al_2O_3陶瓷材料可制作(　　)。

A. 瓷瓶　B. 坩埚　C. 刀具　D. 耐火砖

6. 下列塑料中密度最小的是(　　)。

A. 聚乙烯　B. 聚丙烯　C. 聚氯乙烯　D. 聚丙乙烯

7. 橡胶的弹性极高，其弹性变形量可达(　　)。

A. 30%　B. 80%　C. 100%　D. 100%～1 000%

8. 下列属于热固性塑料的有(　　)。

A. PA　B. PP　C. 环氧树脂　D. PV

9. 下列适合做油箱的密封垫圈的是(　　)。

A. 丁苯橡胶　B. 丁腈橡胶　C. 氯丁橡胶　D. 天然橡胶

10. 颗粒增强复合材料中，颗粒直径(　　)时增强效果最好。

A. $<0.01\ \mu m$　B. 为$0.01\sim0.1\ \mu m$

C. 为$0.1\sim0.5\ \mu m$　D. $>0.5\ \mu m$

三、判断题

1. 聚合物由单体组成，聚合物的成分就是单体的成分。(　　)

2. 分子量大于500的化合物称为高分子化合物。(　　)

3. 合成大分子链的最小的基本结构单元称为单体。(　　)

4. 高分子材料按其结构可分为塑料、橡胶、纤维、涂料、胶黏剂等。（　　）

5. 橡胶材料的玻璃化温度高于室温。（　　）

6. 陶瓷材料中有晶体相、固溶体相和气相共存。（　　）

7. 高聚物的结晶度增加，与链运动有关的性能，如弹性、延伸率等则提高。（　　）

8. 凡在室温下处于玻璃态的高聚物就称为塑料。（　　）

9. 聚四氟乙烯的摩擦系数很小，在无润滑或少润滑的工作条件下是极好的耐磨减摩材料。（　　）

10. 高分子的一次结构主要指化学结构，除非化学键遭到破坏，一般这种结构形态不会改变。（　　）

11. 玻璃钢是玻璃和钢组成的复合材料。（　　）

12. 纤维和基体之间的结合强度越高越好。（　　）

13. 纤维增强复合材料中，纤维直径越小，增强效果越明显。（　　）

14. 复合材料中，通常有一相为连续相，称为基体，另一相为分散相，称为增强材料。（　　）

四、简答题

1. 聚合物的近程结构主要影响材料的哪些性能？

2. 高分子的构型与构象有何不同？

3. 与低分子化合物相比，聚合物在结构上有哪些主要特征？

4. 陶瓷性能的主要缺点是什么？分析其原因，并指出改进方法。

5. 塑料的主要成分都是什么？它们各起什么作用？

6. 下列材料中哪些具有各向异性，哪些没有各向异性？

单晶体纯铁、多晶体铜、玻璃、结晶性塑料、经拉伸后的高聚物纤维（形变量为400%）。

7. ABS塑料是由哪些单体合成的？这些单体带给ABS塑料哪些优良的性能？

8. 复合材料有哪些特点？

9. 复合材料有哪些优越的性能？

10. 试叙述树脂基、金属基、陶瓷基三种基体的纤维增强复合材料的性能特点及用途。

5.2 练习题参考答案

一、填空题

1. 玻璃态　高弹态　黏流态
2. 共价键　分子键
3. 玻璃态
4. 热塑性塑料　热固性塑料　通用塑料　工程塑料
5. 晶体相　玻璃相　气相　晶体
6. 高密度聚乙烯　低密度聚乙烯　超高分子量聚乙烯　线性低密度聚乙烯
7. 聚乙烯　聚丙烯　聚氯乙烯　聚苯乙烯
8. 玻璃　玻璃陶瓷　工程陶瓷
9. 玻璃纤维　碳纤维　芳纶纤维
10. 聚合物基复合材料　金属基复合材料　无机非金属基复合材料
11. 基体相　增强相　增强－基体
12. 把纤维黏结在一起　分配纤维间的载荷　保护纤维不受环境的影响
13. 承载作用　传递载荷以便于加工　直径　间距比　体积比

二、选择题

1. B	2. B	3. B	4. B	5. B,C,D
6. B	7. D	8. C	9. B	10. B

三、判断题

1. ×	2. ×	3. ×	4. ×	5. ×
6. ×	7. ×	8. ×	9. √	10. √
11. ×	12. ×	13. √	14. √	

四、简答题

1. 答　聚合物的近程结构主要影响分子链的柔性与结晶性，若其近程结构有利于材料的结晶，则材料的刚性提高，力学性能和耐热性能得以改善。

2. **答**　高分子链的构型是指分子中由化学键所固定的原子在空间的几何排列。要改变构型必须经过化学键的断裂和重组；而高分子链的构象是指由于单键内旋转而产生的分子中原子在空间位置上的变化即结构异构体。

3. **答**　聚合物分子量很大，一般为小分子的上千倍乃至上万倍；聚合物一般是化学组成相同而结构和分子量各不相同的同系混合物，而小分子化合物是组成相同、分子量也相等的化合物；聚合物分子链形状为长链（交联聚合物的长链间有化学键连接成网状），小分子不存在这种长链结构。

4. **答**　陶瓷材料最突出的弱点是塑性和韧度很低，这是因为大多数陶瓷材料的晶体结构复杂，滑移系少，位错生成能高，而且位错的可动性差。提高陶瓷材料强度和韧度的途径主要有：

(1) 制造微晶、高密度、高纯度的陶瓷，消除缺陷，提高晶体的完整性；

(2) 在陶瓷表面引入压应力，可提高材料的强度；

(3) 消除表面缺陷；

(4) 复合强化，如采用碳纤维制成纤维/陶瓷复合材料，可有效提高材料的强韧度；

(5) ZrO_2增韧。

5. **答**　塑料是以天然或合成聚合物为基本成分，并配以一定的高分子助剂如填料、增塑剂、稳定剂、着色剂等经加工而成。主要成分除了聚合物以外，还有以下几种：

(1) 稳定剂　减缓或防止在加工或使用过程中的性能变化，如热稳定剂、光稳定剂、抗氧剂和防霉剂等；

(2) 提高力学性能的助剂　如增强材料、填料等；

(3) 改善加工性能的助剂　如增塑剂、润滑剂等；

(4) 改善表面性能的助剂　如润滑剂、偶联剂、抗静电剂等；

(5) 其他　如阻燃剂（阻燃作用）、发泡剂（发泡的作用，制发泡材料）、着色剂（着色作用）等。

6. **答**　有各向异性的是单晶体纯铁，结晶性塑料，拉伸后的高聚物纤维。没有各向异性的是多晶体铜及玻璃。

7. **答**　ABS塑料是由丙烯腈、丁二烯、苯乙烯三种单体合成的。其中，丙烯腈提供材料的耐化学性及高的表面硬度；丁二烯提供塑料的弹性和韧度；苯乙烯则赋予ABS良好的刚性和加工性。

8. **答**　复合材料是由多相材料复合而成，其共同的特点是：可综合发挥各种组成材料的优点，使一种材料具有多种性能，具有天然材料所没有的性能。

例如，玻璃纤维增强环氧基复合材料，既具有类似钢材的强度，又具有塑料的介电性和耐蚀性；可按对材料性能的需要进行材料的设计和制造；可制成所需的任意形状的产品，避免多次加工工序，例如，可避免金属产品的铸模、切削、磨光等工序。

9. **答** 复合材料比其组成材料的性能更为优越；具有高比强度和比模量；很好的抗疲劳和抗断裂性能；在高温下保持很高的强度，具有优越的耐高温性能；并有良好的减摩耐磨性和较强的减振能力。

10. **答** 树脂基复合材料的性能特点主要是：(1)比强度、比模量大；(2)耐疲劳性能好；减振性能好；过载时安全性好；具有多功能性；有很好的加工工艺性。

金属基复合材料的主要特点是：高比强度、高比模量；导电导热性能良好，良好的导热性对于制造尺寸稳定性要求高的构件和高集成度的电子器件尤为重要；良好的导电性可以防止飞行器构件产生静电聚集的问题；热膨胀系数小，尺寸稳定性好；良好的高温性能；耐磨性好；良好的耐疲劳性能和断裂韧度；小吸潮、不老化、气密性好。这些优异的综合性能，使金属基复合材料在航天、航空、电子、汽车、先进武器系统中均具有广泛的应用前景，对装备性能的提高将发挥巨大作用。

陶瓷基复合材料强度高、硬度大、耐高温、抗氧化，高温下抗磨损性能好、耐化学腐蚀性优良，热膨胀系数和密度小，这些优异的性能是一般金属材料、高分子材料及其复合材料所不具备的。

第6章的练习题及参考答案

6.1 练习题

一、填空题

1. 零件失效形式的三种基本类型是(　　)、(　　)、(　　)。

2. 机器零件选材的基本原则是(　　)、(　　)、(　　)、(　　)。

3. 弹性失稳失效的选材指标为(　　),过量塑性变形失效的选材指标为(　　),快速断裂失效的选材指标为(　　)。

4. 尺寸较大(分度圆直径 $d>400\sim600$ mm)、形状较复杂而不能锻造的齿轮可用(　　)制造;在无润滑条件下工作的低速无冲击齿轮可用(　　)制造;要求表面硬度高、心部强韧的重载齿轮必须用(　　)制造。

5. 对承载不大、要求传递精度较高的机床齿轮,通常选用(　　)材料经(　　)热处理制作。而对要求表面高硬度、耐磨性好,心部强、韧度高的重载齿轮,则通常选用(　　)材料经(　　)热处理制作。

6. 汽轮机水冷壁管(爆管失效)用(　　)制造;汽车发动机连杆(过量变形或断裂失效)用(　　)制造;燃气轮机叶片(蠕变失效)用(　　)制造。

7. 连杆螺栓工作条件繁重,要求较高的强度和较高的冲击韧度,应选用(　　)材料。

8. 木工刀具应选(　　)材料,进行(　　)热处理。

二、选择题

1. 弹性失稳属于(　　)失效,热疲劳属于(　　)失效,接触疲劳属于(　　)失效,应力腐蚀属于(　　)失效,蠕变属于(　　)失效。

A. 变形类型　　　　B. 断裂类型

C. 表面损伤类型　　　　　　　　D. 腐蚀类型

2. 某化肥厂由国外进口的 30 万吨氨合成塔，在吊装时吊耳与塔体连接的 12 个螺栓全部突然断裂。经检验，螺栓材料为与热轧 20 钢相近的碳钢，强度不高。显然，事故是由(　　)引起的，原因乃(　　)错误。

A. 塑性断裂　　B. 脆性断裂　　C. 选材　　D. 热处理

3. C618 机床变速箱齿轮工作转速较高，性能要求：齿的表面硬度 50～56 HRC，齿心部硬度 22～25 HRC，整体强度 $\sigma_b = 760 \sim 800$ MPa，整体韧度 $a_K = 40 \sim 60$ J/cm^2。应选(　　)钢并进行(　　)处理。

A. 45　　　　　　　　　　　　B. 20CrMnTi

C. 调质＋表面淬火＋低温回火　　D. 渗碳＋淬火＋低温回火

4. 大功率内燃机曲轴选用(　　)；中吨位汽车曲轴选用(　　)；C620 车床主轴选用(　　)；精密镗床主轴应选用(　　)。

A. 45　　B. 球墨铸铁　　C. 38CrMoAl　　D. 合金球墨铸铁

5. 高精度磨床主轴用 38CrMoAl 制造，试在其加工工艺路线上，填入热处理工序名称。

锻造→(　　)→粗机加工→(　　)→精机加工→(　　)→粗磨加工→(　　)→精磨加工

A. 调质　　B. 渗氮　　C. 消除应力　　D. 退火

6. 现有下列钢号：(1)Q235；(2)W18Cr4V；(3)5CrNiMo；(4)60Si2Mn；(5)ZGMn13；(6)Q345(16Mn)；(7)1Cr13；(8)20CrMnTi；(9)9SiCr；(10)1Cr18Ni9Ti；(11)T12；(12)40Cr；(13)GCr15；(14)Cr12MoV；(15)12CrlMoV。

请按用途选择钢号：

① 制造机床齿轮应选用(　　)；

② 制造汽车板簧应选用(　　)；

③ 制造滚动轴承应选用(　　)；

④ 制造高速车刀应选用(　　)；

⑤ 制造桥梁应选用(　　)；

⑥ 制造大尺寸冷模具应选用(　　)；

⑦ 制造耐酸容器应选用(　　)；

⑧ 制造锉刀应选用(　　)。

三、判断题

1. 最危险的、会带来灾难性后果的失效形式是低应力脆断、疲劳断裂和应

力腐蚀开裂，因为在这些断裂之前没有明显的征兆，很难预防。 （ ）

2. 零件失效的原因可以从设计不合理、选材错误、加工不当和安装使用不良四个方面去找。 （ ）

3. 武汉长江大桥用碳素结构钢 Q195 建造，虽 16Mn 钢比碳素结构钢 Q195 贵，但南京长江大桥采用 16Mn 钢经方案比较仍是符合选材的经济性原则的。 （ ）

4. 只要零件尺寸和处理条件相同，手册中给出的数据是可以采用的。 （ ）

5. 某工厂某年发生汽轮机叶片飞出的严重事故。该汽轮机由多段转子组成。检查发现，飞出叶片转子的槽发生了明显的变形，而未飞出叶片的转子的槽没有变形。因此可以断定，失效转子的钢材用错了。 （ ）

6. 火箭发动机壳体选用某超高强度钢制造，总是发生脆断，所以应该选用强度更高的钢材。 （ ）

7. 载重汽车变速箱齿轮选用 20CrMnTi 钢制造，其工艺路线是：下料→锻造→渗碳→预冷淬火→低温回火→机加工→正火→喷丸→磨齿。 （ ）

8. C618 机床变速箱齿轮选用 45 钢制造，其工艺路线为：下料→锻造→正火→粗加工→调质→精加工→高频表面淬火→低温回火→精磨。 （ ）

四、综合分析题

1. 机器零件或试样的尺寸越大，在相同的热处理条件下力学性能就越低，此即所谓尺寸效应。请解释其道理，并在选材时予以注意。

2. 机器零件的图纸上，在标题栏中注明材料的同时，常在适当的地方注明其热处理技术条件，包括热处理的工艺和要求达到的硬度（例如：调质处理，硬度为 220～240 HB）。请问这是什么意思？有什么根据？

3. 图 3-6-1 所示为 W18Cr4V 钢制螺母冲头，材料和热处理都无问题，但使用中从 *A* 处断裂。请分析原因，并提出改进意见。

4. 一从动齿轮，用 20CrMnTi 钢制造，使用一段时间后严重磨损，齿已磨光，如图 3-6-2 所示。从齿轮 *A*、*B*、*C* 三点取样进行化学、金相和硬度分析，结果如下。

A 点：碳含量为 0.2%，组织为 F＋S，硬度为 86 HRB。

B 点：碳含量为 1.0%，组织为 S＋碳化物，硬度为 30 HRC。

C 点：碳含量为 0.8%，组织为 S，硬度为 26 HRC。

据查，齿轮的制造工艺是：锻造→正火→机加工→渗碳→预冷淬火→低温

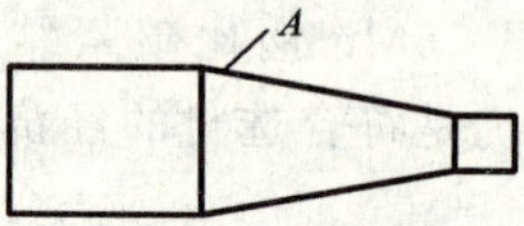

图 3-6-1　螺母冲头

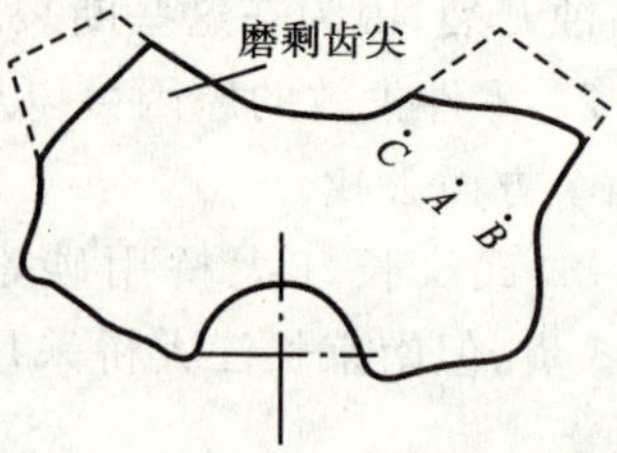

图 3-6-2　磨损了的从动齿轮

回火→磨削加工，并且与该齿轮同批加工的其他齿轮没有这种情况。试分析该齿轮失效的原因。

5. 一尺寸为 $\phi 30\times 250$ mm 的轴，用 30 钢制造，经高频表面淬火（水冷）和低温回火，要求摩擦部分表面硬度达 50～55 HRC，但使用过程中摩擦部分严重磨损。试分析失效原因，并提出解决问题的办法。

6. 某工厂用 T10 钢制造钻头，给一批铸铁件钻 $\phi 10$ mm 的深孔，但钻几个孔后钻头即很快磨损。据检验，钻头的材质、热处理、金相组织和硬度都合格。问失效的原因和解决问题的方案。

7. 高精度磨床主轴，要求变形小，表面硬度高（>900 HV），心部强度好，并有一定的韧度。问应选用什么材料，采用什么工艺路线？

8. 有一用 45 钢制作的轴，最终热处理为淬火（水淬）和低温回火，使用过程中摩擦部分严重磨损，在其表面取样进行金相分析，其金相组织为不规则的白色区域和黑色区域。根据显微硬度分析，白色区域为 80 HB，黑色区域为 630 HBW（已将显微硬度值换算为布氏硬度值），试分析此轴失效的原因。

9. 有一个 45 钢制造的变速箱齿轮，其加工工序为：下料→锻造→正火→粗机加工（车）→调质→精机加工（车、插）→高频表面淬火→低温回火→磨加工。试说明各热处理工序的目的及使用状态下的组织。

10. 用 20 钢制作一要求耐磨的小轴（直径 20 mm），其工艺路线为：下料→锻造→正火→机加工（车）→渗碳→淬火→低温回火→磨加工。试说明各热处理工序的目的及使用状态下的组织。

11. 指出下列零件在选材和制定热处理技术条件中的错误，并提出改正意见。

（1）表面耐磨的凸轮，材料用 45 钢，热处理技术条件：淬火＋回火，60～50 HRC。

（2）直径 300 mm，要求良好综合力学性能的传动轴，材料用 40Cr，热处理技术条件 40～45 HRC。

(3) 弹簧(ϕ15 mm),材料 45 钢,热处理技术条件:淬火+中温回火,55～50 HRC。

(4) 转速低,表面耐磨及心部要求不高的齿轮,材料用 45 钢,热处理技术条件为:渗碳、淬火+低温回火,58～62 HRC。

(5) 要求拉杆(ϕ70 mm)截面上的性能均匀,心部 $\sigma_b>$900 MPa,材料用 40Cr,热处理技术条件为:调质 200～300 HB。

12. 已知图 3-6-3 至图 3-6-6 零件的工作条件,试确定和分析如下几个问题:

① 选择材料;

② 提出热处理技术要求;

③ 拟定零件加工工艺路线;

④ 分析热处理工序的作用;

⑤ 分析零件最终的组织特征和性能特点。

(1) C6140 车床变速箱齿轮,$m=2$,$z=36$,如图 3-6-3 所示。

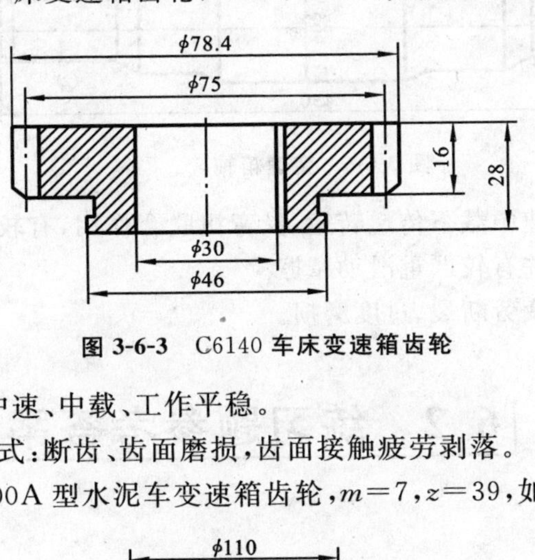

图 3-6-3　C6140 车床变速箱齿轮

工作条件:中速、中载、工作平稳。

主要损坏形式:断齿、齿面磨损,齿面接触疲劳剥落。

(2) AC—400A 型水泥车变速箱齿轮,$m=7$,$z=39$,如图 3-6-4 所示。

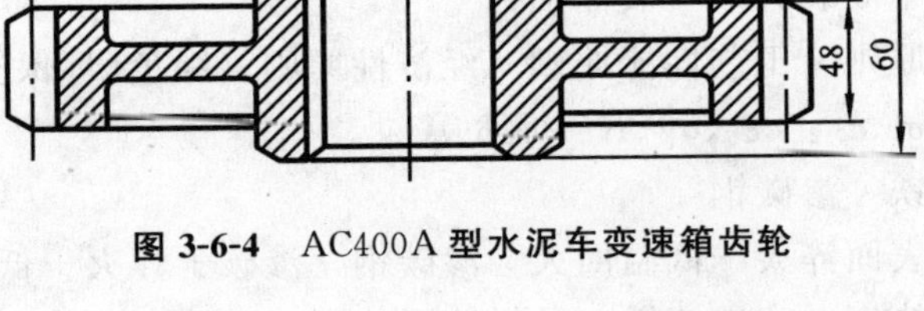

图 3-6-4　AC400A 型水泥车变速箱齿轮

工作条件：高速、中载、较大冲击。

主要损坏方式：断齿、齿面磨损，齿面接触疲劳剥落。

(3) 图 3-6-5 所示为某压缩机的连杆螺栓。

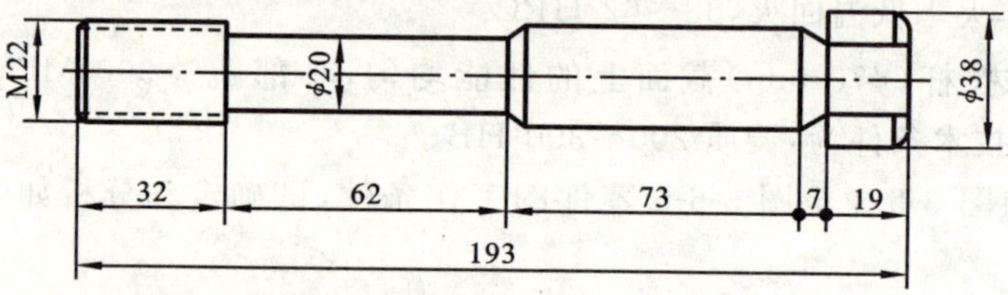

图 3-6-5 连杆螺栓

工作条件：承受较重的交变拉伸载荷，冲击负荷也较大。

主要损坏方式：过量塑性变形或疲劳断裂。

(4) 有一变速箱轴，如图 3-6-6 所示。

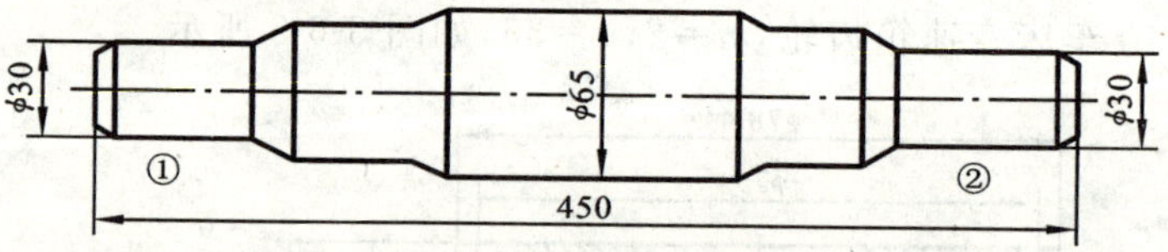

图 3-6-6 变速箱轴

工作条件：在中速中载下传递转矩，受弯扭联合作用，有较大冲击，表面①、②受很大的压应力，并有较严重滑动摩擦。

主要损坏方式：疲劳断裂、过度磨损。

6.2 练习题参考答案

一、填空题

1. 变形失效　断裂失效　表面损伤
2. 使用性能原则　工艺性能原则　经济性原则　绿色(环保)原则
3. E、G、σ_e　σ_s、$\sigma_{0.2}$　σ_b、a_K、K_{IC}、ψ、δ 等
4. 铸钢　铸铁　渗碳钢
5. 调质钢　表面淬火＋低温回火　渗碳钢　渗碳＋淬火＋低温回火
6. 奥氏体耐热钢　球墨铸铁　马氏体耐热钢

7. 调质钢

8. 碳素工具钢　淬火＋低温回火

二、选择题

1. A,B,C,B,A　2. A,C　3. A,C　4. B,D,A,C　5. D,A,B,C

6. 40Cr, 60Si2Mn, GCr15, W18Cr4V, Q345(16Mn), Cr12MoV, 1Cr18Ni9Ti, T12

三、判断题

1. √　2. √　3. √　4. √　5. ×

6. ×　7. ×　8. √

四、综合分析题

1. 答　因为截面尺寸大,热处理时心部的冷却速度慢,且各个部位的温度不均匀,得到的组织不同。在选择材料时,对于大尺寸零件或试样,应注明对整个截面性能的要求如强度、硬度、塑性和韧度、硬化层深度等指标的具体要求,选择淬透性高的材料。

2. 答　这是说明零件应进行何种热处理及热处理后必须达到的硬度指标,依据包括材料特性、使用要求、零件结构特点等。

3. 答　主要是 A 处存在尖角,使用过程中易产生应力集中,应将此处改成一定的圆角过渡。

4. 答　从点 A、B、C 的成分、组织、硬度来看,齿轮磨损的主要原因是轮齿硬度不够,渗碳层的化学成分是合理的,但组织不是淬火后的组织,说明该零件渗碳后没有进行淬火处理,这样使轮齿渗碳层的硬度未达到要求。

5. 答　使用过程中摩擦部分严重磨损的主要原因是表面硬度不够;30 钢经表面淬火和低温回火后硬度达不到 50～55 HRC,这是因为 30 钢的碳含量较低,表面淬火后得到硬度不太高的低碳马氏体;可选择碳含量高些的钢。

6. 答　发生的失效原因是因铸铁的导热性差,又是打 ϕ10 mm 的深孔,钻头与工件之间产生的摩擦热不能很好地散发出来,加之 T10 钢钻头的热硬性差,使钻头发生回火,其硬度降低,表面很快磨损失效。解决的方案是可选择用热硬性好的材料(如 W18Cr4V)制造的钻头。

7. 答　可选择氮化钢(如 38CrMoAl),工艺路线为:下料→锻造→退火→

粗加工→调质→精加工→去应力退火→粗磨→渗氮→精磨。

8. **答** 根据该轴的失效现象可知，该轴的硬度不足，组织分布不均匀；根据显微硬度分析，白色区域为 80 HB，应该是 F 组织，黑色区域硬度为 630 HBW，应该是 M 组织。说明该轴淬火时的加热温度偏低，选择在 A_1A_3 线之间，因此淬火后出现了软的 F 组织。

9. **答** 正火的目的是细化晶粒，均匀组织，消除锻造引起的应力；调质的目的是为获得良好的综合力学性能；表面淬火是为了提高轮齿表面的硬度；低温回火是为了消除表面淬火引起的应力和降低淬火脆性。

该齿轮在使用状态下的组织：表层组织为回火马氏体＋少量残余奥氏体，心部组织为回火索氏体。

10. **答** 正火的目的是细化晶粒，均匀组织，消除锻造引起的应力；渗碳的目的是使表层的碳含量提高（$w_C \geqslant 1\%$）；淬火是为了使表面获得高碳马氏体和形成碳化物，提高表面硬度和耐磨性；低温回火是为了消除淬火引起的应力和降低淬火脆性。

使用状态下的组织为：表面高碳回火马氏体和碳化物，心部为低碳回火马氏体＋F 或低碳回火马氏体＋S＋F。

11. **答** (1)45 钢经淬火＋回火后硬度达不到 50～60 HRC，可以在选材方面进行改进，选用渗碳钢，渗碳后经淬火＋低温回火。

(2) 对要求良好综合力学性能的直径 300 mm 的传动轴，选用 40Cr 淬透性不够，应选择高淬透性的调质钢（如 37CrNi3）。另外，热处理技术条件 40～45 HRC 也偏高，调质后的硬度应在 200～300 HB。

(3) 弹簧选用 45 钢是不合适的，应选用弹簧钢（如 65 钢、60Si2Mn 等）；另外，热处理技术条件 55～50 HRC 也偏高，硬度应在 35～50 HRC。

(4) 选择材料 45 钢不合适，45 钢不适合进行渗碳，应选择渗碳钢（如 20 钢、20CrMnTi 等）。

(5) 40Cr 的淬透性不够，经调质处理后，不能满足拉杆截面性能均匀的要求，应选择淬透性好的材料（如 40CrMnMo 等）。

12. **解**

(1) C6140 车床变速箱齿轮。

① 材料选择：45 钢。

② 热处理技术要求：调质＋表面高频淬火＋低温退火；心部：200～300 HB，表面：50～55 HRC。

③ 零件加工工艺路线：锻造→正火→粗加工→调质→精加工→表面高频淬火、低温回火→磨削。

④ 热处理工序的作用：正火是为细化晶粒，均匀组织，降低锻造引起的应力；调质是为了使零件获得良好的综合力学性能；表面淬火是为使表面获得马氏体，保证表面硬度要求；低温回火是为了消除淬火应力和降低脆性。

⑤ 表面为回火马氏体，心部回火索氏体。

(2) AC—400A 型水泥车变速箱齿轮。

① 材料选择：渗碳钢(20CrMnTi)。

② 热处理技术要求：渗碳+淬火+低温回火；心部为 200～300 HB，表面为 55～60 HRC。

③ 零件加工工艺路线：锻造→正火→机加工→渗碳、淬火+低温回火→磨削。

④ 热处理工序的作用：正火是为了细化晶粒，均匀组织，降低锻造引起的应力；渗碳是为了使零件表面高碳；淬火是为使表面获得高碳马氏体和碳化物，保证表面硬度要求；低温回火是为消除淬火应力和降低脆性。

⑤ 表面为高碳回火马氏体+碳化物，心部低碳回火马氏体+F 或 P+F。

(3) 连杆螺栓。

① 材料选择：中碳调质钢(40Cr 或 35CrMo)。

② 热处理技术要求：调质，硬度 200～300 HB。

③ 零件加工工艺路线：锻造→正火→粗加工→调质→精加工→磨削。

④ 热处理工序的作用：正火是为了细化晶粒，均匀组织，降低锻造引起的应力。调质是为了获得良好的综合力学性能。

⑤ 组织为回火索氏体。

(4) 变速箱轴。

① 材料选择：渗碳钢(20Cr 或 20CrMnTi)。

② 热处理要求：渗碳+淬火+低温回火；心部为 200～300 HB，表面为 55～60 HRC。

③ 零件加工路线：锻造→正火→机加工→渗碳、淬火+低温回火→磨削。

④ 热处理工序的作用：正火是为了细化晶粒，均匀组织，降低锻造引起的应力；渗碳是为了使零件表面得到高碳；淬火是为了使表面获得高碳马氏体和碳化物，保证表面硬度要求；低温回火是为了消除淬火应力和降低脆性。

⑤ 表面组织为高碳回火马氏体+碳化物，心部组织为低碳回火马氏体+F 或 P+F。

第7章的练习题及参考答案

7.1 练　习　题

一、填空题

1. 手工造型的主要特点是(　　)、(　　)、(　　)和(　　)，在(　　)和(　　)生产中采用机械造型。

2. 常用的特种铸造方法有(　　)、(　　)、(　　)、(　　)和(　　)。

3. 铸件的凝固方式是按(　　)来划分的，有(　　)、(　　)和(　　)三种凝固方式。纯金属和共晶成分的合金宜按(　　)方式凝固。

4. 铸造合金在凝固过程中的收缩分三个阶段，其中(　　)收缩是铸件产生缩孔和缩松的根本原因，而(　　)收缩是铸件产生变形、裂纹的根本原因。

5. 按照气体的来源，铸件中的气孔分为(　　)、(　　)和(　　)三类。因铝合金液体除气效果不好等原因，铝合金铸件中常见的"针孔"属于(　　)。

6. 铸钢铸造性能差的原因主要是(　　)、(　　)和(　　)。

7. 影响合金流动性的内因有(　　)，外因包括(　　)和(　　)。

8. 铸造生产的优点是(　　)、(　　)和(　　)；缺点是(　　)、(　　)和(　　)。

二、选择题

1. 形状复杂的高熔点难切削合金精密铸件的铸造应采用(　　)。

A. 金属型铸造　B. 熔模铸造　C. 压力铸造　D. 低压铸造

2. 铸造时冒口的主要作用是(　　)。

A. 增加局部冷却速度　B. 补偿液态金属、排气及集渣

C. 提高流动性　D. 实现顺序凝固

3. 下列易产生集中缩孔的铁-碳合金成分是(　　)。

A. 0.77%C　　B. 球墨铸铁　　C. 4.3%C　　D. 2.11%C

4. 下列(　　)方法生产的铸件不能进行热处理,也不适合在高温下使用。

A. 金属型铸造　B. 压力铸造　C. 熔模铸造　D. 砂型铸造

5. 为了消除铸造热应力,在铸造工艺上应尽量保证(　　)。

A. 顺序(定向)凝固　　B. 同时凝固

C. 内浇口开在厚壁处　　D. 足够的冒口

6. 直浇口的主要作用是(　　)。

A. 形成压力头　B. 补缩　C. 挡渣　D. 排气

7. 在各种铸造方法中,砂型铸造对铸造合金种类的要求是(　　)。

A. 以碳钢、合金钢为主　　B. 以钢铁金属和铜合金为主

C. 能适用各种铸造合金　　D. 以轻合金为主

8. 由于(　　)在结晶过程中收缩率较小,不容易产生缩孔、缩松及开裂等,所以应用较广泛。

A. 可锻铸铁　B. 球墨铸铁　C. 灰铸铁　D. 铸钢

9. 灰铸铁适合于制造床身、机架、底座、导轨等结构,除了铸造性和切削性优良外还具有(　　)。

A. 抗拉强度好　　B. 抗压强度好

C. 冲击韧度好　　D. 减摩减振性好

10. 制造模样时,模样的尺寸应比零件大一个(　　)。

A. 铸件材料的收缩量

B. 铸件材料的收缩量+机械加工余量

C. 机械加工余量

D. 铸件材料的收缩量+机械加工余量+公差

11. 下列零件适合于铸造生产的有(　　)。

A. 车床上进刀手轮　　B. 螺栓

C. 自行车中轴　　D. 变速箱箱体

12. 在进行普通车床床身浇注时,导轨面应该(　　)。

A. 朝上　B. 朝下　C. 朝左侧　D. 朝右侧

13. 为提高合金的流动性,生产中常采用的方法是(　　)。

A. 适当提高浇注温度　　B. 加大出气口

C. 延长浇注时间　　D. 适当提高压力头

14. 浇注温度过高时,铸件可能会产生(　　)。

A. 冷隔　B. 粘砂严重　C. 夹杂物　D. 气孔

15. 金属型铸造主要适用于浇注的工程材料是(　　)。

A. 铸铁　　B. 铝合金　　C. 铸钢　　D. 铜合金

三、判断题

1. 铸造热应力最终的结论是薄壁或表层受拉。(　　)
2. 铸件的主要加工面和重要的工作面浇注时应朝上。(　　)
3. 冒口的作用是保证铸件同时冷却。(　　)
4. 铸件上宽大的水平面浇注时应朝下。(　　)
5. 铸铁的流动性比铸钢的好。(　　)
6. 含碳4.3%的白口铸铁的铸造性能不如45钢好。(　　)
7. 铸造生产特别适合于制造受力较大或受力复杂零件的毛坯。(　　)
8. 收缩较小的灰铸铁件可以采用定向(顺序)凝固原则来减少或消除铸造内应力。(　　)
9. 相同的铸件在金属型铸造时,合金的浇注温度应比砂型铸造时低。(　　)
10. 压铸由于熔融金属是在高压下快速充型,合金的流动性很强。(　　)
11. 铸件的分型面应尽量使重要的加工面和加工基准面在同一砂箱内,以保证铸件精度。(　　)
12. 采用震击紧实法紧实型砂时,砂型下层的紧实度小于上层的紧实度。(　　)
13. 由于压力铸造具有质量好、效率高、效益好等优点,目前大量应用于钢铁金属的铸造。(　　)
14. 熔模铸造所得铸件的尺寸精度高,而表面粗糙度较高。(　　)
15. 金属型铸造主要用于形状复杂的高熔点难切削合金铸件的生产。(　　)

四、综合分析题

1. 何谓合金的充型能力?影响充型能力的主要因素有哪些?
2. 合金的充型能力不好时,易产生哪些缺陷?设计铸件时应考虑如何提高充型能力?
3. 为什么对薄壁铸件和流动性较差的合金,要采用高温快速浇注?
4. 缩孔和缩松产生的原因是什么?如何防止?
5. 什么是顺序凝固原则和同时凝固原则?如何保证铸件按预定的凝固原

则进行凝固？

6. 哪类合金易产生缩孔？哪类合金易产生缩松？如何促进缩松向缩孔转化？

7. 金属型铸造为何能改善铸件的力学性能？灰铸铁件用金属型铸造时，可能遇到哪些问题？

8. 借助 $Fe\text{-}Fe_3C$ 与 Fe-G 双重相图，分析铁-碳合金的流动性及缩孔、缩松倾向与碳含量的关系。

9. 铸钢的铸造性能如何？铸造工艺上的主要特点是什么？

10. 图 3-7-1 所示为两种 T 形铸件，试分析铸件中热应力分布情况，并指出热应力引起铸件变形的趋势。

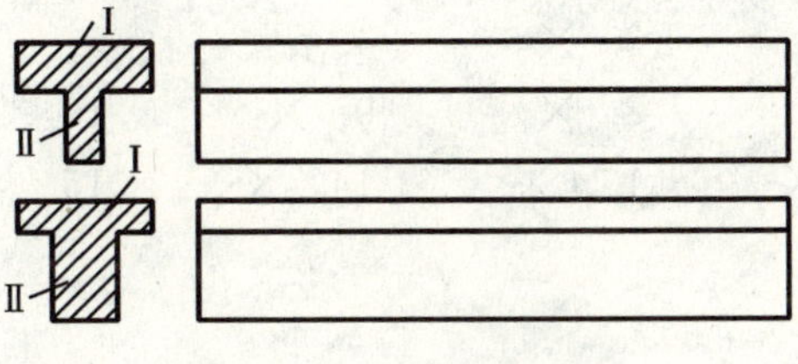

图 3-7-1　综合分析题 10

11. 压力铸造、低压铸造和挤压铸造的工艺特点及应用范围有何不同？

12. 下列铸件在大批量生产时，采用什么铸造方法为佳？

①铝活塞、②气缸套、③汽车喇叭、④缝纫机头、⑤汽轮机叶片、⑥车床床身、⑦大模数齿轮滚刀、⑧带轮及飞轮、⑨大口径铸铁管、⑩发动机缸体。

13. 为什么铸件会产生热裂纹？导致铸件产生热裂纹的主要因素是什么？

7.2　练习题参考答案

一、填空题

1. 适应性强　设备简单　生产准备时间短　成本低　成批　大量
2. 熔模铸造　金属型铸造　压力铸造　低压铸造　离心铸造
3. 凝固区域宽度大小　逐层凝固　中间凝固　糊状凝固　逐层凝固
4. 液态收缩和凝固收缩　固态收缩
5. 侵入性气孔　析出性气孔　反应性气孔　析出性气孔
6. 熔点高　流动性　收缩大

7. 液态合金的化学成分　液态合金的导热系数　黏度和液态合金的温度

8. 成形方便　适应性强　成本较低　铸件力学性能较低　铸件质量不够稳定　废品率高

二、选择题

1. B	2. B,D	3. C	4. B	5. B
6. A,B	7. C	8. C	9. B,D	10. B
11. A,D	12. B	13. A,D	14. B,C,D	15. B,D

三、判断题

1. ×	2. ×	3. ×	4. √	5. √
6. ×	7. ×	8. ×	9. ×	10. √
11. √	12. ×	13. ×	14. ×	15. ×

四、综合分析题

1. **答**　液态合金充满型腔，获得形状完整、轮廓清晰的铸件的能力，称为液态合金的充型能力，简称合金充型能力。

影响合金充型能力的主要因素为：①合金的流动性；②铸型的充型条件；③浇注条件；④铸件结构等。

2. **答**　合金的充型能力不好时：①在浇注过程中铸件内部易存在气体和非金属夹杂物；②容易造成铸件尺寸不精确，轮廓不清晰；③流动性不好，金属液得不到及时补充，易在铸件最后凝固的地方产生缩孔和缩松缺陷。

设计铸件时应考虑每种合金所允许的最小铸出壁厚，铸件的结构尽量均匀对称，尽量避免出现厚大部分，以保证合金的充型能力。

3. **答**　适当提高液态金属或合金的浇注温度和浇注速度能改善其流动性，提高充型能力；因为浇注温度高，浇注速度快，液态金属或合金在铸型中保持液态流动的时间较长。因此对薄壁铸件和流动性较差的合金，可适当提高浇注温度和浇注速度以防浇注不足、冷隔等铸造缺陷。

4. **答**　缩孔和缩松产生的主要原因是铸件的液态收缩和凝固态收缩得不到足够补偿所致；具体的表现为：铸件设计不合理，壁厚不均匀；浇口、冒口开设的位置不对或冒口太小；铁水浇注温度过高或铁水成分不对，收缩率大等。

防止措施为：①浇道设计尽可能短而粗；②采用顺序凝固原则；③提高补缩压头；④适当延长补缩时间；⑤合理确定铸件的浇注位置、内浇口位置及浇铸工艺。

5. **答**　顺序凝固原则，就是在铸件上可能出现缩孔的厚大部位安放冒口，并在远离冒口的部位安放冷铁，使铸件上远离冒口的部位先凝固，靠近冒口的部位最后凝固。

同时凝固原则，就是在工艺上采取各种工艺措施，使铸件各部分之间的温差尽量减小，以达到铸件各部分几乎同时凝固。

保证铸件按预定的凝固原则进行凝固的工艺措施有：①正确布置浇注系统的引入位置，控制浇注温度、浇注速度和铸件凝固位置；②采用冒口和冷铁；③改变铸件的结构；④采用具有不同蓄热系数的造型材料。

6. **答**　逐层凝固的合金倾向于产生集中缩孔，如纯铁和共晶成分铸铁。糊状凝固的合金倾向于产生缩松，如结晶温度范围宽的合金。

促进缩松向缩孔转化的方法有：

(1) 提高浇注温度，合金的液态收缩增加，缩孔容积增大；

(2) 采用湿型铸造，湿型比干型对合金的激冷能力大，凝固区域变窄，使缩松减少，缩孔容积相应增加；

(3) 凝固过程中增加补缩压力，可减少缩松而增加缩孔的容积。

7. **答**　金属型的导热快，铸件的晶粒细小，进而改善了铸件的力学性能。

灰铸铁件用金属型铸造时，可能遇到的问题有：由于金属型冷却速度快，易形成白口组织；成本高、周期长，铸造工艺要求严格；不适于单件、小批量生产；不宜铸造形状复杂与大型薄壁件。

8. **答**　Fe-C 合金的流动性与碳含量之间的关系如图 3-7-2 所示。由图可见，在亚共晶铸铁合金中，随碳含量的增加，结晶温度区间减小，流动性逐渐提

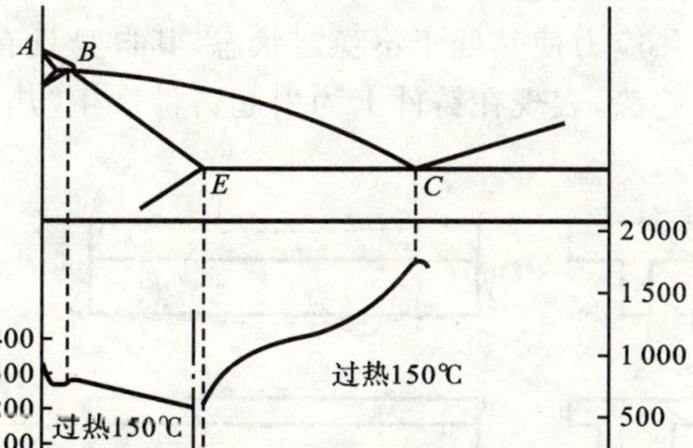

图 3-7-2　Fe-C 合金的流动性与碳含量关系图

高，越接近共晶成分，合金的流动性越好。

逐层凝固和窄凝固范围的合金（如纯铁和接近共晶成分铸铁），在凝固过程中的体积收缩能得到补缩，倾向于最后形成大的孔洞——缩孔，合金的致密性好，“热裂”倾向小。凝固温度范围越宽，形成缩松及热裂的倾向越大，这类合金包括相图中的远离共晶点成分的合金。

9. **答** 合金的铸造性能主要是指合金的流动性与合金的收缩性等，铸钢的流动性比铸铁差，体积收缩率大，且熔点高、易氧化吸气等，故其铸造性能较差。

铸造工艺上的主要特点是：①铸钢的流动性差；②铸钢的体积收缩率和线收缩率大；③易吸气氧化和粘砂。

10. **答** T形铸件由粗杆Ⅰ和细杆Ⅱ两部分组成。热应力的形成过程可分为三个阶段来说明。

第一阶段：高温阶段。铸件凝固后，细杆Ⅱ比粗杆Ⅰ冷却快，收缩量大；但两者是一个整体，因此，这时粗杆Ⅰ因细杆Ⅱ收缩而被压缩，细杆Ⅱ被粗杆Ⅰ拉伸，因为两者都处在高温塑性状态下，所以各自都产生塑性变形，铸件内部不产生应力。

第二阶段：中温阶段。细杆Ⅱ的温度下降较快，进入低温弹性阶段，而粗杆Ⅰ仍处于塑性状态。由于细杆Ⅱ收缩量大，压缩粗杆Ⅰ，粗杆Ⅰ产生压缩塑性变形，但铸件内仍无应力产生。

第三阶段：低温阶段。粗杆Ⅰ也进入低温弹性状态，这时细杆Ⅱ已冷却到更低温度，甚至达到常温，不再收缩，而粗杆Ⅰ还要继续收缩，因此，粗杆Ⅰ的收缩受到细杆Ⅱ的阻碍。故粗杆Ⅰ被拉伸，细杆Ⅱ被压缩。粗杆Ⅰ内产生拉伸应力，细杆Ⅱ内产生压缩应力，这种应力并不因铸件整体都冷却到常温而消失，称为铸造热内应力（简称铸造热应力）。

铸件中出现铸造热应力使其处于不稳定状态，其自身具有降低这种不稳定状态或松弛热应力的趋势，表现在铸件上为引起铸件产生“热凹冷凸”的弯曲变形，如图 3-7-3 所示。

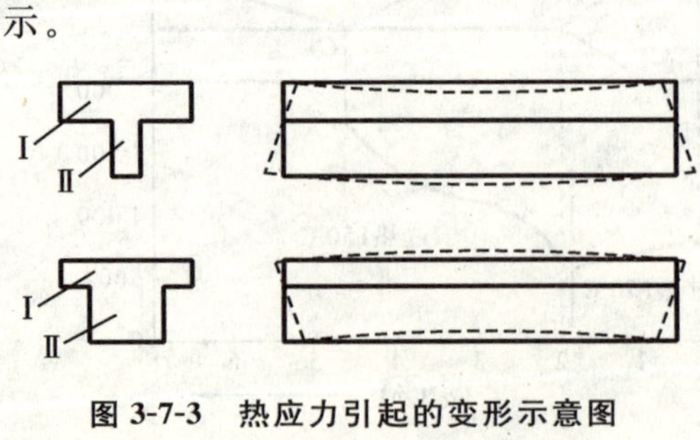

图 3-7-3 热应力引起的变形示意图

铸件因热应力而形成的变形并不能完全抵消铸件内的热应力或不稳定状态，其内依存在残余的热应力，还需采取去应力退火来消除。

11. **答** 压力铸造的工艺特点：

(1) 生产率比其他铸造方法都高，每小时可压铸 50 件到 500 件，操作简便，易实现自动化或半自动化生产；

(2) 合金充型能力好，能铸出结构复杂、轮廓清晰的薄壁、精密的铸件；可直接铸出各种孔眼、螺纹、花纹等图案；也可压铸出镶嵌件；

(3) 铸件尺寸精度可达 CT4-8 级，表面粗糙度 Ra 为 0.8～12.5 μm；

(4) 金属在压力下凝固，冷却速度又快，铸件组织细密，表层紧实，强度、硬度高，抗拉强度比砂型铸造提高 20%～40%。

低压铸造的工艺特点：

(1) 充型压力和速度便于控制，故可适应各种铸型，如金属型、砂型、熔模型壳、树脂型壳等；

(2) 铸件的组织致密，力学性能较高；

(3) 由于省去了补缩冒口，使金属的利用率提高到 90%～98%；

(4) 由于提高了充型能力，有利于形成轮廓清晰、表面光洁的铸件，这对于大型薄壁件的铸造尤为有利。

挤压铸造的工艺特点：

(1) 压力的作用使铸件成形并产生"压实"，使铸件致密；

(2) 挤铸时没有浇口，且铸件的尺寸较大、较厚时，液流所受阻力较小，所需的压力远比压力铸造小，挤铸的压力主要用于使铸件压实而致密；

(3) 采用水冷铸型，并在铸型内壁上涂刷涂料，可提高铸型寿命。

压力铸造的应用范围为：主要是非铁合金的精密铸件，如发动机的气缸体、箱体、化油器、喇叭壳等。

低压铸造的应用范围为：质量要求高的铝、镁合金铸件，如气缸体、缸盖、曲轴箱。高速内燃机活塞、纺织机零件等，并已用它成功地制出达 30 t 的铜螺旋桨及球墨铁曲轴等。

挤压铸造的应用范围为：大面积的高质量薄壁铝铸件及复杂空心薄壁件。

12. **答** ①铝活塞可采用金属型铸造；②气缸套可采用离心铸造；③汽车喇叭可采用压力铸造；④缝纫机头可采用砂型铸造；⑤汽轮机叶片可采用熔模铸造；⑥车床床身可采用砂型铸造；⑦大模数齿轮滚刀可采用熔模铸造；⑧带轮及飞轮可采用砂型铸造或离心铸造；⑨大口径铸铁管可采用离心铸造；⑩发动机缸体可采用对于铸铝缸体，则采用压铸、低压铸造，其他材质可采用砂型铸造。

13. **答** 收缩较大的金属(特别是铸钢件)，由于高温时(即凝固期或刚凝固完毕时)的强度和塑性等性能低,是产生热裂的根本原因。影响热裂纹的主要因素如下。

(1) 铸件材质　①结晶温度范围较窄的金属不易产生热裂纹,结晶温度范围较宽的金属易产生热裂纹;②灰铸铁在冷凝过程中有石墨膨胀,凝固收缩比白口铸铁和碳钢小且不易产生热裂纹,而白口铸铁和碳钢热裂倾向较大;③硫和铁形成熔点只有 985 ℃的低熔点,共晶体若在晶界上呈网状分布,易使钢产生"热脆"。

(2) 铸件结构　铸件各部位厚度相差较大,薄壁处冷却较快,强度增加较快,阻碍厚壁处收缩,结果在强度较低的厚处(或厚薄相交处)出现热裂纹。

(3) 铸型阻力　铸型退让性差,铸件高温收缩受阻,也易产生热裂纹。

(4) 浇、冒口系统设置不当　如果铸件收缩时受到浇、冒口的阻碍,与冒口相邻的铸件部分冷凝速度比远离冒口部分慢,形成铸件上的薄弱区,也常会造成热裂纹。

第8章的练习题及参考答案

8.1 练　习　题

一、填空题

1. 影响合金锻造性能的内因有(　　)和(　　)两方面，外因包括(　　)、(　　)、(　　)和(　　)。

2. 冲压的基本工序包括(　　)和(　　)两大类。

3. 绘制自由锻件图时应考虑(　　)、(　　)和(　　)等工艺参数问题。

4. 锻压生产的实质是(　　)，所以只有(　　)材料适合于锻造。

5. 模型锻造的基本方法包括(　　)和(　　)锻造。

6. 热变形是指(　　)温度以上的变形。

7. 金属的锻造性能取决于金属的(　　)和变形的(　　)。

8. 锻造时，金属允许加热到的最高温度称为(　　)，停止锻造的温度称为(　　)。

9. 深腔件经多次拉深变形后应进行(　　)热处理。

10. 自由锻锻造设备有(　　)、(　　)和(　　)三大类。

11. 锻压加工方法的主要优点是(　　)，主要缺点是(　　)。

12. 冲孔和落料的加工方法相同，只是作用不同，落料冲下的部分是(　　)，冲孔被冲下的部分是(　　)。

13. 金属在加热时可能产生的缺陷有(　　)、(　　)和(　　)等。

14. 冲裁时板料分离过程分为(　　)、(　　)和(　　)三个阶段。

15. 20钢的锻造性能比T10钢(　　)，原因是(　　)。

二、选择题

1. 带凹挡、通孔和凸缘类回转体模锻件的锻造应选用(　　)。

A. 模锻锤　B. 摩擦压力机　C. 平锻机　D. 水压机

2. 薄板弯曲件，若弯曲半径过小会产生(　　)。

A. 回弹严重　B. 起皱　C. 裂纹　D. 变形

3. 下列不同碳含量的铁-碳合金锻造性最好的是(　　)。

A. 0.77%C　B. 0.2%C　C. 1.2%C　D. 2.1%C

4. 下列几种锻造方法中，锻件精度较高的是(　　)。

A. 自由锻　B. 胎模锻　C. 锤上模锻　D. 平锻机模锻

5. 下列几种锻造设备中，对金属施加冲击力的是(　　)。

A. 蒸汽空气锤　B. 曲柄压力机

C. 摩擦压力机　D. 空气锤

6. 下列几种锻件的结构设计中，不能有加强肋、表面凸台及锥面结构的是(　　)。

A. 自由锻件　B. 锤上模锻件

C. 压力机上模锻件　D. 胎模锻件

7. 重要的巨型锻件(如水轮机主轴)应该选用(　　)方法生产。

A. 自由锻　B. 曲柄压力机上模锻

C. 锤上模锻　D. 胎模锻

8. 下列冲压工序中，凹、凸模之间的间隙大于板料厚度的是(　　)。

A. 拉深　B. 冲孔　C. 落料　D. 修整

9. 冲裁模的凸模与凹模均有(　　)。

A. 锋利的刃口　B. 圆角过渡　C. 负公差　D. 正公差

10. 在冲床的一次冲程中，在模具的不同部位上同时完成数道冲压工序的模具，称为(　　)。

A. 复合冲模　B. 连续冲模　C. 简单冲模　D. 复杂冲模

三、判断题

1. 锻压可用于生产形状复杂、尤其是内腔复杂的零件毛坯。(　　)

2. 在通常的锻造生产设备条件下，变形速度越大，锻造性就越差。(　　)

3. 变形区的金属受拉应力的数目越多，合金的塑性就越好。(　　)

4. 摩擦压力机特别适合于再结晶速度较低的合金钢和非铁合金的模锻。(　　)

5. 为防止错模，模锻件的分模面选择应尽量使锻件位于一个模膛。(　　)

6. 拉深模和落料模的边缘都应是锋利的刃口。(　　)

7. 可锻铸铁零件可以用自由锻的方法生产。（　　）

8. 金属塑性成形中作用在金属坯料上的外力主要是压力和拉力。（　　）

9. 汽车外壳、仪表、电器及日用品的生产主要采用薄板的冲压成形。（　　）

10. 自由锻锻件的精度较模型锻造的高。（　　）

11. 碳钢比合金钢容易出现锻造缺陷。（　　）

12. 金属材料加热温度越高，就变得越软而韧，锻造就越省力。（　　）

13. 模锻件的侧面，即平行于锤击方向的表面应有斜度。（　　）

14. 自由锻件所需坯料的质量与锻件的质量相等。（　　）

15. 45 钢的锻造温度范围是 800～1 200 ℃。（　　）

四、综合分析题

1. 对相同材料相同尺寸的圆棒料在 V 形砧铁和平砧铁上拔长时，效果有何不同？

2. 碳钢在锻造温度范围内变形时，是否会产生冷变形强化？

3. 热变形对金属组织和性能有什么影响？

4. 塑性差的金属材料进行锻造时，应注意什么问题？

5. 某一车床主轴零件（见图 3-8-1）要求自由锻造，在绘制锻件图时应考虑哪些工艺因素？

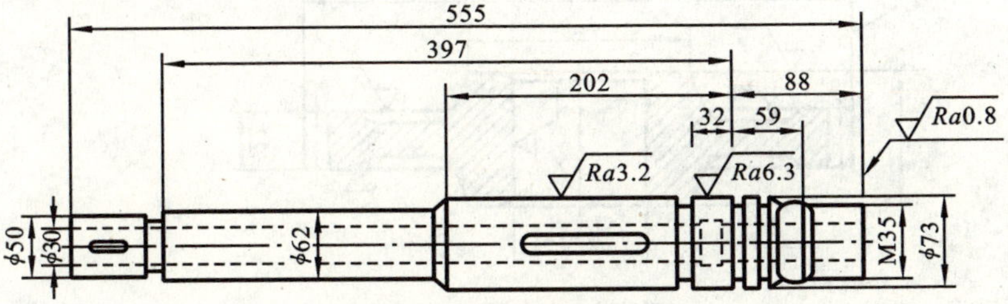

图 3-8-1　车床主轴零件图

6. 下列零件（见图 3-8-2）若批量分别为单件、小批量、大批量生产时，可选择哪些锻造方法成形？哪种成形工艺最好？

7. 图 3-8-3 所示各模锻件分模面的选择是否合理？并简述理由。

8. 图 3-8-4 所示为齿轮，材料为 45 钢，大批量生产，试选模锻锤吨位，确定模锻件机加工余量和公差，绘制锻件图。

9. 模锻的设备主要有哪些？其特点及应用范围如何？

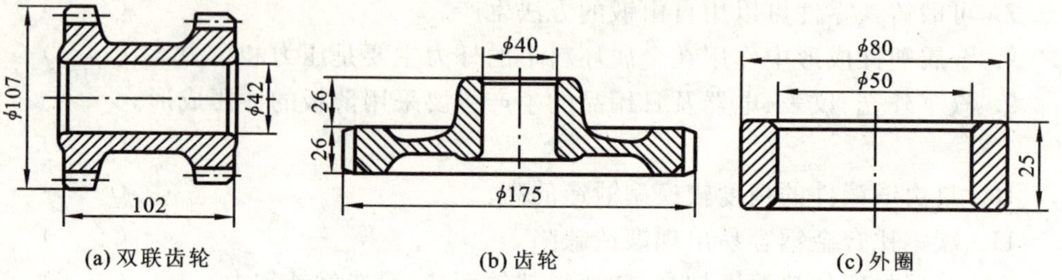

图 3-8-2　零件图

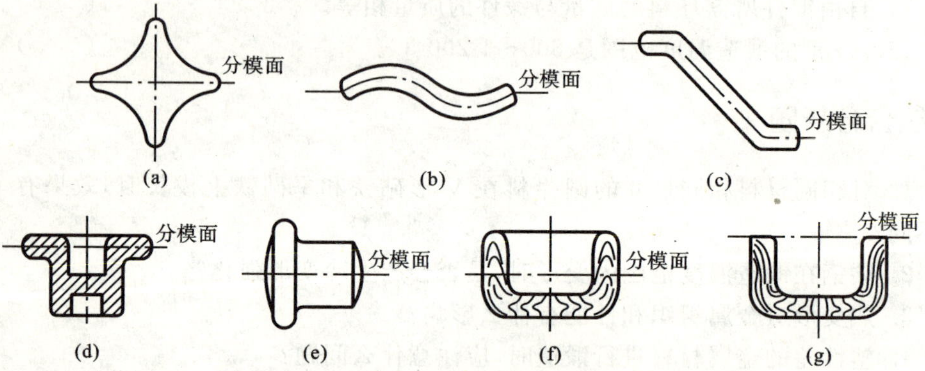

图 3-8-3　分模面的选择

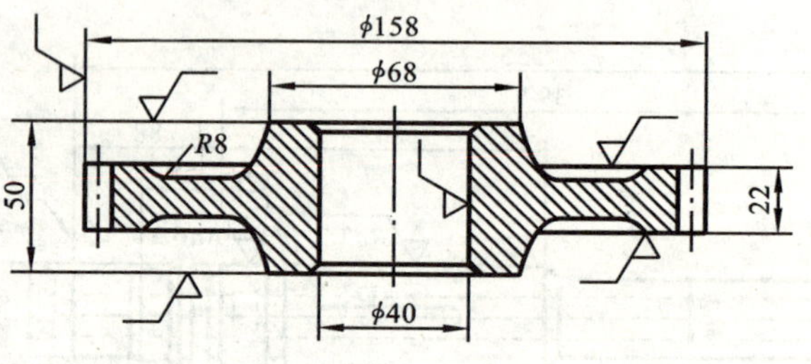

图 3-8-4　齿轮

10. 锤上模锻能否直接锻出通孔？如何锻出通孔？

11. 在曲柄压力机上能否实现拔长、滚压等预变形工序？并简述理由。

12. 用什么方法能保证将厚度为 1.5 mm、直径为 250 mm 的低碳钢钢板加工成直径为 50 mm 的筒形件？

13. 比较落料和拉深工序凸凹模结构及其间隙有什么不同？

14. 试述冲裁间隙对冲裁件的质量和冲模寿命的影响。

15. 冲压模的种类有哪些？指出各自的特点及应用范围。

16. 指出下列自由锻件(见图 3-8-5)结构工艺性的不合理处,并提出改进意见。

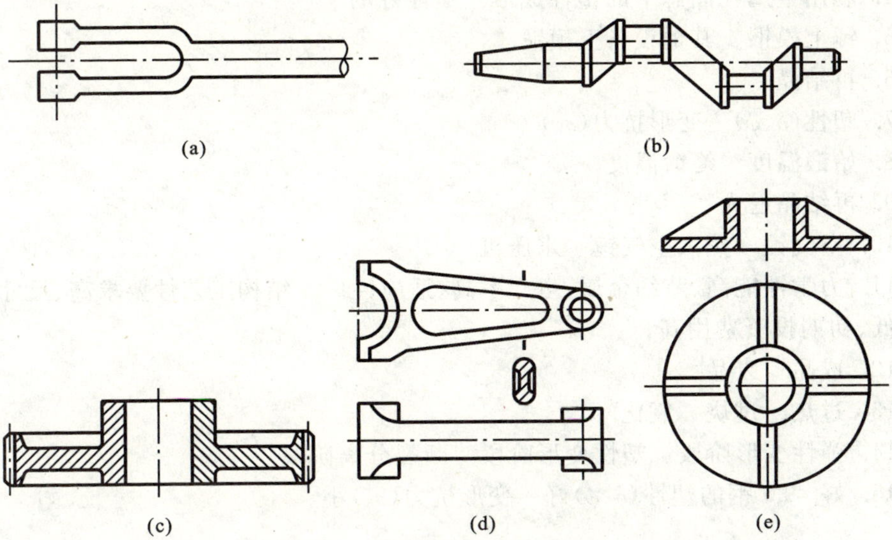

图 3-8-5　自由锻件结构示意图

17. 指出并改正图 3-8-6 所示模锻零件结构的不合理之处。

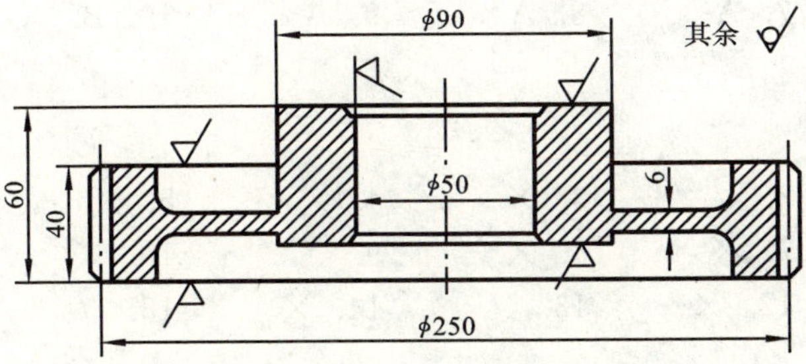

图 3-8-6　模锻零件结构示意图

8.2　练习题参考答案

一、填空题

1. 化学成分　组织结构　变形温度　变形速度　应力状态　润滑条件

2. 变形　分离
3. 加工余量　公差　余块
4. 利用金属在固态下的塑性成形　塑性好的
5. 锤上模锻　其他设备上模锻
6. 再结晶
7. 塑性(δ、ψ)　变形抗力(σ_b)
8. 始锻温度　终锻温度
9. 再结晶退火
10. 空气锤　蒸汽空气锤　水压机
11. 力学性能高、节约金属、生产率高、适应性广　结构工艺性要求高、尺寸精度低、初期投资费用高
12. 成品　废品
13. 过热　过烧　氧化
14. 弹性变形阶段　塑性变形阶段　断裂分离阶段
15. 好　20 钢的塑性(δ、ψ)好　变形抗力(σ_b)小

二、选择题

1. C	2. C	3. B	4. C,D	5. A,D
6. A	7. A	8. A	9. A	10. B

三、判断题

1. ×	2. √	3. ×	4. ×	5. ×
6. ×	7. ×	8. ×	9. √	10. ×
11. ×	12. ×	13. √	14. ×	15. √

四、综合分析题

1. **答**　采用上下 V 形砧拔长时(见图 3-8-7(a)),坯料中心的变形程度最大,变形区的金属处于三向压应力状态,因此能够很好锻合材料的心部缺陷,并且拔长效率也高,坯料轴线不会偏移。

使用上下平砧拔长时(见图 3-8-7(b)),变形区的金属处于一向受压,两向受拉的应力状态,对于塑性差的材料,拉应力数目越多越易开裂。

2. **答**　碳钢在锻造温度范围内变形时,通常是不会产生冷变形强化的;但若采用高速锤锻造,产生加工硬化的速率高而发生再结晶的速率较低时,也有

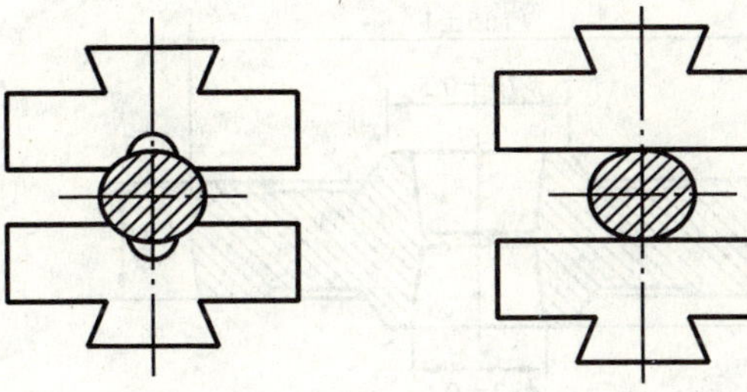

图 3-8-7 V形砧和平砧拔长示意图

可能会产生冷变形强化现象。

3. 答 热变形使得金属的晶粒细化，组织致密，强度、塑性及韧度都得到提高，同时，金属中出现流线组织使变形金属表现出各向异性。

4. 答 加热升温速度要慢；采用压力机上锻造，对坯料主要施加静压力进行变形；降低变形速度，使再结晶能充分进行，防止产生加工硬化。

5. 答 应考虑机加工余量、锻造公差、敷料（工艺余块）等。车床主轴的锻件图如图 3-8-8 所示。

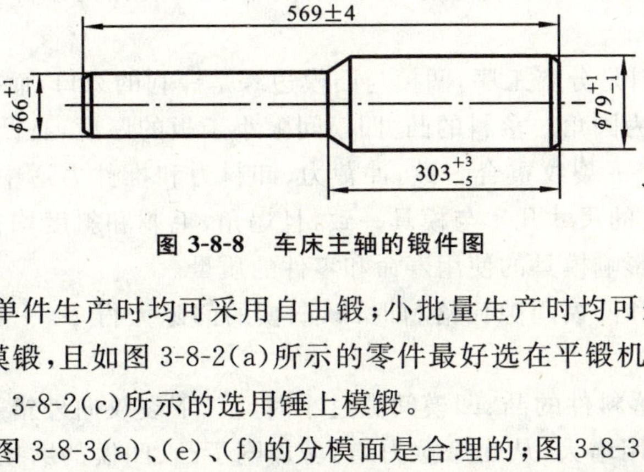

图 3-8-8 车床主轴的锻件图

6. 答 单件生产时均可采用自由锻；小批量生产时均可采用胎模锻；大批量生产时用模锻，且如图 3-8-2(a)所示的零件最好选在平锻机上锻造，如锻件图 3-8-2(b)和图 3-8-2(c)所示的选用锤上模锻。

7. 答 图 3-8-3(a)、(e)、(f)的分模面是合理的；图 3-8-3(b)、(c)的分模面不是平面；图 3-8-3(d)、(g)的分模面不能使上下模膛具有最浅的深度。

8. 答 选用 1 t 模锻锤，齿轮的锻件图如图 3-8-9 所示。

9. 答 模锻的设备主要有以下两类。

(1) 模锻锤 对金属主要施加冲击力，变形速度快，锻件质量高，材料的利用率高，并且成本较低，适合大批量生产，但工作时振动和噪声大。

(2) 压力机 对金属主要施加静压力，金属在模膛内流动缓慢，在垂直于力的方向上容易变形，有利于对变形速度敏感的低塑性材料的成形，并且锻件内

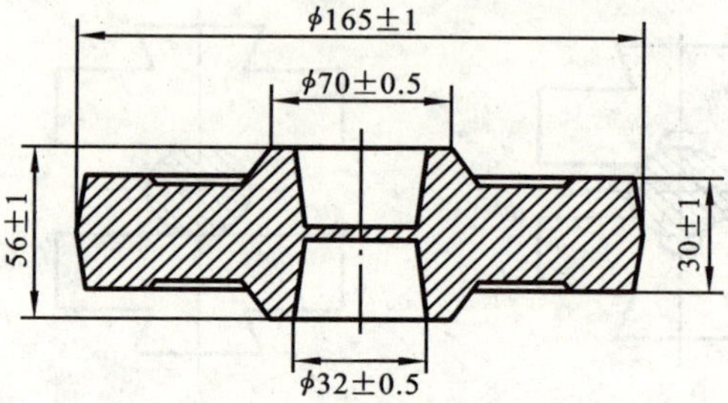

图 3-8-9 齿轮锻件图

外变形均匀，锻造流线连续，锻件力学性能好。工作时振动和噪声较小，劳动条件较好，可用于各类批量生产；但投资较大，设备维护要求较高等。

10. **答** 不能直接锻出通孔，要留冲孔连皮，锻造后用冲孔压力机切除。

11. **答** 不可以。因曲柄压力机工作时滑块行程较小，在滑块的一个往复行程中完成一个工序的变形，故不适于成形长轴类锻件。对拔长、滚压等制坯工序需在其他设备上完成。

12. **答** 采用多次拉深。在拉深工序间安排退火处理，以消除加工硬化现象。在多次拉深过程中，拉伸系数是不断增大的，以确保筒形件质量和生产顺利进行。

13. **答** 落料是分离工序，凹模与凸模边缘是锋利的刃口，而拉伸是变形工序，凸、凹模边缘为圆角。落料的凸、凹模间隙小于板的厚度，且凸、凹模间隙要求合适，这样，上、下裂纹重合一致，冲裁力、卸料力和推件力适中，模具才具有足够的寿命，落料的尺寸几乎与模具一致，且塌角、毛刺和斜度均很小。过大或过小的间隙都会影响模具的使用寿命和零件的质量。

拉伸的凸模和凹模间隙比落料时凸、凹模的间隙大得多，一般大于板料的厚度。

14. **答** 当落料件的凸、凹模间隙过小时，上、下裂纹向外错开；凸、凹模受到金属的挤压作用增大，从而摩擦力增大，加剧了凸、凹模的磨损，降低了模具寿命；但零件光面宽度增加，塌角、毛刺、斜度等都有所减小，工件质量较高。当间隙过大时，上、下裂纹向内错开；断面光面减小，塌面与斜度增大，形成厚而大的拉长毛刺，且难以去除，同时冲裁的翘曲现象严重；但是，推件力与卸料力大为减小，甚至为零，材料对凸、凹模的磨损大大减弱，所以模具寿命较高。落料的凸、凹模间隙合适时，上、下裂纹重合一致，冲裁力、卸料力和推件力适中，模具具有足够的寿命，切断面的塌角、毛刺和斜度均很小，零件的尺寸几乎与模具一致。

15. **答** 冲压模有以下几种。

(1) 简单冲模 结构简单,容易制造,适用于冲压件的小批量生产。

(2) 连续冲模 可以循环多次冲模,生产效率高,易于实现自动化;但要求定位精度高,制造复杂,成本较高。

(3) 复合冲模 最大特点是模具中有一个凸凹模,适用于产量大、精度高的冲压件;但模具制造复杂、成本高。

16. **答** 图 3-8-5(a)、(d)所示的锻件:自由锻不能锻出曲面相交的复杂结构;对图 3-8-5(a)所示的锻件,将其设计成两个简单件构成的组合件,锻造后再用焊接或机械连接方法将它们连成整体件;对图 3-8-5(d)所示的锻件,在自由锻工艺设计时将曲面相交设计成平面相交,凹处用敷料填平。

图 3-8-5(b)所示的锻件:自由锻应避免锥体结构和斜面;在自由锻工艺设计时将锥体设计成圆柱体,斜面用敷料填平。

图 3-8-5(c)所示的锻件:自由锻不能锻出凹凸不平的辐板;在自由锻工艺设计时用敷料将辐板凹处填平。

图 3-8-5(e)所示的锻件:自由锻应避免加强肋结构;在自由锻工艺设计时去掉加强肋,通过增加壁厚以提高零件的强度和刚度。

17. **答** 6 mm 辐板处应该加厚。模锻件应避免高肋和凸起结构。

第9章的练习题及参考答案

9.1 练习题

一、选择题

1. 粉末冶金法适于生产(　　)。

A. 硬质合金　B. 耐热材料　C. 多孔含油轴承　D. 汽车刹车片

2. 一般陶瓷性能为(　　)。

A. 硬而脆　B. 耐热耐蚀　C. 硬而韧　D. 导热导电

3. 硬质合金具有硬度高、热硬性好、耐磨等性能特点,(　　)。

A. 它是一种复合材料

B. 它是一种广泛用于刀具、模具等的材料

C. 它是一种粉末压制产品

D. 它也可用液态成形技术得到产品

E. 它是一种韧度较高的材料

4. 金属粉末的生产有多种方法,其中主要有(　　)。

A. 矿物还原法　B. 雾化法　C. 机械粉碎法　D. 电解法

5. 粉末压制的主要工序有(　　)。

A. 粉末配混　B. 压制成形　C. 烧结　D. 熔渗

6. 纤维复合材料中的纤维,主要使用的有玻璃纤维、碳纤维、硼纤维、陶瓷纤维和金属细丝,对它们的制取方法大致有(　　)。

A. 熔体抽丝法　B. 热分解法　C. 拔丝法　D. 气相沉积法

7. 影响金属粉末基本性能的因素有(　　)。

A. 成分　B. 颗粒形状和大小

C. 粒度分布　D. 密度

二、判断题

1. 大多数材料都可制成粉态，所以机械零部件都可用粉末压制成形。（ ）

2. 一般说来，压坯密度随压制压力增高而增大。（ ）

3. 并非所有粉末压制产品都要求粉粒越细越好。（ ）

4. 粉末压坯的烧结温度一般应高于粉粒熔化温度。（ ）

5. 现代陶瓷制品的成形属粉末或颗粒态材料成形，其成形过程与粉末压制的相同。（ ）

6. 复合材料均是由基体材料与增强物组合而成的，因此，只能用固态法来成形制作复合材料产品。（ ）

三、综合分析题

1. 中小批量生产的制品是否适宜用粉末压制法制造？为什么？

2. 还原粉末和雾化粉末的特点是什么？

3. 粉末压制制品为什么在压制后一定要经过烧结才能达到所要求的强度和密度？

4. 粉末压制机械零件、硬质合金、陶瓷都是用粉末经压制烧结而成，它们之间有何区别？各适用于哪些制品？

5. 粉末压制件结构设计的基本原则是什么？为什么要这样规定？

9.2 练习题参考答案

一、选择题

1. A、B、C、D　　2. A、B　　3. A、B、C　　4. A、B、C、D

5. A、B、C　　6. A、B、C、D　　7. A、B、C

二、判断题

1. ×　　2. √　　3. √　　4. ×　　5. √　　6. ×

三、综合分析题

1. **答**　对于中小批量生产的制品不适宜用粉末压制法制造。因为，粉末（尤其是金属粉末）的价格较高，粉末冶金的设备和模具投资较大且生产准备周期较长，零件几何形状受一定限制，故粉末冶金适宜于大批量生产的较简单的中小型零件。

2. **答**　还原法粉末是金属矿石在一定冶金条件下被还原后，得到一定形状和大小的金属料，然后将金属料经粉碎等处理以获得的粉末。这种粉末的颗粒含有许多内部微孔，密合这些内部微孔需极高的压力，故这种粉末不适于压制高密度产品。

雾化粉末是熔化的金属液通过喷射气流（空气或惰性气体）、水蒸气或水的机械力和急冷作用使金属熔液雾化，而直接得到的金属粉末。粉末颗粒的形状及大小可在较宽的范围内变化。如气体雾化得到的颗粒多数呈球状且较大；而水雾化则得到没有内部微孔的细小而不规则的颗粒。由于雾化法制得的粉末纯度较高，又可合金化，且产量高、成本较低，故其应用发展很快。可用来生产铁、铅、铝、锌、铜及其合金等的粉末。

3. **答**　因为在烧结过程中，通过高温加热发生粉粒之间原子扩散、较低熔点组分熔融等过程，使压坯中粉粒的接触面结合起来，成为坚实的整块。烧结过程在专用的烧结炉中进行。主要技术因素为烧结温度、保温时间与炉内气氛。

4. **答**　粉末压制机械零件、硬质合金、陶瓷在成形原理及成形工艺上没有区别，不同的是构成产品的粉粒组分及添加剂；粉末压制机械零件适用于结构件，如汽车、摩托车、电动工具、办公机械、家用电器、液压元件、纺织机械、机床、船舶等行业中的零件；硬质合金适用于工具类产品，如刀具的刃口、模具、量具和耐磨零件等；陶瓷适用于制作日用品，绝缘制品，耐热、耐磨制件等。

5. **答**　粉末压制成形零件结构设计的基本原则为：①压制件应能顺利地从压模中取出；②应避免压制件出现窄尖部分；③零件的壁厚应尽量均匀，台肩尽可能少，高（长）宽（直径）比值一般不超过 2.5 mm（厚壁零件不超过 4 mm）；④合理确定制品的尺寸精度及表面粗糙度。

在粉末压制成形零件的结构设计中遵循这些基本原则，可使粉末压制成形件在技术上和经济上成为可能，使制品在整个生产过程中达到优质、高产、低耗。

第10章的练习题及参考答案

10.1 练习题

一、填空题

1. 按焊接过程的特点，焊接方法可归纳为(　　)、(　　)和(　　)三大类。

2. 焊接电弧由(　　)、(　　)和(　　)三部分组成，其中(　　)区的温度最高。

3. 焊条是由(　　)和(　　)两部分组成。

4. 焊接接头的基本形式有(　　)、(　　)、(　　)和(　　)四种。其中(　　)接头最容易实现，也最容易保证质量，有条件时应尽量采用。

5. 为防止普通低合金钢材料焊后产生冷裂纹，焊前应对工件进行(　　)处理，采用(　　)焊条，以及焊后立即进行(　　)。

6. 为减少焊接应力，在焊接时通常采用的工艺措施有(　　)、(　　)、(　　)、(　　)和(　　)等。

7. 焊接变形的基本形式有(　　)、(　　)、(　　)、(　　)和(　　)。

8. 手工电弧焊时，焊条的焊芯在焊接过程中的作用是(　　)和(　　)。

9. 低碳钢的热影响区可分为(　　)、(　　)、(　　)和(　　)区等，其中(　　)和(　　)区对焊接接头质量影响最大。

10. 焊缝位置的布置原则包括(　　)、(　　)、(　　)、(　　)和(　　)五个方面。

11. 手工电弧焊是以(　　)作热源，其特点是(　　)。

12. 请按化学性质对以下焊条进行分类：① E4315(　　)；② E5015(　　)。

二、选择题

1. 低碳钢和低合金结构钢薄板的焊接最适宜的方法是(　　)。

A. 氩弧焊　B. 手工电弧焊　C. CO_2焊　D. 软钎焊

2. 下列材料焊接性能最好的是(　　)。

A. 16Mn　B. 铝合金　C. W18Cr4V　D. HT200

3. 下列焊接方法属于压力焊的是(　　)。

A. CO_2焊　B. 氩弧焊　C. 电阻焊　D. 手工电弧焊

4. 在进行低碳钢和低合金结构钢时,选用焊条的基本原则是(　　)。

A. 等强度原则　B. 同成分原则　C. 经济性原则

5. 焊条药皮的主要作用是(　　)。

A. 增加焊缝金属的冷却速度　B. 起机械保护和稳弧作用

C. 减小焊缝裂纹　D. 充填焊缝

6. 下列焊接方法中,属于熔化焊的是(　　)。

A. 埋弧焊　B. 摩擦焊　C. 电阻焊　D. 钎焊

7. 电阻点焊和滚焊必须用(　　)。

A. 对接　B. 搭接　C. 角接　D. 丁字接

8. 对焊缝金属进行保护的方式为气-渣联合保护的焊接方法是(　　)。

A. 埋弧焊　B. 摩擦焊　C. 电阻焊　D. 钎焊

9. 下列几种焊条中,在焊接时定要用直流焊机焊接的是(　　)。

A. E4303　B. E4315　C. E5015　D. E4301

10. 焊接过程中减少熔池中氢、氧等气体含量的目的是为了防止或减少产生(　　)。

A. 气孔　B. 夹渣　C. 烧穿　D. 焊不透

11. 一般气焊火焰的最高温度比电焊电弧火焰的最高温度(　　)。

A. 高　B. 低　C. 相等

12. 酸性焊条是指药皮中的酸性氧化物与碱性氧化物之比(　　)。

A. 大于1　B. 小于1　C. 等于1　D. 等于0

13. 焊接时,加热时间越长,焊件的变形越(　　)。

A. 大　B. 小　C. 不变

14. 手工电弧焊焊接薄板时,为防止烧穿,常采用的工艺措施之一是(　　)。

A. 直流正接　B. 直流反接　C. 氩气保护　D. CO_2保护

15. 焊接形状复杂或刚度大的结构及承受冲击载荷或交变载荷的结构时，应选用(　　)。

A. 酸性焊条　　B. 碱性焊条　　C. 中性焊条　　D. 三者均可

三、判断题

1. 焊接在较恶劣条件下工作的结构件应选用酸性焊条。（　　）
2. 二氧化碳气体保护焊特别适合于焊接铝、铜、镁、钛及其合金。（　　）
3. 埋弧自动焊、氩弧焊和电阻焊都属于熔化焊。（　　）
4. 用直流弧焊电源焊接薄钢板或非铁合金时，宜采用反接法。（　　）
5. 焊接可以生产有密封性要求的承受高压的容器。（　　）
6. 增加焊接结构的刚性可以减小焊接应力。（　　）
7. 在常用金属材料的焊接中，铸铁的焊接性能好。（　　）
8. 压力焊只需加压，不需加热。（　　）

四、综合分析题

1. 焊缝形成过程对焊接质量有何影响？试说明其原因。
2. 熔化焊、压力焊、钎焊三者的主要区别是什么？哪一种最常用？
3. 直流电弧的极性指的是什么？了解直流电弧极性有何实用意义？
4. 电弧焊电源与一般电力电源的主要区别何在？为什么要有这种区别？
5. 填写表 3-10-1 中的各项内容。

表 3-10-1　综合分析题 5 表

焊接方法	焊接热源	熔池保护	热影响区	焊接质量	焊接材料	生产率	成本	适用范围		
								空间位置	厚度/mm	金属种类
手弧焊										
埋弧焊										
氩弧焊										
CO_2焊										
电渣焊										
等离子弧焊										
电子束焊										
激光焊										

6. 当采用光焊芯焊接时，焊缝区域将发生怎样的冶金反应？

7. 钎焊和熔焊的主要区别在哪里？与熔焊相比，钎焊具有哪些主要优缺点？适用于什么情况？

8. 给表 3-10-2 所列产品选择焊接方法。

表 3-10-2　综合分析题 8 表

序号	焊接产品	适宜方法	可用方法
1	壁厚小于 30 mm 锅炉筒体的批量生产		
2	汽车油箱的大量生产		
3	减速箱箱体的单件或小批生产		
4	45 钢刀杆上焊接硬质合金刀头		
5	铝合金板焊接容器的批量生产		
6	自行车圈的大量生产		
7	ϕ3 mm 铝-铜接头的批量生产		

9. 什么是酸性焊条和碱性焊条？从焊条的药皮组成、焊缝力学性能及焊接工艺等方面比较其差异及适用性。

10. 中碳钢、强度较高的低合金结构钢的焊接性能低于低碳钢，主要表现在哪里？它们在焊接时，工艺上和焊条选择上有何共同特点？焊前预热和焊后缓冷起何作用？若某碳钢与某低合金结构钢的力学性能相同，宜选哪一种材料做焊接结构？

11. 高强度低合金结构钢焊接后产生冷裂纹的主要原因是什么？如何防止？

12. 焊接铜、铝及其合金时，需要考虑的主要问题各是什么？选用何种焊接方法最佳？为什么？

13. 产生焊接应力和变形的主要原因是什么？焊接应力与变形对焊接结构各有哪些影响？并定性说明焊接残余应力分布的一般规律。

14. 某中压容器的外形及基本尺寸如图 3-10-1 所示，材料全部用 15MnVR（R 为容器用钢），筒身壁厚为 10 mm，输入和输出管的壁厚为 9 mm，封头厚度为 12.7 mm。

（1）试决定焊缝位置（15MnVR 钢板长 2 500 mm，宽 1 000 mm）。

（2）确定焊接方法、焊接材料和接头形式。

（3）确定装配顺序。

（4）确定有效措施以改变焊接时的空间位置，使所有焊缝在焊接时基本上能处于平焊的位置。

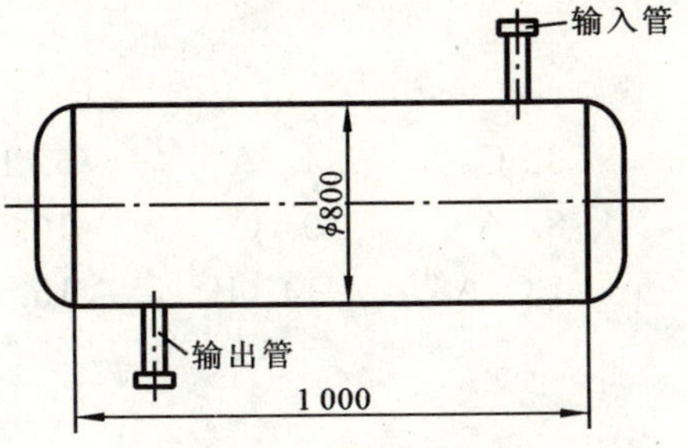

图 3-10-1　中压容器示意图

10.2　练习题参考答案

一、填空题

1. 熔化焊　压力焊　钎焊

2. 阴极区　阳极区　弧柱区　弧柱

3. 焊芯　药皮

4. 对接　搭接　角接　T形接头　对接

5. 预热　碱性焊条　去应力退火

6. 选择合理的焊接次序　焊前预热　采用小电流、快速焊　锤击或碾压焊缝　焊后热处理

7. 收缩变形　角变形　弯曲变形　波浪变形　扭曲变形

8. 导电生弧　焊缝的填充金属

9. 熔合区　过热区　正火区　部分相变区　熔合区　过热区

10. 焊缝位置应便于操作　焊缝尽量分散、避免密集交叉　焊缝尽量对称分布　焊缝布置应避开最大应力与应力集中位置　焊缝应尽量远离机械加工面

11. 电弧　手工电弧焊灵活，可以进行全位置施焊，可焊任意形状的焊缝，可以焊接较薄较小的工件；但是，手工电弧焊生产率低，太厚或太薄的工件焊接时质量难以保证，焊接质量受操作者的技术水平限制，质量不稳定

12. 酸性焊条　碱性焊条

二、选择题

1. C	2. A	3. C	4. A	5. B
6. A	7. B	8. A	9. C	10. A
11. B	12. A	13. A	14. B	15. B

三、判断题

1. ×	2. ×	3. ×	4. √	5. √
6. ×	7. ×	8. ×		

四、综合分析题

1. **答** ① 在焊缝的形成过程中，熔融金属的保护对焊接质量有直接的影响，若保护不良，空气中的氧、氮、氢会溶入液态金属中，引起气孔、夹渣、裂纹，损害金属的性能；② 焊接过程中的热循环对焊接质量影响最大，由于熔池金属温度过高，合金元素可能发生蒸发或氧化，热影响区可能因过热导致晶粒粗大，使性能降低，不均匀的温度分布，还会引起焊接应力和焊接变形，降低焊接质量；③ 焊缝的形状不规则，会造成应力集中，降低焊接质量；④ 焊接过程中，坡口间隙的大小，焊接规范参数的变化，坡口表面的清洁程度等对焊接质量也会产生影响。

2. **答** 熔化焊接是指焊接过程中，焊缝金属发生熔化结晶，进行了化学冶金反应，加热温度高的焊接方法；压力焊是指在焊接过程中，除加热外还施加了压力作用，金属靠局部熔融和塑性变形来实现连接的焊接方法；钎焊时，被焊接的金属不熔化，利用熔点比被焊金属低的钎料熔化填满缝隙形成焊缝的焊接方法。其中熔化焊最常用。

3. **答** 直流电弧的极性是指工件与电弧阴极或阳极的接法，正接是将工件接阳极，焊条接阴极，这时电弧的热量主要集中在焊件上，有利于加快焊件熔化，保证足够的熔深，适用于焊接较厚的工件；反接是将工件接阴极，焊条接阳极，适用于焊接非铁合金及薄钢板件。

4. **答** 一般电力电源要求电源电压不随负载的变化而变化，而电弧焊电源要求其电压随负载增大而迅速降低，即具有陡降的特性以满足焊接的要求。

因为焊接电源的这种陡降特性：①具有一定的空载电压以满足引弧的要求；②限制适当的短路电流，以保证焊接过程频繁短路时，电流不致无限增大而烧毁电源；③电弧长度发生变化时，能保证电弧的稳定。

5. **答**　答案见表 3-10-3 所示。

表 3-10-3　综合分析题 5 参考答案

焊接方法	焊接热源	熔池保护	热影响区	焊接质量	焊接材料	生产率	成本	适用范围		
								空间位置	厚度/mm	金属种类
手弧焊	电弧	气-渣	小	好	焊条	一般	低	全位置	范围宽	钢
埋弧焊		气-渣	较宽	好	焊丝	高	低	平焊	大	钢
氩弧焊	电弧	保护气体	较窄	好	焊丝	一般	高	全位置	小	非铁合金
CO_2焊		保护气体	窄	好	焊丝	高	低	全位置	小	钢
电渣焊	电阻热	渣	宽	一般	焊丝	高	低	单一	大	钢
等离子弧焊	等离子焰	保护气体	窄	好	焊丝	高	高	全位置	小	非铁合金
电子束焊	电子束	真空	窄	好	无	高	高	全位置	小	各种金属
激光焊	激光束	—	窄	好	焊丝	高	高	全位置	小	各种金属

6. **答**　当采用光焊芯焊接时，焊缝区域发生的冶金反应有金属的氧化、蒸发、气体的溶解等。

① 氧化　氧主要来源于空气，空气中的氧在高温电弧中分解出氧原子(O)，结果造成钢中一些元素被氧化，形成 $FeO \cdot SiO_2$，$MnO \cdot SiO_2$ 等熔渣，使焊缝中 C、Mn、Si 等元素大量烧损；当熔池迅速冷却后，一部分氧化物熔渣如来不及浮出则残存在焊缝金属中形成夹渣，显著降低了焊缝的力学性能。电弧越长，侵入熔池的氧越多，氧化越严重，吸氧也越多。

② 蒸发　熔池中的液态金属和落入熔池的焊条熔滴中的各种元素，在高温下有时接近或达到沸点，会强烈蒸发，由于各种元素成分不同，沸点不同，因此蒸发的数量也不同，其结果改变了焊缝的化学成分，降低了接头的性能。

③ 吸气　熔池在高温时溶解大量气体，冷却时，熔池冷却极快，使气体来不及排出而存在焊缝中形成气孔。焊缝中气相成分主要是 CO、CO_2、H_2、O_2、N_2 及 H_2O，其中对金属有不利影响的主要是 H_2、O_2、N_2。

氮和氢在高温时能溶解于液态金属中，氮和铁可化合生成 Fe_4N 和 Fe_2N，冷却后一部分氮保留在钢的固溶体中，而 Fe_4N 则呈片状夹杂物残留在焊缝内，使焊缝的脆性增大。氢的存在将促使冷裂纹形成，并造成气孔，引起氢脆性。

7. **答**　钎焊是利用熔点比母材低的钎料熔化填满缝隙形成焊接接头，母材不熔化;熔化焊是用焊条或焊丝(或不用)及母材发生局部熔化形成焊接接头。

钎焊的优点为生产率高、焊接变形小、焊件尺寸精确、可焊接异种金属、易于实现机械化和自动化;缺点为焊缝强度低,接头焊前处理要求高。

钎焊适合于焊接小而薄,且精度要求高的零件,广泛应用于机械、仪表、电子、航空、航天等部门。

8. **答** 如表 3-10-4 所示。

表 3-10-4 综合分析题 8 参考答案

序号	焊接产品	适宜方法	可用方法
1	壁厚小于 30 mm 锅炉筒体的批量生产	CO_2 焊、埋弧焊	CO_2 焊、埋弧焊、手弧焊
2	汽车油箱的大量生产	CO_2 焊、电阻缝焊	CO_2 焊、电阻缝焊、氩气保护焊
3	减速箱箱体的单件或小批生产	手弧焊	手弧焊、CO_2 焊
4	45 钢刀杆上焊接硬质合金刀头	钎焊	钎焊、摩擦焊
5	铝合金板焊接容器的批量生产	MIG	MIG、TIG
6	自行车圈的大量生产	电阻对焊	电阻对焊
7	$\phi 3$ mm 铝-铜接头的批量生产	电阻对焊	电阻对焊、摩擦焊

9. **答** 酸性焊条是指焊条药皮熔渣中的主要成分是酸性氧化物的焊条。其氧化性较强,易烧损合金元素,对焊件上的油污、铁锈不敏感,焊接工艺性能好,熔渣熔点低,流动性好,易脱渣,焊缝成形好,但难以有效清除熔池中 S、P 杂质,热裂倾向大;常用于一般钢结构的焊接。

碱性焊条是指焊条药皮熔渣中的主要成分是碱性氧化物和铁合金的焊条。其氧化性弱,脱 S、P 能力强,抗裂性好,对油污、水锈等的敏感性较大,易产生气孔,焊条的焊接工艺性差,一般要求直流反接,主要用于重要构件的焊接(如压力容器)。

10. **答** 中碳钢、强度较高的低合金结构钢的焊接性能低于低碳钢,主要表现在:中碳钢、强度较高的低合金结构钢的碳当量大于低碳钢的碳当量。

共同点:焊接方法上没有特殊要求,常用的焊接方法有手工电弧焊、埋弧自动焊、CO_2 焊、电阻焊等。

(1) 对于低碳钢焊接,在进行低温(零度以下)厚件焊接时,须预热焊件;板厚超过 50 mm 时,焊后须进行热处理,以消除内应力;在焊条选择上,一般选择酸性焊条,对重要结构构件,应选择低氢型焊条(如 E5015、E5016 等)。

(2) 在进行中碳钢、强度较高的低合金结构钢焊接时，需要采取特殊的工艺措施。通常选用抗裂性好的低氢型焊条，焊前预热、焊后缓冷和进行去应力退火；采用细焊条、小电流、开坡口、多层焊，焊条要烘干，坡口处应清理干净。

焊前预热和焊后缓冷的作用：焊前预热可以减小焊件各部位的温差，降低焊接应力，有利于防止焊接变形和裂纹的产生；焊后缓冷可以避免接头淬硬组织的产生，降低焊接接头的焊接应力，防止焊接变形和裂纹的产生。

若某碳钢与某低合金结构钢的力学性能相同时，宜选某低合金结构钢材料做焊接结构。

11. **答**　高强度低合金结构钢焊接后产生冷裂纹的主要原因是：①焊接过程中，坡口、焊丝表面不清洁，焊条、焊剂烘干不够，使接头含氢超过临界含氢量；②焊接接头约束度太大，产生较大的应力；③焊后接头冷却速度过大，产生淬硬组织。

防止措施为：①焊接坡口、焊丝表面清理干净，焊条、焊剂按要求严格烘干；②选择韧度高的低氢型焊条；③焊后缓冷。

12. **答**　焊接铜及铜合金时需要考虑的主要问题有：焊接裂纹，产生气孔，焊不透，焊接变形。选择能量集中的焊接方法，如氩弧焊、等离子弧焊、电子束焊、激光焊等。

焊接铝及铝合金时需要考虑的主要问题有：合金的氧化，气孔的产生，焊接裂纹，焊接变形，未熔合。焊接这类金属采用氩弧焊效果最佳。

13. **答**　焊接应力和变形产生的主要原因是焊接过程中对焊件的不均匀加热和冷却。

焊接应力对结构的质量、使用性能（如静载强度、疲劳强度等）和焊后机械加工精度有很大影响。焊接变形会给装配工作带来很大困难，降低焊接结构的使用性能，矫正要用较多时间，甚至使焊接结构报废。

焊接残余应力分布的一般规律是焊缝及两侧为拉应力，远离焊缝处为压应力。

14. **答**　(1) 筒身为一条纵向焊缝，位置与输入、输出管位置上下对称；封头为环焊缝。

(2) 纵向焊缝和环焊缝采用埋弧自动焊方法，焊丝采用 h08A 或 h08MnA 配合 HJ431，接头形式为对接；输入、输出管焊缝采用手工电弧焊，可选用 E5015 焊条，接头为角接。

(3) 先焊接纵向焊缝，然后校圆，再装配封头焊接，最后装配输入、输出管并焊接。

(4) 采用可旋转的焊接工作台。

第11章的练习题及参考答案

11.1 练习题

一、选择题

1. 塑料的成形性能主要有(　　)。

A. 流动性　B. 硫化性　C. 收缩性　D. 结晶性

E. 吸湿、热敏及水敏性

2. 塑料的真空成形主要用于(　　)。

A. 热塑性塑料　B. 热固性塑料

C. 橡胶　D. 盘、罩等薄壁敞口制品

3. 注射成形塑料及橡胶时，模具温度比料筒温度高的是(　　)。

A. 橡胶成形　B. 热塑性塑料成形

C. 热固性塑料成形

4. 热塑性塑料注塑成形时，模具温度一般为(　　)。

A. 20～40 ℃　B. 40～100 ℃　C. 140～250 ℃　D. 250～400 ℃

5. 塑料挤出成形机中螺杆作用为(　　)物料。

A. 剪切、挤压　B. 输送　C. 塑化　D. 搅拌

6. 塑料注射成形适于(　　)。

A. 大批量生产　B. 形状复杂、尺寸精确件生产

C. 带金属嵌件生产　D. 热塑性塑料、橡胶件生产

7. 下列说法正确的为(　　)。

A. 橡胶可由注射、模压、挤出、辊轧等成形法生产产品

B. 天然橡胶无须硫化

C. 橡胶硫化即指交联固化

D. 硫化前的橡胶称为生胶

8. 一般来说，塑料相对金属而言，其(　　)。

A. 耐蚀性好　　B. 减摩性好

C. 耐热性差　　D. 易成形加工

9. 塑料的挤出成形可生产(　　)。

A. 型材　　B. 电线包覆

C. 农用膜　　D. 电视机壳

10. 模压成形主要用于(　　)生产。

A. 热固性塑件　　B. 热塑性塑件

C. 橡胶件　　D. 粉末冶金件

11. 在塑料的注射、模压成形及金属的压铸成形中，模具开模后成形件应留在(　　)上才利于脱模。

A. 动模　　B. 定模　　C. 模板　　D. 模架

二、判断题

1. 只有在室温下处于玻璃态的高聚物才称为塑料。(　　)

2. 天然橡胶和合成橡胶都是在高弹态使用的高分子材料。(　　)

3. 由于塑化后的有机高分子材料黏性很大，充填模腔的能力很差，常需施加外力以使其强迫成形。(　　)

4. 要对塑料进行机械加工，塑料需处在玻璃态下。(　　)

5. 天然橡胶制品的生产必须进行硫化，而合成橡胶制品的生产不必进行硫化。(　　)

6. 塑料制品中可以镶入嵌件，而橡胶制品则不能镶入嵌件。(　　)

三、综合分析题

1. 塑料的状态与温度有何关系？塑料的成形应在何种状态？

2. 何谓模具的分型(模)面？正确选择分型面对塑料注射成形制品的品质有哪些影响？

3. 压塑模按凸、凹模结构特征可分几类？它们各有什么特征？

4. 橡胶制品生产的主要过程有哪些？它们的作用或目的是什么？

11.2 练习题参考答案

一、选择题

1. A、C、D、E　2. A、D　3. A　4. B　5. A、B、D
6. A、B、D　7. A、C、D　8. A、B、C、D　9. A、B、C
10. A、D　11. A

二、判断题

1. ×　2. √　3. √　4. √　5. ×
6. ×

三、综合分析题

1. **答**　塑料的状态与温度有着密切的关系。温度小于 T_g 时，塑料是玻璃态；温度在 $T_g \sim T_f$ 之间是高弹态；温度在 $T_f \sim T_d$ 之间处于黏流态（即塑性良好的状态）；图 3-11-1 所示为结晶型塑料和无定型塑料三态与温度之间的关系。塑料的种类不同，各种状态的温度高低也不一样。

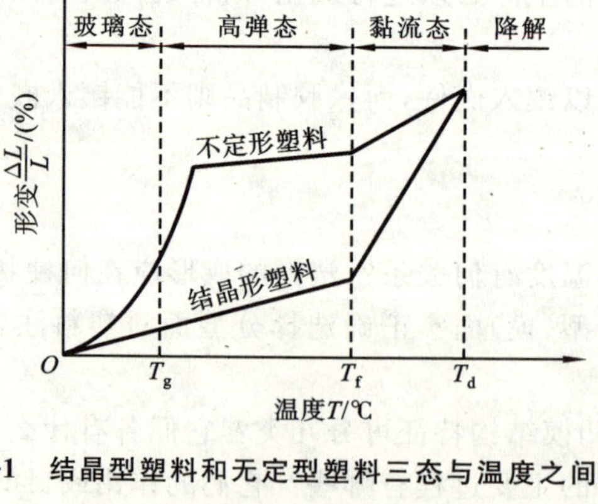

图 3-11-1　结晶型塑料和无定型塑料三态与温度之间的关系

塑料在高弹态时可进行热冲压变形，热锻及真空成形；黏流态时可注射、模压、吹塑、挤出成形，若温度大于 T_d 时塑料降解而变稀，这时模内分型面处易溢料。

2. **答**　注射成形模的分型面是其闭合时凹模与凸模相配合的接触面。

分型面的正确选择对于塑料制品的品质、技术特性和模具制造都有很大影响。若分型面选取不当，有可能降低制品的外观品质和精度，产生气孔和溢料等。选择分型面总的原则是保证塑料制品质量，且便于制品脱模和简化模具结构。

3. **答** 压塑模即模压成形模具按照凸、凹部分的结构特征可分为溢料式、不溢式和半溢式三类。

(1) 溢料式模压成形模　溢料式又称敞开式模压模，该模具无单独的加料腔，模具型腔起加料腔作用。型腔的高度等于塑料制品的高度。由于凸模、凹模没有配合面，因此，模压时过剩的塑料极易溢出，有时在塑料还未压实前，余料已从四周挤压面向外溢出，使成形密度不高，强度也差。同时，这类模具压制的塑料制品飞边是水平方向的，去除溢边常会损害塑料制品的外观。

溢料式模具的优点是：结构简单，塑料制品易取出；加料不需要十分准确，一般应稍过量，约为制品质量的5%。它适合于压制扁平的盘形塑料制品，流动性好的低精度及薄壁大型塑料制品。如各种盒盖、纽扣、装饰品等。

(2) 不溢式模压成形模　不溢式模具结构特点是加料腔是型腔的延续，其断面形状、尺寸与型腔完全相同，无挤压面；成形时压力机的压力全部传递到塑料制品上，能获得高密度、高强度、形状复杂、壁薄、长流程、比容大的塑料制品。特别适用于含棉布、玻璃纤维等长纤维模料的塑料制品。由于凸模和凹模有一定配合(单边间隙为0.07～0.08 mm)，产生溢边少，且呈垂直方向分布，易除去。

采用不溢式模具结构时，由于塑料的溢出量少，加料量直接影响制品的高度尺寸，所以加料要求准确。一般也不应设计成多腔式模，因为加料稍有不均衡就会形成各腔压力不均等，导致部分塑料制品欠压。凸模与凹模配合较紧密，装卸时易造成模具损伤或塑料制品缺料。由于加料室与型腔断面尺寸相同，顶出制品过程会擦伤塑料制品表面，影响外观质量。

不溢式模具脱模困难，应设脱模装置。

(3) 半溢式模　半溢式模特点是有加料腔、挤压面。加料腔设在型腔上方，其断面常常大于型腔尺寸，两者交界处形成一个宽度为4～5 mm的挤压环。挤压环起限制凸模行程的作用，故易于保证塑料制品高度方向的尺寸精度。凸模在四周开有纵向溢料槽，使多余的塑料溢出，因此，加料量不必严格控制。

用这类模具成形的塑料制品兼有溢式和不溢式的优点，既能保证壁厚的尺寸精度，又能保证高度方向的尺寸精度，而且致密度高，模具使用寿命长，塑料制品脱模容易，凸模与加料腔在制造上较不溢式简单。其缺点是对于流动性差的片状或纤维状塑料的成形会形成较厚的毛边。

半溢式模压成形模具使用广泛，适用于各种模塑成形场合，如单型腔、多型腔、大的、复杂的塑料制品成形。

4. **答** 橡胶制品的生产主要包括混炼、成形、硫化等加工过程。橡胶的混炼是将各种配合剂混入并均匀分散在橡胶中的过程，其基本任务是生产出符合品质要求的混炼胶；混炼好的胶可用来成形，即在压延机上压延得到板材、片材，挤出机上挤出棒材、管材及各种型材，在织物上贴胶而得到胶布、管带等；这些成品还要经过加热、加压硫化。橡胶硫化的目的在于使橡胶具有足够的强度、耐久性、抗剪切及其他变形能力，减小橡胶的可塑性。

第12章的练习题及参考答案

12.1 练习题

一、选择题

1. 在机械制造业中，毛坯的主要种类有（　　）。

A. 铸件　B. 锻件　C. 焊接件　D. 标准件　E. 型材

2. 下列产品或制品中，（　　）通常是由固态连接成形技术获得毛坯或成品的。

A. 液化气瓶　B. 发动机中的曲轴　C. 含油滑动轴承

D. 钢质桌椅　E. 玻璃鱼缸

3. 当毛坯或成品的材质为灰铸铁时，通常可选用（　　）。

A. 液态成形技术　B. 固态塑变成形技术

C. 粉末压制成形技术　D. 固态连接成形技术

E. 黏流态成形技术

4. 下列产品或制品中，（　　）通常是由固态塑变成形技术获得毛坯或成品的。

A. 车床的床身　B. 汽车变速箱中的齿轮

C. 硬质合金刀具　D. 塑料桶

E. 不锈钢饭盒

5. 当毛坯或成品的材质为低碳钢时，通常可选用（　　）。

A. 液态成形技术　B. 固态塑变成形技术

C. 粉末压制成形技术　D. 固态连接成形技术

E. 黏流态成形技术

6. 材料成形技术方案拟定的一般原则为（　　）。

A. 零件所选材料与成形技术应相适宜

B. 零件所选材料与成形技术的现实可能性与经济性

C. 材料成形技术的安全性

D. 材料性能的好坏

7. 下列零部件品质检验中,(　　)属于有损检(试)验。

A. 力学性能试验　　B. 金相试验

C. 磁粉探伤检验　　D. 化学成分检验

E. γ射线探伤检验

8. 在材料的制造加工过程中,属于质量不变成形过程的有(　　)。

A. 铸造　　B. 锻压　　C. 粉末压制

D. 熔化焊　　E. 塑料制品成形

二、综合分析题

1. 为什么齿轮多用锻件,而带轮和飞轮多用铸件?

2. 螺杆和螺母配合使用,两者的硬度要求相同吗?如不同,哪个低一些?为什么?

3. 如何考虑选择毛坯成形技术方案的原则?

4. 为什么说毛坯材料确定后,毛坯的种类也就基本上确定了?

5. 请为下列零件选择合适的毛坯生产方法:①成批大量生产的垫片;②成批大量生产的变速箱体;③单件生产的机架;④形状简单、承载能力较大的轴;⑤家庭用的液化气钢瓶;⑥大批量生产的直径相差不大的轴;⑦汽车发动机上的曲轴。

6. 在机械制造业中,由铸造、锻压、焊接、粉末冶金等成形技术所生产的制品或产品,绝大多数是否都能用于装配或直接使用?为什么?

7. 为何各种成形技术在机械制造业中相互补充,缺一不可?

8. 内应力对制品会造成哪些影响?在各种材料成形技术中,制品因其各部分的温差会引起热内应力,试问,哪种成形技术引起的热内应力倾向最大?为什么?

9. 各行各业中使用的机器设备品种众多,组成机器设备的零部件多种多样。当一个零部件的材料在设计中被确定后,在选择该零件的成形技术方案时应考虑哪些方面?

10. 目前是否对常用的机械工程材料都可用某一类材料成形技术来进行产品的制作或生产?为什么?

12.2 练习题参考答案

一、选择题

1. A,B,C,E　2. A,D,E　3. A,C　4. B,E　5. A,B,C,D
6. A,B,C　7. A,B,D　8. A,B,C,E

二、综合分析题

1. **答**　齿轮因受力大、结构简单且大多数选用钢材，故采用锻件；带轮和飞轮受力不大且多数结构复杂、所用材质为铸铁，因此选用铸件。

2. **答**　两者硬度要求不同，螺母硬度低些；这是为了保护较为重要的螺杆，另外，螺母的更换较便捷，成本也较低。

3. **答**　毛坯成形技术方案拟定的原则有适应性原则、技术经济原则和安全原则；在考虑选择毛坯成形技术方案时，首先应考虑适应性原则，在满足适应性原则的前提下必须考虑或兼顾技术经济性及安全生产。

4. **答**　毛坯材料确定后，材料的成形工艺性已确定，即一定的材料必定选择相对应的成形工艺，一定的工艺也必须配合选择相对应的材料，材料与成形加工过程是互为依赖、相互影响的，因此毛坯的种类也就基本确定。一般应采用技术经济性较好且安全的成形方法进行毛坯的生产。

5. **答**　①冷冲压；②砂型铸造；③电弧焊；④锻造；⑤热冲压后焊接；⑥模锻；⑦铸造。

6. **答**　不能(或否)。

因为只有达到技术要求的零件才能用来装配机(仪)器或直接使用。目前，由于技术上、设备上、生产条件等方面的原因，铸造、锻压、焊接、粉末冶金等成形技术所生产的制品或产品中的大多数甚至绝大多数达不到成为零件的技术要求，而只是毛坯或半成品，须经过一定的后续加工或处理，才能成为零件而用于装配或作为备件。

7. **答**　制造业中所需的毛坯或半成品或构件，其形状和尺寸千变万化，所选用的材料也是多种多样的，这就决定了成形技术的多样化。虽然材料成形技术有多种，但在实际工业生产中，受材料性能、制品结构、批量、生产条件等诸多方面的制约，使得一类成形技术通常只适应一定材质和结构的制品成形。比如:铸造主要应用于熔点不太高的脆性材料制品的成形,而对于桥梁、桁架、容器等薄壁构件来说,铸造是无法或很难成形的,只能用焊接或其他连接成形技术来成形。所以,各种成形技术在机械制造业中相互补充,缺一不可。

8. **答** 内应力对制品造成的危害有:①降低制品的有效载荷;②引起制品形状和尺寸的变化(产生变形);③若内应力过大会造成制品开裂。

焊接类成形技术(引起的热内应力倾向最大)。因为焊接过程中,焊接接头和周围金属的温差比其他成形技术要大得多,故在金属热胀冷缩过程中这两部分极不一致而产生相互制约,因此,极易产生热内应力。

9. **答** 当零部件的材料在设计中被选定后,在选择该零件的成形技术方案时应考虑以下几个方面。

(1) 所选成形技术方案应适应零部件所选用的材料(选择材料与成形过程的关系)。一定的成形工艺方法须配合选择相应的材料,一定的材料也必须选择相应的成形工艺方法。如零件选用灰铸铁,则须选择液态成形技术,即铸造工艺方法制造毛坯;如零件选用45钢,则可选择固态变形技术即锻造工艺方法制造毛坯,也可选择液态成形技术,即铸造工艺方法制造毛坯等。

零件的结构形状、尺寸和技术要求在很大程度上也决定了毛坯制造方法,如上述若是轮轴类零件选用45钢,则选择锻造工艺方法制造毛坯;若是箱体类零件选用45钢,则应选择铸造工艺方法制造毛坯,等等。

(2) 所选择成形技术方案的经济性和现实可能性　尽量选用生产过程简单,生产率较高,生产周期短,能耗与材料消耗少,投资小的毛坯成形方法;毛坯选择还要全面考虑生产过程总成本,权衡利弊,选择既能保证其品质优良又能降低成本的最优经济方案。

此外,成形技术方案的选择还应和实际的技术水平和现有的生产状况相吻合。

(3) 所选成形技术方案的安全性　安全可靠的工业生产系统是现在社会对企业安全性、资源和适应环境等方面的共同要求。

10. **答** 不能(或否)。

因为常用机械工程材料的种类繁多,各种材料的性能尤其是工艺性能各不相同,有些材料可焊性、可锻性好,但它们的可铸性差;有的材料可铸性好而其可焊性或可锻性就差。另外,用机械工程材料制作或制成的产品种类众多,对有些产品或制品的结构形状而言,是有些成形技术方法无法或很难成形的。所以,用一类成形技术是不能对所有的常用机械工程材料进行成形的。

自测题 / 及参考答案

自测题 1

一、填空题(每空 0.5 分,共 15 分)

1. 绝大多数金属的晶体结构都属于(　　)、(　　)和(　　)三种典型的紧密结构。

2. 形变强化是一种非常重要的强化手段,特别是对那些不能用(　　)方法来进行强化的材料。通过金属的(　　)可使其(　　)、(　　)显著提高。

3. 球化退火是使钢中(　　)球状化的退火工艺,主要用于(　　)和(　　)钢,其目的在于(　　),改善(　　)性能,并可为后面的(　　)工序作准备。

4. 共析碳钢奥氏体化过程包括(　　)、(　　)、(　　)和(　　)。

5. 材料的失效形式包括(　　)、(　　)和(　　)失效三种。

6. 铸钢铸造性能差的原因主要是(　　)、(　　)和(　　)。

7. 影响合金锻造性能的因素有(　　)和(　　)两方面。

8. 进行手弧焊时,焊条的焊芯在焊接过程中的作用是(　　)和(　　)。

9. 硬质合金产品是用(　　)生产的。

10. 塑料制品的成形工艺中应用较多的是(　　)和(　　)。

二、是非题(请在正确的题后标"√",在错误的题后标"×",每题 1 分,共 10 分)

1. 金属晶体各向异性的产生,与不同晶面和晶面上原子排列的方式和密度不同,致使原子的结合力大小不同等因素密切相关。　　(　　)

2. 合金的基本相包括固溶体、金属化合物和这两者的机械混合物三大类。　　(　　)

3. 在铸造生产中,为使铸件的晶粒细化,可通过降低金属型的预热温度来

实现。 (　　)

4. 淬火加高温回火处理称为调质处理。处理后获得回火索氏体组织,具有综合力学性能好的特点。 (　　)

5. 固溶+时效处理是铝合金的主要强化手段之一。 (　　)

6. 铸铁中的可锻铸铁是可以进行锻造的。 (　　)

7. 铸造生产特别适合于制造受力较大或受力复杂的零件毛坯。 (　　)

8. 锻压可用于生产形状复杂、尤其是内腔复杂的零件毛坯。 (　　)

9. 手工电弧焊、埋弧自动焊、氩弧焊和电阻焊都属于熔化焊。 (　　)

10. 各种成形技术所生产的产品都需进行外观和内部品质检验。 (　　)

三、简答题(共 35 分)

1. 简述相和组织的概念并总结成分、组织对钢材力学性能的影响规律。(7 分)

2. 已知下列工程材料的牌号,请按顺序填出自测题表 1-1。(每格 0.5 分,共 15 分)

自测题表 1-1　自测题 1 中简答题 2

材　料	种　类	大致成分	强化方式	性能特点	应用举例
Q345					
40Cr					
W18Cr4V					
ZL102					
YW1					
ABS					

3. 零件与毛坯的区别是什么?毛坯的种类主要有哪四类?(6 分)

4. 请为下列零件选择合适的毛坯生产方法:(7 分)

①成批大量生产的垫片;②成批大量生产的变速箱体;③单件生产的机架;④形状简单、承载能力较大的轴;⑤家庭用的液化气钢瓶;⑥大批量生产的直径相差不大的轴;⑦汽车发动机上的曲轴。

四、综合分析题(共 40 分)

1. 某汽车齿轮选用 20CrMnTi 材料制作,其工艺路线如下:

下料→锻造→正火①→切削加工→渗碳②、淬火③、低温回火④→喷丸+磨削加工。

请分别说明上述①、②、③和④四项热处理工艺的目的及齿轮使用状态下的组织和性能。(20 分)

2. 什么是材料成形和材料的工艺性？试述工业中常用的材料成形技术及其原理和应用场合。(20 分)

自测题1参考答案

一、填空题

1. 体心立方　面心立方　密排六方
2. 热处理　塑性变形　强度　硬度
3. 渗碳体　共析　过共析　降低硬度　切削加工　淬火
4. 奥氏体形核　奥氏体长大　残余 Fe_3C 溶解　奥氏体成分均匀化
5. 变形失效　断裂失效　表面损伤失效
6. 流动性差　收缩大　熔点高
7. 内因　外因
8. 电极　填充金属
9. 粉末压制(粉末冶金)
10. 注射成形　挤出成形

二、是非题

1. √	2. ×	3. √	4. √	5. √
6. ×	7. ×	8. ×	9. ×	10. √

三、简答题

1. **答**　材料中具有同一化学成分、同一结构和聚集状态，并具有界面分隔的各个均匀组成部分称为相；(1.5 分)在金相显微镜下看到的材料各相数量、形态、大小、分布的微观体貌及其他现象称为微观组织，简称组织。(1.5 分)

钢是以铁和碳为主要成分的合金，随着钢中碳含量(C%)的增加，其组织中渗碳体相(Fe_3C)的量增加，铁素体相(F)量减少，钢的强度硬度增加、塑韧度下

降，但钢的强度在碳含量超过1%后迅速下降。(4分)

2. **答** 见自测题表1-2。

自测题表1-2 自测题1中简答题2的解答

材料	种类	大致成分/(%)	强化方式	性能特点	应用举例
Q345	低合金结构钢	C≤0.2；合金总量<5	热轧空冷	强度较高、塑性较好；易塑变成形及焊接	车辆、桥梁、压力容器等
40Cr	调质钢	C=0.4；Cr<1.5	调质(淬火+高温回火)	综合力学性能好	轴类零件
W6Mo5Cr4V2	高速钢	C=0.85；W=6；Mo=5；Cr=4；V<1.5	淬火+多次回火	硬度高、热硬性较好、耐磨	切削刀具、模具等
ZL102	铸铝合金	Si=10～13	—	质轻、耐蚀，铸造性好	形状复杂、受力不大的零件
YW1	硬质合金	WC，TiC，TaC	—	硬度高、热硬性和耐磨性好	刀具、模具
ABS	热塑性塑料	丙烯腈，丁二烯，苯乙烯	—	硬、韧、刚，加工性好，价低；耐热、耐候较差	各类塑料结构件

3. **答** 零件是指达到技术要求的制造加工产品，而毛坯是指须经切削加工才能达到精度的制品；(2分)它们的区别在于零件可直接用于装配或使用，而毛坯则必须经过进一步加工处理才能达到技术要求才成为零件。(2分)

毛坯的主要种类有：型材，铸件，锻压件，焊接件。(2分)

4. **答** ①冷冲压；②砂型铸造；③电弧焊；④锻造；⑤热冲压后焊接；⑥模锻；⑦铸造。

四、综合分析题

1. **解** ① 正火目的：使组织均匀化、细化、改善加工性能。(3 分)

② 渗碳目的：提高齿轮表层的碳含量，为淬火作成分准备。(3 分)

③ 淬火目的：使渗碳层获得最好的性能，即获得高的齿面硬度，耐磨性及疲劳强度并保持心部的强度及韧度。(3 分)

④ 低温回火口的：减少或消除淬火后应力，并提高韧度。(3 分)

齿轮使用状态下的组织及性能如下。

表层：高碳回火马氏体＋碳化物＋少量残余奥氏体；硬度高，耐磨。(4 分)

心部：托氏体或低碳马氏体；强度高，有一定韧度。(4 分)

2. **答** 通过一定的方法或方式，把原材料的初始状态转变成所需制品的制造加工过程称为材料成形(对应的技术或工艺称为材料成形技术或工艺)(3 分)；材料对某种制造加工工艺的适应能力称为材料的工艺性。(2 分)

常用的材料成形技术及其原理和应用场合：

铸造——液态凝固成形，材质为金属材料尤其是脆性材料(如铸铁，铸造铝合金等)的各类零件尤其是内腔复杂的零件的毛坯生产；(3 分)

锻造(压力加工)——固态塑变成形，材质主要是韧度金属材料的无内腔或内腔简单的毛坯或半成品或零件的生产；(3 分)

焊接——固态连接成形，主要是各类材质为韧度金属材料的构件连接；(3 分)

粉末压制(粉末冶金)——颗粒态成形，原材料为颗粒状的各类零件或半成品的生产；(3 分)

高分子材料(聚合物)成形——黏流(胶质)态固化成形，各类塑料或橡胶制品的生产。(3 分)

自测题2及参考答案

自测题2

一、是非题（请在正确的题后标“√”，在错误的题后标“×”，每题1分，共10分）

1. 金属面心立方晶格的致密度比体心立方晶格的致密度高。 （ ）
2. 实际金属在不同的方向上性能是不一样的。 （ ）
3. 不论碳含量高低，马氏体的硬度都很高，脆性也很大。 （ ）
4. 大多数合金元素能造成钢的强化并提高钢的淬透性、热稳定性等。 （ ）
5. 金属材料组织中的固溶体一般来说塑性比较好，而金属化合物的硬度比较高。 （ ）
6. 在室温下，金属的晶粒越细，则强度越高和塑性越低。 （ ）
7. 金属结晶时，冷却速度越大，则晶粒越细小。 （ ）
8. 金属的加工硬化是指金属冷变形后强硬度和塑韧度提高的现象。 （ ）
9. 二氧化碳气体保护焊特别适合于焊接铝、铜、镁、钛及其合金。 （ ）
10. 金属材料都导电，而非金属材料都不导电，可作为绝缘体。 （ ）

二、选择题（每题1分，共20分）

1. 影响工程材料力学性能的内在因素包括（ ）。

A. 化学成分　B. 内部结构　C. 内部组织　D. 使用条件

2. 共析碳钢加热为奥氏体后，冷却时所形成的组织主要决定于（ ）。

A. 奥氏体加热时的温度　B. 奥氏体在加热时的均匀化程度

C. 奥氏体冷却时的转变温度　D. 奥氏体化后的晶粒度

3. 马氏体是(　　)。

A. 碳在 α-Fe 中的固溶体　　B. 碳在 α-Fe 中的过饱和固溶体

C. 碳在 γ-Fe 中的固溶体　　D. 碳在 γ-Fe 中的过饱和固溶体

4. GCr15 钢中的 Cr 的平均含量为(　　)。

A. 15%　　B. 1.5%　　C. 0.15%　　D. 没有表示出来

5. 在铁-碳相图上,钢与铸铁的成分分界点为(　　)。

A. C=0.02%　　B. C=0.77%　　C. C=2.11%　　D. C=4.3%

6. 下面相对耐蚀性最差的一种不锈钢为(　　)。

A. 1Cr13　　B. 4Cr13　　C. 1Cr17　　D. 1Cr18Ni9

7. 下列适于作高温耐热零件的材料为(　　)。

A. 陶瓷　　B. 玻璃钢　　C. 40Cr　　D. 12CrMoV

8. 为使高碳钢便于机械加工,可预先进行(　　)。

A. 淬火　　B. 正火　　C. 球化退火　　D. 回火

9. 经淬火+低温回火后可能为“高碳回火马氏体+碳化物+少量残余奥氏体”组织的钢为(　　)。

A. T9　　B. Cr12MoV　　C. 9SiCr　　D. W18Cr4V

10. 钢中珠光体组织为(　　)。

A. 共析产物　　B. 共晶产物　　C. 两相组织　　D. 机械混合物

11. 灰铸铁的内部组织结构是(　　)。

A. 基体+渗碳体　　B. 基体+片状石墨

C. 基体+蠕虫状石墨　　D. 基体+球状石墨

12. 拖拉机和坦克的履带经常受到严重的磨损及强烈的冲击,应选择(　　)。

A. 20CrMnTi,渗碳、淬火+低温回火

B. ZGMn13,水韧处理

C. 38CrMoAl,调质+渗氮

D. 1Cr18Ni9Ti,固溶处理

13. 下列说法错误的为(　　)。

A. 自由锻太落后,应淘汰

B. 手弧焊太落后,应淘汰

C. 砂型铸造中手工造型太落后,应淘汰

D. 粉末压制的粉尘污染大,应淘汰

14. 下列说法正确的为(　　)。

A. 锻模平行及垂直于分模面的表面均应有模锻斜度

B. 模锻可锻出直径大于 25 mm 的通孔

C. 模锻件精度高,可直接装于机器上

D. 模锻时坯料质量等于锻件质量

15. 铸铁难以焊接是因为(　　)。

A. 接头处易形成硬脆的 Fe_3C　　B. 抗拉强度低、塑性差

C. 易产生气孔、夹渣　　D. 焊缝易析出石墨

16. 铸造成形(　　)。

A. 工序较多,铸件品质不够稳定

B. 铸件力学性能好

C. 易产生组织缺陷

D. 铸件的材质和形状尺寸几乎不受限制

17. 注射成形适于(　　)。

A. 大批量生产　　B. 形状复杂、尺寸精确件生产

C. 带金属嵌件生产　　D. 热塑性塑料、橡胶件生产

18. 挤出成形可生产(　　)。

A. 型材　　B. 电线包覆　　C. 农用膜　　D. 电视机壳

19. 下列说法正确的为(　　)。

A. 橡胶可由注射、模压、挤出、辊轧等成形法生产产品

B. 橡胶硫化即指交联固化

C. 硫化前的橡胶称为生胶

D. 天然橡胶无须硫化

20. 材料成形技术方案拟定的一般原则为(　　)。

A. 零件所选材料与成形技术应相适宜

B. 零件所选材料与成形技术的现实可能性与经济性

C. 材料成形技术的安全性

D. 材料性能的好坏

三、问答题(共 40 分)

1. 简述固态材料(物质)的结构并指出金属材料、高分子材料和陶瓷材料的结构特点。(8 分)

2. 改善材料性能的主要方法有哪些?(12 分)

3. 铸造、锻压、焊接、粉末冶金等成形技术所产生的制品或产品,绝大多数都能用于装配或直接使用,为什么?(10 分)

4. 为下列零件毛坯选择具体的生产方法:(10 分)

发动机活塞;汽轮机叶片;机床主轴;机床床身;大口径铸铁污水管;锅炉筒体;子弹弹壳;重要齿轮;汽车油箱;船体。

四、综合分析题(共 30 分)

1. 车床主轴要求轴颈部位的硬度为 56～58 HRC,其余为 20～24 HRC,其加工路线如下:锻造→正火→机加工→轴颈表面淬火→低温回火→磨削加工。请说明:(15 分)

① 主轴应采用何种材料;

② 正火的目的和大致处理工艺;

③ 表面淬火的目的和大致处理工艺;

④ 低温回火的目的和大致处理工艺;

⑤ 轴颈表面的组织和其余地方的组织。

2. 按材料成形时的状态来分,成形技术的成形原理主要有哪几类?它们各有何种特点?应用范围如何?(15 分)

自测题 2 参考答案

一、是非题

1. √	2. ×	3. ×	4. √	5. √
6. ×	7. √	8. ×	9. ×	10. ×

二、选择题

1. A,B,C	2. C	3. B	4. B	5. C
6. B	7. A,D	8. C	9. A,B,C,D	10. A,C,D
11. B	12. B	13. A,B,C,D	14. A	15. A,C
16. A,C,D	17. A,B,D	18. A,B,C	19. A,B,C	20. A,B,C

三、问答题

1. 答　固态材料(物质)的结构即构成材料的原子(或分子)在三维空间的

排列状况。(2 分)。

绝大多数金属材料的结构为晶体即原子排列具有一定的规律;组成高分子材料的分子链的聚集状态有晶态(分子链在空间规则排列,如折叠状或平行状等),部分晶态(分子链在空间部分规则排列)和非晶态(也称玻璃态);陶瓷材料的结构由晶体相、非晶体相等构成,而晶体相识最主要的组成相。(6 分)

2. **答** 控制金属材料的凝固(结晶),如细化晶粒,定向凝固等;(2 分)

整体热处理工艺,如退火,正火,淬火+回火等;(2 分)

表面改性,如表面淬火,化学热处理,表面形变,表面涂覆等;(2 分)

金属材料的合金化,如合金钢;铝合金等;(2 分)

金属材料的塑性变形,如冷变形,热变形等;(2 分)

聚合物的物理改性和化学改性,如加填料,共聚,缩聚,交联等。(2 分)

3. **答** 不能(或否)。(2 分)

因为只有达到技术要求的零件才能用来装配机(仪)器或成为备件直接使用。目前,由于技术上、设备上、生产条件等方面的原因,铸造、锻压、焊接、粉末冶金等成形技术所生产的制品或产品中的大多数甚至绝大多数达不到成为零件的技术要求,而只是毛坯或半成品,须经过一定的后续加工或处理,才能成为零件而用于装配或作为备件。(8 分)

4. **解** 下列零件毛坯具体的生产方法见自测题表 2-1。

自测题表 2-1 自测题 2 中问答题 4 的解答

名 称	生产方法	名 称	生产方法
发动机活塞	金属型铸造	汽轮机叶片	熔模铸造
机床主轴	自由锻造	机床床身	砂型铸造
大口径铸铁污水管	离心铸造	锅炉筒体	埋弧焊接
子弹壳体	板料冲压	重要齿轮	锤上模锻
汽车油箱	冲压后缝焊	船体	埋弧焊接

四、综合分析题

1. **解** ① 45 钢(或其他中碳合金钢);(3 分)

② 目的是获得主轴整体所要求的性能和便于机加工;工艺是加热到 850 ℃左右,空气中冷却;(3 分)

③ 目的是使轴颈表面的硬度满足要求;工艺是轴颈表面高频感应加热,水

中冷却；(3 分)

④ 目的是降低淬火脆性和残余应力；工艺是整体在 170～200 ℃回火，或高频感应加热后自回火；(3 分)

⑤ 轴颈表面为回火马氏体，其余为珠光体(或索氏体)。(3 分)

2. **答** 主要有以下几类。

① 液态凝固成形(技术) 材料成形时具有良好的流动性，理论上其适应性很广，但是实际上工业中因液态成形须经历一个冶金过程，而这个过程又不易控制，故这类成形技术(如铸造)主要适宜于熔点不很高的材料尤其是脆性材料的毛坯成形(生产)。(3 分)

② 固态塑变成形 要求被成形材料要有相当的塑性，且须有外力作用，此类成形技术对材料的力学性能有所改善或提高。由于固态材料的塑性是有限的，故其适宜于形状不太复杂、质量不太大的塑性材料毛坯成形。(3 分)

③ 粉末压制成形 具有一定的“流动性”，理论上其适应性较广，但实际工业中因粉末制备、模具、制品结构等原因，主要用于其他成形技术很难或不能成形的制品，如钨丝、硬质合金、轴承材料等。(3 分)

④ 固态连接成形(主要指焊接) 从原理上讲，其形式和方法较多，适应性较广，但从材质的可焊性看，其主要适用于材料的可焊性较好的各种工程构件。(3 分)

⑤ 黏流或胶质态固化成形 具有较差的“流动性”，必须有外力强迫成形。塑料、橡胶制品的成形就属于这一类。(3 分)

第四部分　实验指导

注意事项

(1) 实验之前要预习有关的教学内容,认真阅读实验指导书,明确实验目的和实验方法。

(2) 遵守实验室规则,保持室内的肃静和清洁卫生。

(3) 实验时要听从实验教师的指导,认真观察。

(4) 爱护仪器设备,注意安全,使用仪器设备必须严格遵守操作规程;操作方法不清楚时不准动仪器,要及时向指导教师询问;与本次实验无关的设备禁止使用。

(5) 实验完毕应将所有物品归还原位。

实验1 金属材料的力学性能实验

1.1 实验目的

(1) 了解硬度(布氏、洛氏)、冲击实验的原理及应用范围。

(2) 掌握布氏硬度和洛氏硬度、冲击韧度的测量方法。

1.2 实验设备及试样

布氏硬度计及读数显微镜、洛氏硬度计、冲击试验机,游标卡尺,典型试样若干等。

1.3 实验概述

材料的力学性能指标是工程上进行设计计算、材料选用、工艺评定和材料检验的重要依据,其中硬度及冲击韧度指标的试验设备及试验过程相对简单,能大致综合反映一般机械产品对材料的主要力学性能(如强度、塑性、耐磨性等)要求、工艺性能及材料加工质量等,故应用较广。

1. 硬度实验

硬度是检验原材料、毛坯或成品件、热处理件的重要力学性能指标。硬度试验方法很多,现仅介绍常用的布氏硬度和洛氏硬度实验法。

1) 布氏硬度实验

(1) 布氏硬度的试验原理　布氏硬度的试验原理、方法与条件在GB/T 231.1—2002《金属布氏硬度试验方法》中有详细说明。

由于金属材料有软有硬,所测工件有厚有薄,若只采用同一种载荷(如

3 000 kgf)和压头直径(如 10 mm)时，有时会发生整个压头陷入金属中的现象，或对薄件会出现压透的可能。所以，在测定不同材料的布氏硬度值时就要求有不同的载荷 F 和压头直径 D。对同一材料而言，不论采用何种大小的载荷和压头直径，只要能满足 F/D^2 = 常数，所得的 HB 值是一样的。对不同材料来说，所得的 HB 值也是可以进行比较的。规定压头直径 D 主要有 10 mm、5 mm、2.5 mm三种，F/D^2 比值主要有 30、10、2.5 三种，具体试验数据和应用可参考表 4-1-1。

表 4-1-1　布氏硬度试验规范

材料		硬度范围/HB	试样厚度/mm	F/D^2	钢球直径 D/mm	载荷 F/kgf	载荷保持时间/s
钢铁金属	退火、正火的中高碳钢、铸铁	140～450	6～3 4～2 <2	30	10 5 2.5	3 000 750 187.5	10
	低碳软钢	<140	>6 6～3 <2	10	10 5 2.5	1 000 250 62.5	10
非铁合金	铜合金及镁合金	35～130	>6 6～3 <3	10	10 5 2.5	1 000 250 62.5	30
	铝合金及轴承合金	8～36	>6 6～3 <3	2.5	10 5 2.5	250 62.5 15.6	60

(2) 布氏硬度测定的技术要点　为保证测量值准确，要求：试样表面必须平整光洁；试样厚度不小于压痕深度的 8 倍；压痕距离试样边缘应不小于 $2.5d$；两压痕之间距离应不小于 $4d$；在试样厚度和截面大小允许的情况下，尽量选大的钢球和大的载荷；测量压痕直径 d 时，应从相互垂直的两个方向上进行，取其平均值。并注意，压痕直径应在 $0.25D<d<0.6D$ 的范围内结果才有效。

布氏硬度实验是在布氏硬度计上进行。现以常用的 HB-3 000 布氏硬度计为例说明操作过程：

① 在布氏硬度实验时，应先根据材料和布氏硬度值范围选择 F/D^2 的值及加载时间(加载砝码已按 1∶10 的加载杠杆作了放大标示)；

② 将试样放在工作台上，按顺时针方向转动手轮，使工作台上升至试样与

压头接触，直到手轮打滑为止（此时已加上 10 kg 初始载荷）；

③ 开动加载按钮，开始加载主试验力，当红色指示灯闪亮时，迅速拧紧时间定位器的压紧螺母，使转盘开始计时转动，则电动机便自动保压、卸载；

④ 然后，逆时针转动手轮，使工作台下降并取下试样；

⑤ 最后，用读数显微镜测出压痕直径 d，根据 d 查表（见附录）求得布氏硬度值。

附：读数显微镜的使用方法

读数显微镜结构示意图如图 4-1-1 所示。

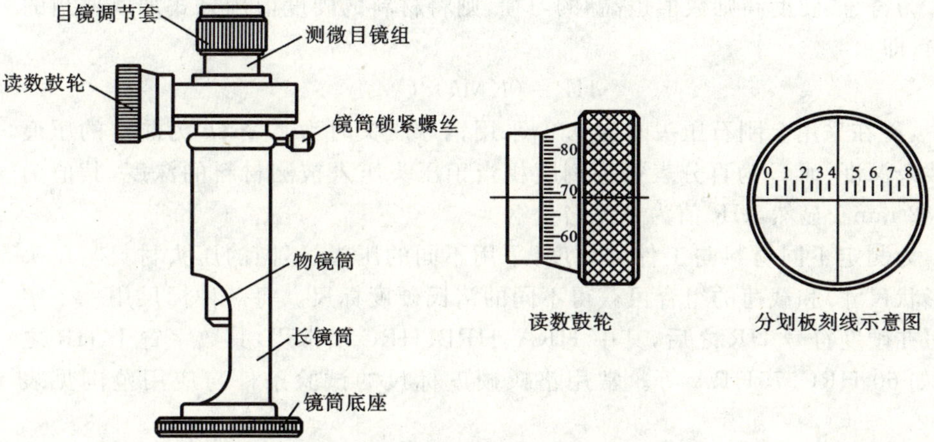

图 4-1-1　读数显微镜结构示意图

① 将读数显微镜置于硬度块或试件上，在长镜筒的缺口处用自然光或灯光照明。在视场中应同时看清分划板上的字和刻线，如感觉压痕不清晰，可转动目镜调节套调至清晰。

② 测量时，转动读数鼓轮，在读数鼓轮的圆周上刻有 0～90 的数字和 100 格线条，每一小格为 0.005 mm，转动鼓轮一圈为 0.5 mm 鼓轮刻线，如图 4-1-1 所示。

③ 目镜内有两块分划板，在固定分划板上刻有从 0～8 的数字，每一个数字间隔为 1 mm，在移动分划板上刻有用于测量的黑色刻线。

④ 当鼓轮开始转动后，刻有黑线的分划板开始移动，这时就可对压痕进行测量。测量时先将一刻线的内侧与压痕直径一边相切，记录测得的数据，然后再转动鼓轮，移动刻线到压痕直径的另一边。同样，用刻线的内侧与压痕直径相切，此时刻线走过的距离即为压痕直径 d。

(3) 布氏硬度试验的特点　由于布氏硬度试验的压痕面积大，使测量结果误差小，且与强度值之间有较好的对应关系，故有代表性和重复性。但同时也因压痕面积大而不适宜于成品零件及薄而小的零件。太硬的材料（>450 HB）会损坏压头，也不能测量。此外，还因测试过程较费事，故也不适合于大批量生产的零件检验。布氏硬度常用于退火状态下的钢材、铸铁，以及非铁合金及调质钢的硬度测试。

2）洛氏硬度实验

（1）洛氏硬度实验原理　洛氏硬度的试验原理、方法与条件在 GB/T 230.1—2004《金属洛氏硬度试验方法》中有详细说明。

为符合“硬度高则数值也高”的习惯，则将材料的硬度值用公式加以适当的变换，即

$$\mathrm{HR}=(KMh)/C$$

式中，K 在采用金刚石压头时为 0.2，采用钢球压头时为 0.26；h 为测定的压痕的残余深度；而 C 为百分表每一刻度相当于压头压入被测材料的深度，其值为 0.002 mm。显然，HR 值为一无名量纲。

为测定不同材料与工件的硬度，采用不同的压头（不同的压头材料与压头的形状尺寸）和载荷的组合可获得不同的洛氏硬度标尺。每一种标尺用一个字母写在硬度符号 HR 之后，其中 HRA、HRB、HRC 最常用，其数字置于 HR 之前，如 60 HRC、75HRA 等。常用洛氏硬度标尺的试验条件与应用范围见表 4-1-2。

表 4-1-2　常用洛氏硬度标尺的试验条件与应用范围

洛氏硬度	压头类型	总载荷/N	测量范围	应用举例
HRA	120°金刚石圆锥	590(60 kgf)	60～85 HRA	表面硬化层、硬质合金
HRB	1.588 mm 淬火钢球	980(100 kgf)	20～100 HRB	软钢、灰铸铁、非铁合金
HRC	120°金刚石圆锥	1 470(150 kgf)	20～67 HRC	调质钢、淬火硬化钢等
HRF	1.588 mm 淬火钢球	590(60 kgf)	25～100 HRF	铝合金和镁合金等

实际测量时可直接从硬度计表盘上读得硬度值（现在硬度计上也有配备数字显示的），十分方便。

（2）洛氏硬度测定的技术要点　试样表面应平整光洁，不得有氧化皮或油污以及明显的加工痕迹，试样厚度应不小于压入深度的 10 倍；两相邻压痕及压痕离试样边缘的距离均不应小于 3 mm；加载时力的作用线必须垂直于试样表面。

现以常见的 HR-150 洛氏硬度计为例说明操作过程：

① 根据试样的材料、形状、大小来选择压头、载荷和工作台（加载砝码已按

加载杠杆作了放大标示)；

② 把试样放在工作台上，顺时针转动手轮使试样与压头缓慢接触，直到表盘上小指针指到小红点“0”为止，然后将表盘的大针调到相应的标尺“零”位；

③ 拉动加载手柄，使主载荷自动加载；

④ 待指针停止转动约 10 s 后，转动卸载手柄到原位以卸掉主载荷；

⑤ 直接由表盘读出硬度值(有些硬度计为数码自动显示，更直观)；

⑥ 逆时针转动升降台手轮，取出试样；

⑦ 重复上述步骤，前后共测三点，取其平均值为洛氏硬度值。

(3) 洛氏硬度试验的特点　洛氏硬度的优点是操作迅速、简便，压痕较小，几乎不损伤工作表面，采用不同的标尺可测量各种软硬和厚度的材料，故应用较广。但因压痕较小，使代表性、重复性较差，数据分散度也较大。

对于钢铁材料，布氏硬度与洛氏硬度之间大致有以下关系：

HB≈10 HRC(在 HRC＝40～60 范围)；HB≈2 HRB。

2. 冲击实验

在一定温度下材料在冲击载荷作用下抵抗破坏的能力称为冲击韧度，为强度和塑性的综合指标，反义为脆性，其常采用摆锤冲击试验一次性冲断标准缺口试样(GB/T 229—1994)所做的总功 A_K(单位为 J)来表示材料冲击韧度的大小，也可用 A_K 除以试样缺口处截面积 A_0 得冲击韧度(用 a_K 表示，单位为 J/cm^2)。

1) 试样

冲击韧度 a_K 的数值与试样的尺寸、缺口形状和支承方式有关。为了对实验结果进行比较，正确地反映材料的冲击性能，国家标准 GB/T 229—2007 规定了两种形式的试样，其尺寸形状如图 4-1-2、4-1-3 所示，试样为 V 型缺口(夏比试样)时，可记为 a_{KV}，为 U 型缺口(梅氏试样)时，可记为 a_{KU}；两者皆为简支梁形式。试样上开有缺口是为了使缺口区形成高度应力集中，吸收较多的能量。实验工具钢、热固性塑料等脆性材料常用 10 mm×10 mm×55 mm 的无缺口冲击试样。

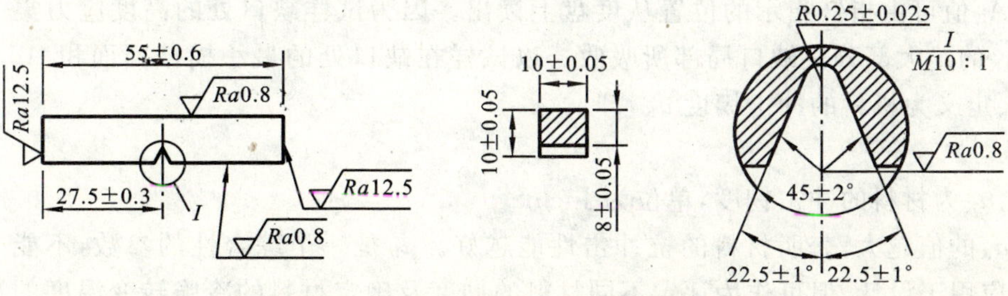

图 4-1-2　V 型缺口试样(夏比试样)

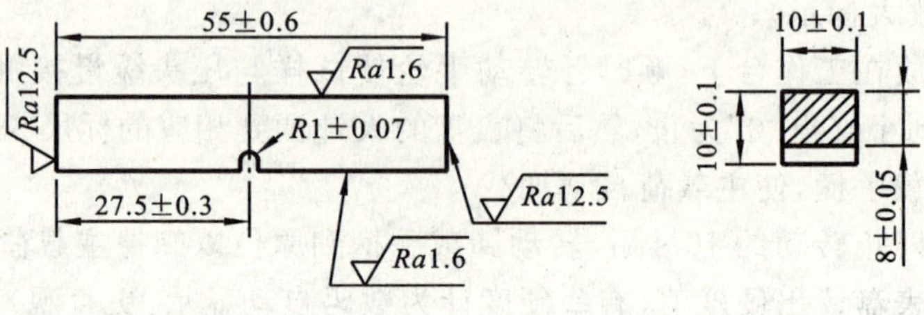

图 4-1-3　U 型缺口试样(梅氏试样)

2）实验原理和方法

冲击试验机结构示意图及试样安放如图 4-1-4 所示。

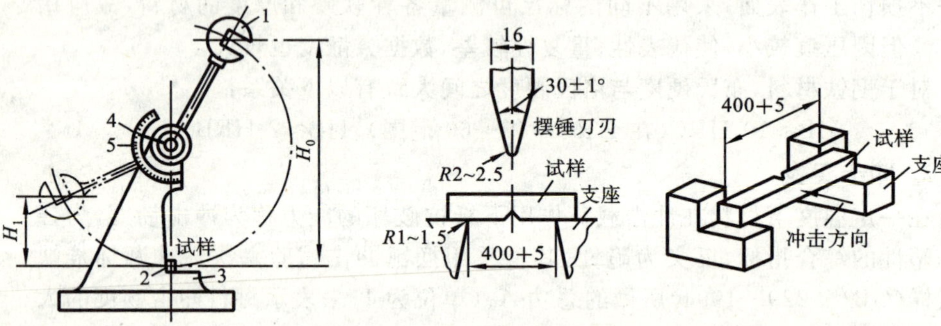

图 4-1-4　冲击试验示意图

1—摆锤，2—试样，3—机架，4—指针，5—刻度盘

实验时，将带有缺口的试样安放于试验机的支座上，举起重量为 G 的摆锤升到一定高度 H_0，使其获得势能 $G \cdot H_0$，再将摆锤释放，冲断试样后摆锤在另一边的高度为 H_1，相应的势能为 $G \cdot H_1$，冲断试样前后的能量差，即为摆锤冲断试样所消耗的功，也可以说是试样变形和断裂所吸收的能量(忽略机座振动能量，试样掷出功等)，称为冲击功，以 A_K 表示，有

$$A_K = G \cdot H_0 \mathrm{M} G \cdot H_1 \text{（}A_K\text{的单位为 J）}$$

A_K 值可由指针指示的位置从度盘上读出。因为试样缺口处的高度应力集中，A_K 的绝大部分被缺口局部所吸收。以试样在缺口处的最小横截面面积 A_0 除 A_K 定义为材料的冲击韧度 a_K，即

$$a_K = A_K / A_0$$

式中：a_K 为材料的冲击韧度，单位为 J/cm^2。

a_K 的值越大，表明材料的抗冲击性能越好。a_K 是一个综合性的参数，不能直接应用于设计，但可作为评定不同材料的韧度及确定材料的冷脆转变温度的依据，以及评定材料在大能量冲击下的缺口敏感性的依据。

3）实验步骤

① 用游标卡尺测量试样缺口底部处的横截面尺寸；

② 让摆锤自由下垂，使被动指针紧靠主动指针。然后举起摆锤空打，检查指针是否回到零点，否则应进行校正；

③ 按图 4-1-4 所示安放试样，使缺口对称面处于支座跨度中点，偏差小于 ±0.2 mm；

④ 将摆锤举至所需位置，然后使其下落冲断试样。记录被动指针在度盘上的读数，即为冲断试样所消耗的功；

⑤ 摆锤下放到铅垂位置，取下试样。

4）注意事项

① 安装试样前，严禁高台摆锤。

② 摆锤抬起后，在摆锤摆动范围内，切忌站人、行走及放置任何障碍物。

1.4　实验内容与要求

（1）根据学生情况进行分组，先由教师分别讲解硬度实验、冲击实验的原理、设备结构、试样制作、操作要点及注意事项等，并进行相应的演示。

（2）学生按组进行指定试样或自制试样的布氏硬度、洛氏硬度及冲击实验。

（3）每个学生应对所测试的材料硬度结果进行记录，并正确标示。

（4）根据冲击实验试样折断后，记录所消耗的能量，计算低碳钢与铸铁的 a_K，填入表 4-1-3 中，并比较两种材料的端口差异。

表 4-1-3　冲击实验记录表

材　料	试样缺口处截面积/cm^2	冲击功/（N·m）	冲击韧性 a_K/（N·m/cm^2）
低碳钢			
铸铁			

1.5　思　考　题

（1）布氏硬度及洛氏硬度试验的特点及应用范围怎样？

（2）用冲击低碳钢的大能量试验机冲击铸铁试样，能否得到准确结果？

实验2 光学金相显微镜的使用及铁-碳合金平衡组织观察

2.1 实验目的

(1) 掌握金相显微镜的简单构造及使用方法。

(2) 识别铁-碳合金在平衡状态下各区的室温组织特征。

(3) 加深理解平衡状态下碳钢的组织特征与碳含量及性能之间的关系。

2.2 实验概述

1. 金相显微镜的构造和使用

1) 金相显微镜的构造

普通金相显微镜的种类和形式很多,但最常见的形式有台式、立式和卧式三大类,而由目镜的数量有单目镜及双目镜式,由试样的安放位置又有倒置及正置式,但其构造通常均由光学系统、照明系统和机械系统三部分组成,有的显微镜还附带照相装置和暗场照明系统等。现以常见的 XJB-1 型金相显微镜为例进行说明。

该型金相显微镜的光学系统如图 4-2-1 所示:由灯泡 1 发生一束光线,经聚光透镜组 2 的汇聚和反光镜 8 的反射,聚集在孔径光栏 9 上,然后经过聚光镜 3、半反射镜 4,辅助透镜 5 再度将光线聚集在物镜的后焦面上,最后光线通过物镜,使试样表面得到充分均匀的照明;而从试样 7 反射回来的光线又经物镜组 6、辅助透镜 5、半反射镜 4、辅助透镜 11 及棱镜 12 和棱镜 13,形成一个倒立放大实像;该物像再经场镜 14 和目镜 15 的放大,即得到所观察试样表面的放大图像。

XJB-1型金相显微镜的外形结构如图4-2-2所示。其中，照明源为在底座内装有的一个低压(6～8 V)灯泡，可使试样表面获得了充分均匀的照明；转动粗调手轮6及微调手轮5，可以通过内部齿轮带动支承载物台1的弯臂作上下运动；在粗调手轮的一侧有制动装置，用以固定调焦正确后载物台的位置；在右侧手轮上刻有分度格，每小格表示物镜座上下微动0.002 mm；与刻度盘同侧的传动箱4上刻有两条白线，用以指示微动升降的极限位置，微调时不可超出这一范围；否则，会损坏机件。

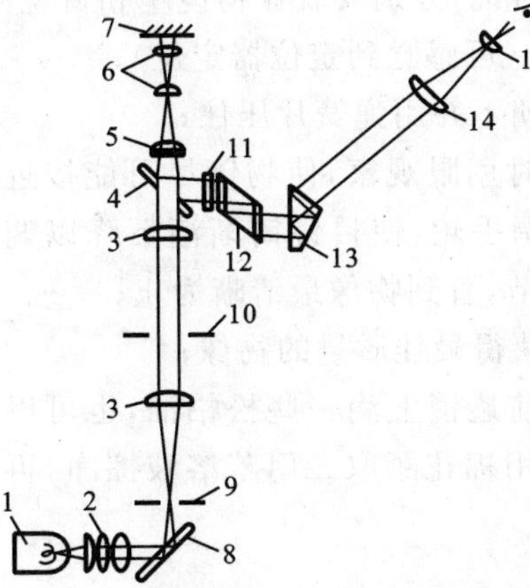

图4-2-1　XJB-1型金相显微镜光学系统示意图

1—灯泡；2,3—聚光镜组；4—半反射镜；5,11—辅助透镜；6—物镜组；7—试样；8—反光镜；9—孔镜光栏；10—视场光栏；12,13—棱镜；14—场镜；15—目镜

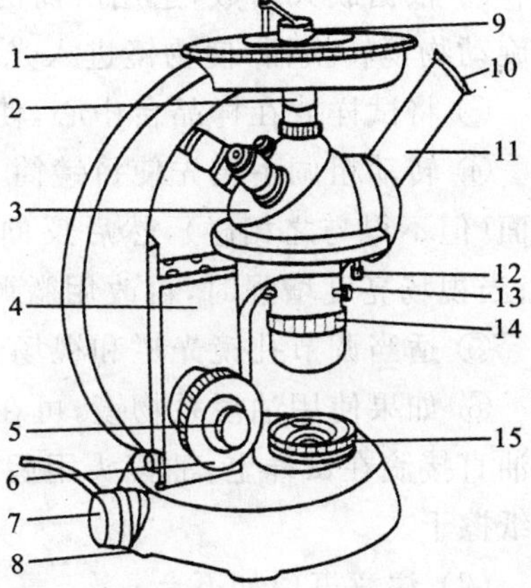

图4-2-2　XJB-1型金相显微镜结构外形示意图

1—载物台；2—物镜；3—转换器；4—传动箱；5—微调手轮；6—粗调手轮；7—电源；8—偏心圈；9—试样；10—目镜；11—目镜筒；12—固定螺钉；13—调节螺钉；14—视场光栏；15—孔镜光栏

载物台(样品台)，用于放置金相试样9，载物台和下面托盘之间有导架，其间用黏性油膜来产生适量阻尼。用手推动，可引导载物台在水平面上作一定范围的移动，以改变试样的观察部位。

孔镜光栏装在照明反射镜座上面，其上刻有0～5分刻线，表示孔镜大小的毫米数。调整孔镜光栏能控制入射光束的粗细，以降低球面像差；而调整视场光栏可使目镜中所见视场照亮而无阴影；在套圈上方有两个调中螺钉，用来调整光栏中心。

物镜转换器3上可安装不同放大倍数的物镜2；旋动转换器可使物镜镜头进入光路，并定位在光轴上。

目镜筒 11 呈 45°倾斜安装，还可将目镜 10 可转向 90°呈水平状态，以配合照相装置进行金相显微摄影。

2）金相显微镜的使用方法及注意事项

金相显微镜是一种精密光学仪器，在使用时要求细心和谨慎，严格按照使用规程进行操作。

（1）金相显微镜的使用规程简介如下：

① 按要求先接上 6 V 变压器电源；

② 根据放大倍数，选用所需的物镜和目镜，分别安装在物镜座和目镜筒上；而旋动物镜转换器，使物镜进入光路并定位（可感觉到定位器定位）；

③ 将试样放在样品台中心，使观察面朝下并用弹簧片压住；

④ 转动粗调手轮先使目镜筒上升，同时用眼观察，使物镜尽可能接近试样表面（但不得与之相碰），然后反向转动粗调手轮，使目镜筒渐渐下降以调节焦距；当视场亮度增强时，再改用微调手轮调节，直到物像最清晰为止；

⑤ 适当调节孔镜光栏和视场光栏，以获得最佳质量的物像；

⑥ 如果使用油浸系物镜，可在物镜的前透镜上滴一些松柏油，也可以将松柏油直接滴在试样上；油镜头用后，应立即用棉花蘸取二甲苯溶液擦净，再用擦镜纸擦干。

（2）注意事项如下：

① 操作应细心，不允许有粗暴和剧烈动作，严禁自行拆卸显微镜部件；

② 试样要干净，显微镜的镜头和试样表面不允许用手直接触摸（若镜头中落入灰尘，可用镜头纸或软毛刷轻轻擦拭）；

③ 旋转粗调和微调手轮时，动作要慢，碰到故障应立即报告，不允许强行用力转动，以免损坏机件。

2. 铁-碳合金室温下基本组织组成物的显微组织特征

1）铁素体

铁素体（F）是碳在 α-Fe 中的间隙固溶体，由于在室温下其溶碳量几乎等于零，故其显微组织与纯铁相同，其强度、硬度低，塑性好。其用 3%～5%硝酸酒精浸蚀后呈白色多边形晶粒，晶界呈黑色网络状。

2）渗碳体

渗碳体（Fe_3C）是具有复杂晶格结构的间隙化合物，其碳含量为 6.69%，硬而脆。用 3%～5%硝酸酒精浸蚀后，渗碳体呈白亮色；而用碱性苦味酸钠溶液（苛性钠苦味酸水溶液）热浸后呈暗黑色，故可用此法区别碳钢中的铁素体与渗碳体。渗碳体在碳钢和铸铁中与其他相共存时，可以呈片状、网状、针状或板条状。

3）珠光体

珠光体(P)是由铁素体和渗碳体组成的细密机械混合物，在平衡状态下其碳含量为0.77%。珠光体有片状和球状两种形貌。由于珠光体中铁素体比渗碳体的电极电位低，在正常浸蚀下，铁素体为阳极而被溶解，渗碳体则不被溶解而凸出，因而在高倍显微镜下就能看到珠光体是由层片的渗碳体与铁素体互相平行交替排列而成；而在低倍显微镜下，则珠光体的层片组织就无法分辨而呈黑色一片。

4）低温莱氏体

低温莱氏体(L_d')是珠光体和渗碳体组成的机械混合物。在平衡状态下，其碳含量为4.3%。低温莱氏体中白色基体为渗碳体，而珠光体的层片组织一般无法分辨而成黑色。

3. 铁-碳合金平衡组织的显微分析

平衡组织一般是指合金在极其缓慢冷却的条件下(相当于退火状态)所得到的组织。在Fe-Fe_3C相图上的各种合金，按其碳含量与平衡组织的不同，可分为工业纯铁、碳钢及白口铸铁三类。

1）工业纯铁

碳含量<0.021 8%的铁-碳合金称为工业纯铁。工业纯铁的显微组织为单相铁素体，金相呈白色块状。

2）碳钢

碳含量在0.021 8%～2.11%范围的铁-碳合金称为碳钢。按其碳含量与平衡组织的不同，可分为亚共析碳钢、共析碳钢和过共析碳钢三种。

(1) 亚共析碳钢　碳含量在0.021 8%～0.77%范围的碳钢称为亚共析碳钢，其室温下的显微组织为白色块状的铁素体和层片状的珠光体。随着钢中碳含量的增加，珠光体量逐渐增多而铁素体量逐渐减少，并且铁素体的形态也由块状变成碎块状，最后变成网状或断续网状分布在珠光体的边界上。在放大倍数不高时，珠光体呈黑色块状。

根据显微镜下观察到的珠光体和铁素体所占的面积，采用下式估算出亚共析碳钢中的碳含量(由于珠光体和铁素体的密度相近，可以面积代替质量分数)：

$$w_C(\%)=w_P(\%)\times 0.77\%$$

式中：$w_C(\%)$为钢的碳含量；$w_P(\%)$为珠光体所占面积。

(2) 共析碳钢　碳含量为0.77%的碳钢称为共析碳钢，其室温下的组织为珠光体。在600倍以上显微镜下观察的珠光体是由层片的渗碳体与铁素体互相平行交替排列而成，此时宽条铁素体和细条渗碳体都呈白色，它们的边界呈黑色；在 400 倍左右观察时，渗碳体呈细黑线条，铁素体呈宽白条；在 200 倍左右观察时，珠光体呈黑色块状。在通常情况下，近似认为 T8 钢（含 0.8%C）即为共析钢。

（3）过共析碳钢　碳含量在 0.77%～2.11%范围的碳钢称为过共析碳钢，其室温下的显微组织为珠光体和二次渗碳体，而二次渗碳体呈网状分布在珠光体团周围。随着钢中碳含量的增加，二次渗碳体网逐渐变宽。用 3%～5%硝酸酒精溶液浸蚀时，渗碳体在显微镜下呈亮白色，与铁素体相似，而珠光体呈暗黑色。

3）白口铸铁

白口铸铁是碳含量为 2.11%～6.69%范围的铁-碳合金。按其碳含量及平衡组织的不同，又可分为亚共晶白口铸铁、共晶白口铸铁和过共晶白口铸铁三种。

（1）亚共晶白口铸铁　碳含量在 2.11%～4.3%范围的白口铸铁，其室温下的显微组织为珠光体、二次渗碳体和低温莱氏体。组织中黑色块状或树枝状分布的是由初生奥氏体转变的珠光体，白色底上分布着暗黑色粒状的基体是低温莱氏体。从初生奥氏体及共晶奥氏体中析出的二次渗碳体（二次渗碳体呈网状分布在珠光体团周围），与共晶渗碳体连在一起，在显微镜下难以分辨。

（2）共晶白口铸铁　碳含量为 4.3%，其室温下的显微组织为低温莱氏体，其中白色基体为渗碳体，暗黑色粒状或棒状组织为珠光体，二次渗碳体与共晶渗碳体连在一起而难以分辨。

（3）过共晶白口铸铁　室温下的显微组织为一次渗碳体和低温莱氏体，其碳含量为 4.3%～6.69%，组织中白底上散布着暗黑色散粒状的基体是低温莱氏体，而自液态直接结晶出来的一次渗碳体较粗大，呈白色板条状分布在莱氏体基体上。

2.3　实验方法指导

（1）在本实验中，学生应根据铁-碳合金相图分析各类成分合金的组织形成过程，并通过对铁-碳合金平衡组织的观察和分析，熟悉钢和铸铁的金相组织和形态特征，以进一步建立成分和组织之间相互关系的概念。

（2）在显微镜下对各种试样进行观察和分析，确定其所属类型。

（3）绘出所观察的显微组织图，画图时应抓住组织形态的特征，并在图中用箭头和代表符号标示出组织组成物。

2.4　注意事项

（1）在观察显微组织时，先用低放大倍数显微镜全面地进行观察，找出典型组织，然后再用高放大倍数显微镜，对部分区域进行详细观察。

（2）在移动金相试样时，不得用手摸试样表面，以免引起显微组织模糊不清影响观察。

（3）画组织图时应抓住组织形态的特点，画出典型区域的组织，注意不要将磨痕或杂质画在图上。

2.5　实验设备及材料

（1）金相显微镜若干台。

（2）典型铁-碳合金的金相样品（见表4-2-1，也可用其他接近的材料样品）。

表4-2-1　铁-碳合金的金相样品及工艺状态

材　　料	处理状态	浸蚀剂	组　　织
工业纯铁	退火	4%硝酸酒精	F
15钢	退火	4%硝酸酒精	F+P
45钢	退火	4%硝酸酒精	F+P
T8	退火	4%硝酸酒精	P
T12	退火	4%硝酸酒精	$P+Fe_3C_{II}$
亚共晶白口铸铁	铸态	4%硝酸酒精	$L_d'+(P+Fe_3C_{II})$
共晶白口铸铁	铸态	4%硝酸酒精	L_d'
过共晶白口铸铁	铸态	4%硝酸酒精	$Fe_3C_I+L_d'$

2.6 实验报告要求

(1) 用铅笔画出所观察过的组织示意图,并在图下方注明材料名称、组织、浸蚀剂及放大倍数,显微组织图画在直径为 40 mm 的圆内,并将组织组成物名称以箭头引出标明。

(2) 根据所观察的显微组织近似地确定和估算一种亚共析钢的碳含量。

2.7 思 考 题

(1) 珠光体在低倍和高倍观察时有何不同,为什么?

(2) 渗碳体有几种?其形态有何差别?

实验3 碳钢的淬火与回火

3.1 实验目的

(1) 了解碳含量对淬火温度、淬火后组织和性能的影响。

(2) 熟悉中碳钢回火温度对钢的硬度的影响和回火的显微组织特征。

(3) 熟悉碳钢淬火及回火的操作过程。

3.2 实验概述

所谓淬火就是将钢加热到 Ac_3（亚共析钢）或 Ac_1（过共析钢）以上 30～50 ℃，保温后放入各种不同的冷却介质中快速冷却（$v_{冷}$应大于 v_k）以获得马氏体组织。碳钢经淬火后的组织由马氏体及一定数量的残余奥氏体所组成。

为了正确地进行钢的淬火，必须考虑下列三个重要因素：淬火加热温度、保温时间和冷却速度。

淬火是钢的主要热处理工艺，不同成分的钢种，其淬火加热的温度不同，碳钢的淬火加热温度可根据 $Fe\text{-}Fe_3C$ 状态图来决定（见图 4-3-1）：对于亚共析钢来说，一般应在 Ac_3 线以上 30～50 ℃，以避免出现软的铁素体而使钢的硬度降低；对于共析钢和过共析钢来说，应在 Ac_1 线以上 30～50 ℃，以保留部分未溶解的碳化物，并且此时奥氏体的碳含量不高，晶粒也不粗大，利于最终得到硬而耐磨的“细小马氏体＋粒状碳化物＋少量残余奥氏体”的组织，并且还因淬火温度较低而降低了变形或开裂倾向。

钢的淬火加热保温时间，必须保证钢件内外温度均匀一致和相变进行完全。保温时间的长短，主要根据钢件的形状、厚度、装炉方式、加热介质等来决定。在空气炉中加热时，加热保温时间按 1～1.5 min/mm 估算。

淬火介质主要有水（含盐水）、油、碱浴和盐浴，一般碳钢（淬透性较低）用水淬，合金钢（淬透性高）及尺寸为 3～10 mm 的小碳钢件可以用油淬。淬火方法有单介质淬火、双介质淬火、分级淬火和等温淬火等，如图 4-3-2 所示。只有当冷却速度大于临界冷却速度 v_K 时，工件才能淬透。

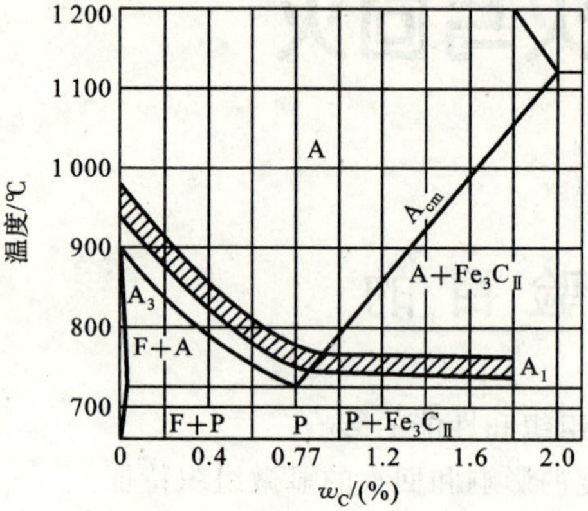

图 4-3-1　钢的淬火温度范围

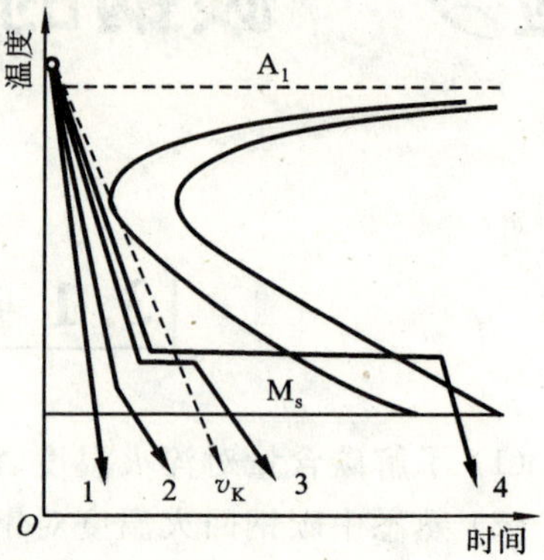

图 4-3-2　不同淬火冷却方法示意图

1—单介质淬火；2—双介质淬火；

3—分级淬火；4—等温淬火

为了消除内应力及稳定组织，改善钢的力学性能，钢在淬火后都要经过回火处理。淬火钢在回火过程中要发生马氏体的分解、残余奥氏体的转变、碳化物的析出和聚焦长大、α 相的回复和再结晶等组织变化。根据回火温度的不同，可将回火组织分成为三类。

1. 回火马氏体

淬火钢经低温回火（150～250 ℃）后，马氏体内的过饱和碳原子脱溶沉淀，析出与母相保持着共格联系的 ε 碳化物，这种组织称为回火马氏体。回火马氏体仍然保持原马氏体的针状特征，但容易受侵蚀，故颜色要比马氏体深些，是暗黑色的针状组织。

2. 回火托氏体

淬火钢经中温回火（350～500 ℃）后，得到在铁素体基体中弥散分布着微小粒状渗碳体的组织，称为回火托氏体。回火托氏体中的铁素体仍然保持原来针状马氏体的形态，渗碳体呈细小的颗粒状，在光学显微镜下不易分辨清楚，故呈暗黑色。

3. 回火索氏体

淬火钢经高温回火（500～650 ℃）后，得到的组织称为回火索氏体。其特征是已经聚焦长大的渗碳体颗粒分布在铁素体基体上。用电子显微镜可以看出回火索氏体中的铁素体已不呈针状形态而呈等轴状。

3.3 实验内容

1. 不同碳含量对碳钢淬火后硬度的影响

按照表 4-3-1 内容进行实验：

表 4-3-1 碳含量对碳钢淬火后硬度的影响

钢　　号	20	45	T8	T12
淬火加热温度/℃	910±10	840±10	780±10	780±10
淬火后平均硬度值/HRC				

2. 不同回火温度对 45 钢(或其他相近钢)淬火后回火硬度的影响

按照表 4-3-2 内容进行实验：

表 4-3-2 不同回火温度对 45 钢淬火后回火硬度的影响

回火温度/℃	室　温	180	250	350	500	600
回火后平均硬度值/HRC						

3.4 实验步骤及注意事项

1. 实验步骤

(1) 每组领取 20、45、T8、T12 钢试样各一块，按表 4-3-1 中所规定的淬火温度分别放入箱式电阻炉中，待试样加热到规定的温度后，开始计算保温时间。达到保温时间后，取出试样迅速水冷淬火，然后测定硬度。每块试样测三次硬度，取平均值填入表 4-3-1 中。

(2) 每组领取未经淬火的 45 钢试样六块，首先进行淬火(加热温度为840 ℃，按 1～1.5 min/mm 保温)，然后测定硬度，如硬度值 HRC>50 即可，而淬火硬度 HRC<50 时应重新淬火。同时，按表 4-3-2 中所规定的温度进行回火，回火的时间最短为 15 min。回火后测量硬度，测三点硬度，取平均值填入表 4-3-2 中。

2. 注意事项

(1) 开启炉门前必须关闭电源。

(2) 从炉内取出试样入水冷却时，动作要迅速，切不可在炉外空气中停留较长时间。

(3) 测定试样硬度前,先用砂纸将两面打光磨平。

3.5 实验设备及材料

(1) 箱式电阻炉。

(2) 洛氏硬度计。

(3) 砂纸。

(4) 20、45、T8、T12 钢试样(或用近似的其他钢试样)。

3.6 实验报告要求

(1) 实验名称。

(2) 实验目的。

(3) 根据本组实验数据绘出:

① 碳含量与淬火硬度的关系曲线,并分析其规律及原因;

② 45 钢淬火后经不同温度的回火,其回火温度与硬度的关系曲线,并分析其规律性,简述其原因。

实验4 压力铸造及成形特点分析

4.1 实验目的

(1) 熟悉压力铸造(简称压铸)的原理、特点及应用范围,了解压铸工艺、压铸模具、压铸机三者间的有机联系。

(2) 了解压铸机的结构、了解压铸工艺参数的选取原则,了解压铸件生产的全过程。

(3) 了解压铸模的组成、各零件的功能及安装。

4.2 实验概述

压力铸造是在压射冲头(或柱塞、活塞)的高压作用下,使液态或半液态金属以较高的速度充填压铸模型腔,并在压力作用下凝固而获得铸件的方法。高速和高压充填铸型是压铸的两大特点。它常用的压射比压是从几兆帕至几十兆帕,甚至高达200 MPa。充填速度约在10～50 m/s,甚至可达100 m/s以上;充填时间很短,一般在0.01～0.20 s范围内。

压铸生产零件的特点是:压铸件的精度高,力学性能较好,可生产形状复杂的薄壁件,生产率高,主要适于铝、镁、锌等低熔点合金的中小件的成批、大批生产。由合金液变为压铸件的成形过程中,合金液、压铸机、压铸模是三大要素,而压铸工艺则是将三大要素有机组合并加以运用的过程。

1. 压铸机的类型

压铸机是压铸生产的最基本设备,一般分为热室压铸机及冷室压铸机。

热室压铸机的压室浸入液体金属中,压射冲头处于最高位置时金属流入压室,冲头下压,将压室内的金属经鹅颈通道压入合紧的压铸模型腔中,并迅速凝固成形;冲头上升,开型取出铸件,如图4-4-1所示。热压室压铸机的优点是生产工序简单,效率高,金属消耗少,工艺稳定,压入型腔的金属液较干净,铸件质量好，易于实现自动化。但因压室和压射冲头长期浸在金属液中，影响使用寿命，并会增加金属液的含铁量，其一般用于压铸低熔点的锌合金件及中小型薄壁镁合金铸件生产。

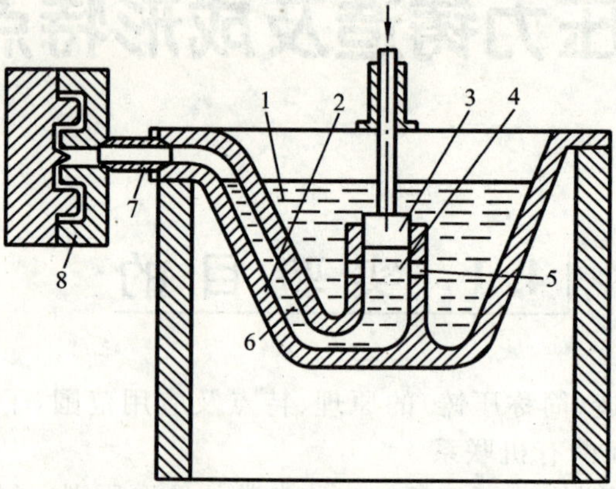

图 4-4-1　热压室压铸机压铸原理示意图

1—液态金属；2—坩埚；3—压射冲头；4—压室及液态金属；5—液态金属进口；6—鹅颈通道；7—喷嘴；8—压铸模

冷室压铸机的压室与保温炉是分开的，由压室及压射机构的空间位置不同又分卧式冷压室压铸机和立式冷压室压铸机。图 4-4-2 所示为目前应用较普遍的卧式冷压室压铸机的结构示意图，图 4-4-3 所示为冷压室压铸工作原理示意图。

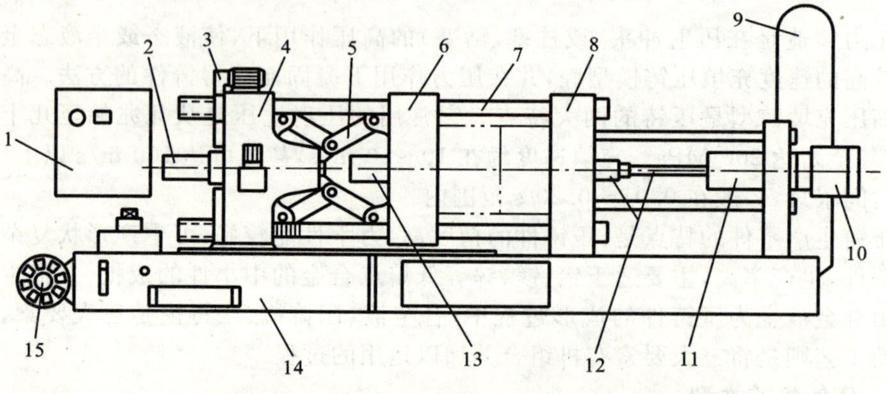

图 4-4-2　卧式冷室压铸机结构组成示意图

1—控制柜；2—合模缸；3—模具高度调节机构；4—曲肘支承座板；5—曲肘机构(曲柄连杆锁紧机构)；6—动模座板(固定板、安装板)；7—拉杆(导杆、哥林柱)；8—定模座板(固定板、安装板)；9—蓄能器；10—增压器；11—压射缸；12—压室与冲头；13—顶出缸；14—底座与液压油箱；15—泵及电动机

冷压室压铸机的压室与液态金属的接触时间很短，可适用于压铸熔点较高一些的非铁合金，如铝、镁、铜等合金，甚至还可用于钢铁金属和半液态金属的压铸。

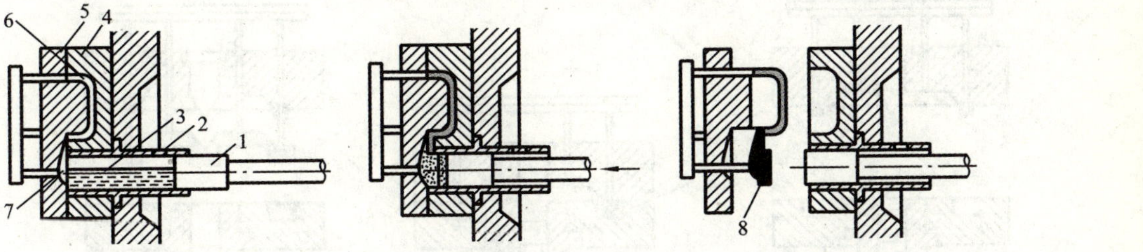

(a) 合型　　(b) 压铸　　(c) 开型

图 4-4-3　卧式冷室压铸机压铸工作原理示意图

1—压射冲头；2—加料口及压射缸(筒)；3—压室及液态金属；4—定模(定型)；
5—动模(动型)；6—型腔；7—浇道；8—余料

立式冷室压铸机典型工作原理如图 4-4-4 所示。图 4-4-5 所示为全立式压铸机压铸过程示意图。

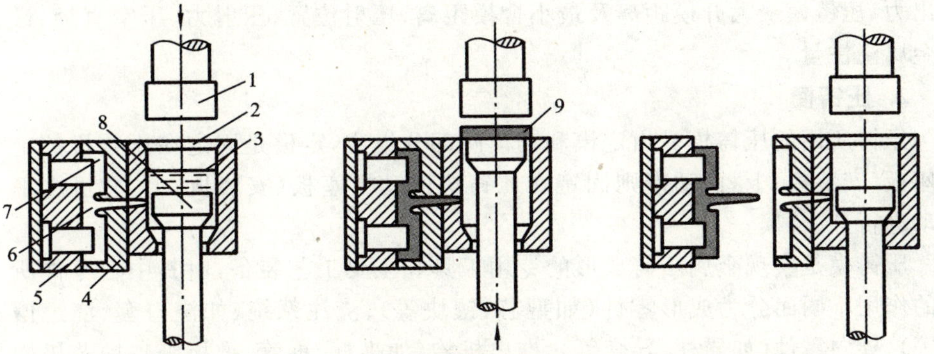

(a) 合模浇注　　(b) 压铸完成　　(c) 开模

图 4-4-4　立式冷压室压铸机压铸工作原理示意图

1—压射冲头；2—加料口及压室；3—液态金属；4—定模(定型)；
5—动模(动型)；6—喷嘴及浇道；7—型腔；8—反料冲头；9—余料

压铸机规格型号举例：

J　1　1　13　C

- C —— 结构性能改进设计序号(C属第三次改型设计)
- 13 —— 锁模力参数，近似锁模力(kN)的1/100 kN(为1 300 kN)
- 1 —— 组别代号：1—卧式　5—立式
- 1 —— 列别代号：1—冷压室　2—热压室
- J —— 金属型铸造设备："压铸机"代号

卧式冷室压铸机的基本参数有锁模力、拉杆之间的内尺寸、动模座板行程、

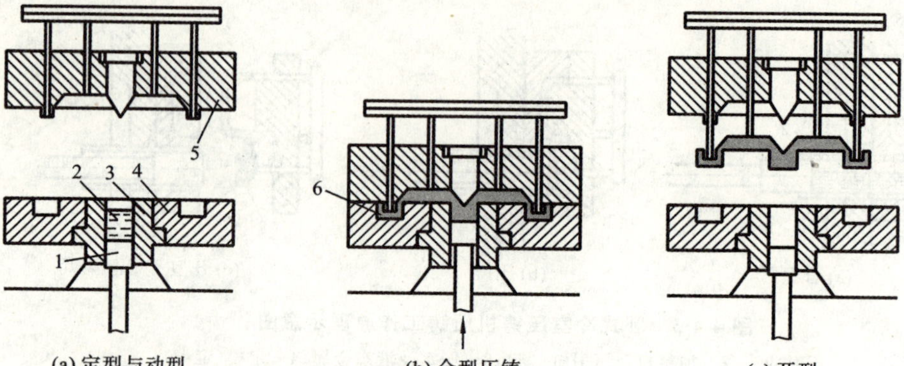

图 4-4-5 全立式压铸机压铸过程示意图

1—压射冲头；2—浇口、压室及液态金属；3—压室(压射)筒(缸)体；

4—定模(定型)；5—动模(定型)；6—型腔

顶出力、压铸模最大开模距离及最小合模距离、压射位置、压射力、压室直径、最大金属浇注量等。

2. 压铸模

压铸所用的压铸模是由定模和动模两部分组成，定模是固定在压铸机的定模座板(安装板)上，而动模则固定在压铸机的动模座板(安装板)上，并可水平移动进行开、合模。

压铸模是实现金属压铸成形的专用工具和主要工艺装备，由其中各零件所起的作用不同而分为成形零件(如型芯、镶块等)、浇注系统(如浇口套、浇道镶块等)、导向零件(如导柱、导套等)、推出机构(如推杆、推管、推板等)、抽芯机构(如斜导柱、弯销、斜滑块、齿轮齿条、液压抽芯等)、排溢系统(如溢流槽、排气槽等)、冷却系统(如冷却水道等)、模体(如动模座板及套板、定模座板及套板、支承板、垫块等)及紧固定位用的螺钉、圆柱销等。

3. 主要压铸工艺参数

一般压铸机均可手动及自动运行。

进行压铸前，先启动电源、油泵、水阀(泵)，进行设备检查及预调试，并熔炼好合金。压铸的一般过程是：开模→喷涂料(及预热)→合模→定量勺浇注→冲头压射→增压、持压及冷却→冲头回程→开模→顶出铸件→清理型腔→顶杆顶回→(喷涂料)→合模。这样就完成一个工作循环。

压铸工艺参数主要有压力(压射力、压射比压)、速度(压射速度、充填速度)、温度(浇注温度、模具温度)、时间(充填时间、持压时间、留模时间)、压室充满度等。

1）压力和速度

压射力是指压射冲头作用于金属液上的力，它反映了压铸机的功率大小；压射比压是指压射时，压室内金属液单位面积上所受到的力。压射比压的选择，应根据不同合金和铸件结构特性确定，如铝合金的压射比压为 30～60 MPa。压射速度是指冲头压射时的移动速度，而充填速度是指合金液通过内浇口进入型腔的线速度。一般对于厚壁或内部质量要求较高的铸件，应选择较低的充填速度和高的增压压力；对于薄壁或表面质量要求高的铸件及复杂的铸件，应选择较高的比压和高的充填速度。

2）浇注温度

浇注温度是指从压室进入型腔时液态金属的平均温度，一般用保温炉内的温度表示。浇注温度过高，收缩大，使铸件容易产生裂纹、晶粒粒大、还能造成黏模；浇注温度过低，易产生冷隔、表面花纹和浇不足等缺陷。浇注温度的选择应与压力、铸型温度及充填速度同时综合考虑。

3）模具温度

模具在使用前要预热到一定温度，以防合金液受到激冷而导致充型困难，而模具受到激热导致开裂。一般多用煤气、喷灯、电热或感应加热。

在连续生产中，模具温度过高除使液态金属产生黏模外，还使铸件冷却缓慢，导致晶粒粗大。因此，在压铸型温度过高时，应采取冷却措施。通常用压缩空气、水或化学介质进行冷却。

4）充填、持压和留模时间

从液态金属开始进入型腔起到充满型腔为止，所需的时间称为充填时间。对大而简单的铸件，或要求卷入气体少时，充填时间要相对长些，对复杂和薄壁铸件充填时间要短些。充填时间还与内浇口的截面积大小有密切关系。

从液态金属充填型腔到内浇口刚好完全凝固时，冲头压力所持续的时间，称为持压时间，目的是加强补缩及使组织更致密。持压时间的长短取决于铸件的材质和壁厚，多在 1～3 s 间。

留模时间是指持压结束到开模这段时间。留模时间过短，由于合金强度尚低，可能在铸件顶出时引起变形；但留模时间太长，则铸件温度过低，收缩大，对抽芯和顶出铸件的阻力亦大。一般开型时间按铸件壁厚 1 mm 需 3 s 计算，然后经试验调整。

5）压铸用涂料

压铸过程中，为了避免铸件激冷及与压铸模焊合，减少铸件顶出的摩擦阻力和避免压铸模过分受热，而常对型腔喷涂保护涂料。

4.3 实验内容

(1) 现场介绍压铸的概念、特点及应用范围，介绍压铸机的结构、原理、适用范围及安全注意事项。

(2) 进行合金件的压铸演示及介绍工艺参数的选取。

(3) 对照模具实物简介几种(冷室及热室)模具的结构及安装。

4.4 实验组织运行要求

(1) 教师应提前进行合金熔炼准备。

(2) 根据本实验的特点、要求和具体条件，一般每组不超过 15 人；学生先应预习有关压力铸造工艺、设备、压铸合金、模具结构等方面的知识。

(3) 采用以教师现场讲解及演示为主，学生辅助验证操作为辅的教学形式，并应做好记录。

(4) 特别指出：严格设备及模具操作规程，强调人身及设备运行安全，防止触电、碰伤、烫伤及合模时夹伤等；注意模具拆装零件的归类。

(5) 余时学生可自行观察、分析、操作，并做好关键记录。

4.5 实验器材

压铸机，加热炉，坩埚，合金原料，压铸模，操作工具等。

4.6 思考题

(1) 简述所见压铸机的基本工作过程及型号的含义。

(2) 压铸过程中需要注意的安全问题主要有哪些？

(3) 所见压铸件生产的工艺参数有哪些？

(4) 试比较热压室与卧式冷压室压铸机的异同点。

实验5 热塑性塑料注射成形及其特点分析

5.1 实验目的

(1) 了解螺杆式注塑机的基本结构,熟悉注射成形的基本原理。

(2) 了解热塑性塑料注射成形的操作过程。

(3) 了解注射成形工艺条件对注射制品质量的影响。

5.2 实验原理

注射(或注塑)成形适用于热塑性和部分热固性塑料,是高聚物的一种重要的成形方法。注射成形的设备是注塑机和注射模具,它是使固体树脂在注塑机的料筒内通过外部加热及螺杆、料筒与树脂之间的剪切和摩擦力作用生热,使树脂塑化成黏流态,并经螺杆(或柱塞)推动,以很大的压力和较快的速度,将塑化好的树脂从料筒中挤出,通过喷嘴注入闭合的模具型腔中,经过一定的时间保压、冷却固化后,脱模取出制品。注射成形方法具有成形效率高、制品精度高、适应性强、易于自动化等特点,应用很广。

热塑性塑料注射时,模具温度比注射料温度低,制品是通过冷却而定型的;热固性塑料注射时,其模具温度要比注射料温度高,制品是要在一定的温度下发生交联固化而定型的。

螺杆式注射成形机(其结构示意见图 4-5-1)注射热塑性塑料的注射成形工艺过程如下。

1. 合模与锁紧

动模以低压快速前移,在与定模将要接触时,依靠合模机构自动切换成低

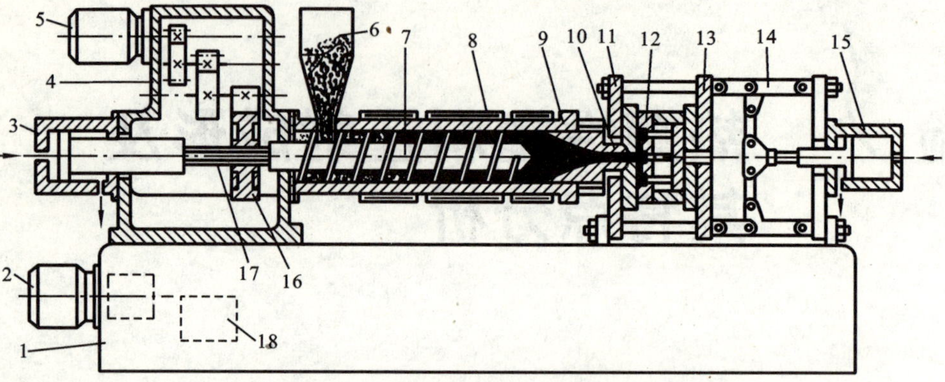

图 4-5-1 卧式注塑机结构示意图

1—机座；2—电动机及油泵；3—注塑油缸；4—齿轮箱；5—齿轮传动电动机；6—料斗；7—螺杆；8—加热器；9—料筒；10—喷嘴；11—定模固定板(安装板)；12—模具；13—动模固定板(安装板)；14—曲肘锁模(合模)机构；15—锁模(合模)油缸；16—螺杆传动齿轮；17—螺杆花键槽；18—油箱

压低速合模，最后切换成高压将模具锁紧。

2. 注塑阶段

模具闭合后，注塑机机身前移使喷嘴与模具贴合。油压推动与油缸活塞杆相连接的螺杆前进，将螺杆头部前面已均匀塑化的物料以规定的压力和速度注射入模腔，直到熔体充满模腔为止。

螺杆作用于熔体的压力称为注射压力，螺杆移动的速度称为注射速度。熔体能否顺利充模取决于注射压力和速度、熔体的温度和模具的温度等。

注射压力是为了使熔体克服料筒、喷嘴、浇注系统和模腔等处的阻力，使熔体以一定的速度注射入模内。注射压力的过高或过低，会造成充模的过量或不足，将影响制品的外观质量和材料的大分子取向程度。

而注射速度会影响熔体填充模腔时的流动状态。速度快，充模时间短，熔体温差小，制品密度均匀，熔接强度高，尺寸稳定性好，外观质量好；反之，若速度慢，充模时间长，由于熔体流动过程的剪切作用使大分子取向程度大，制品会出现各向异性。

3. 保压阶段

熔体完全充模后，螺杆还应施加一定的压力，保持一定的时间，以防止模腔内熔体因冷却收缩而造成制品缺料或缩松，使制品饱满、密实。保压压力可以等于或低于充模压力，其大小以达到补塑增密为宜。保压时间以压力保持到浇口刚好凝封为好。若保压时间不足，模腔内的物料会倒流，使制品缺料或缩松；若保压时间过长或压力过大，将使制品的浇口附近的内应力增大，制品易开裂，脱模也困难。

4. 冷却阶段

保压时间到达后，卸去保压压力，之后模腔内塑料熔体冷却到玻璃化温度或热变形温度以下，使塑料制品定型所需要的时间称为冷却时间。冷却时间的长短及模具温度的高低和塑料的结晶性、热性能、玻璃化温度、制品形状复杂与否及制品使用要求等因素有关；此外，与其他的工艺条件也有关。一般冷却时间以开模顶出时不致引起塑料件变形时为宜，时间太长，生产率会下降。

模具的温度不能高于高聚物的玻化温度或热变形温度。模具温度高，则有利于熔体在模腔内流动，对充模有利，能使塑料冷却速度均匀；但模温高，生产周期长，脱模困难。对于结晶型塑料，模具温度会直接影响结晶度和晶体的构型。

5. 原料预塑化

制品冷却时，螺杆转动并后退，同时，螺杆将树脂向喷嘴前端输送并塑化（此时塑料熔体受到的压力称为塑化压力，而注射油缸内液压油的回泄阻力称为螺杆的背压），其直到螺杆后退到设定行程（此决定了每次的预塑化熔体体积）时停转，为下一次注射作准备，此过程即为塑料的预塑化。

塑化是靠料筒的外加热、螺杆旋转产生的剪切、搅拌摩擦热而实现的。料筒最高温度总是定在材料的熔点或黏流温度与分解温度之间，而且通常是分段控制，各段之间的温差约为 10～50 ℃。

喷嘴温度等于或略低于料筒的温度。过高的喷嘴温度会出现流延现象，过低则会造成喷嘴的堵塞。

塑料的预塑化与模具内制品的冷却定型是同时进行的，但预塑化时间须小于制品的冷却时间。

6. 注射机构后退和开模顶出制品

注射机构后退的目的是为防止喷嘴与模具长时间接触散热而在喷嘴处形成冷料，否则影响下一次注射。制品冷却定型后，即可开模、顶出制件，进入下一个工作循环。

5.3　实验设备和原料

1. 主要设备

（1）注射成形机　它包括注射装置、锁模装置、液压传动系统和电路控制系统等，其结构如图 4-5-1 所示。

注射装置是使塑料均匀塑化并以足够的压力和速度将一定量的塑料注射到模腔中。注射装置由料筒、螺杆和喷嘴、加料斗、计量装置、驱动螺杆的液压泵、电动机、螺杆、注射座的移动油缸及电热线圈等组件构成。

锁模装置是实现模具的开启、闭合及脱出制品的装置，由前模板、移动模板、后模板、锁模油缸、大活塞、拉杆和机械顶出杆等部件组成。

液压和电器控制系统能保证注塑机按照工艺过程设定的要求和动作程序准确而有效地工作。液压系统由各种液压元件、回路及其附属设备组成，电器控制系统由各种电器仪表组成。

注射成形机的型号规格举例说明：

如 SZ-63/400 注射成形机表示理论注射容量为 63 cm^3，锁模力为 400 kN 的塑料(S)注射(Z)成形机；又如 XS-ZY-500 表示理论注射容量为 500 cm^3 的螺杆式(Y)塑料注射成形(X)机。

(2) 注射模具(随机附带及其他模具)。

2. 原料

聚乙烯，聚丙烯，聚苯乙烯，聚酰胺，聚甲醛，聚碳酸酯，聚苯醚，ABS 等均可作为原料。

5.4 实验步骤

1. 准备工作

(1) 详细观察、了解注塑机及其模具的结构，了解工作原理、安全操作要求等。

(2) 了解原料的规格牌号及成形工艺特点，初步拟定各项成形工艺条件(或参数)，对原料进行准备(如混配、烘干等)及做好开机准备工作(如预热料筒、调模、试机等)。

2. 实验操作

根据实验的要求，可由机器上不同的选择开关来选用点动、手动、半自动、全自动等操作方式进行实验演示。

(1) 点动　在调整模具时，适宜选用慢速点动操作，以保证校模操作的安全性(料筒必须没有塑化的冷料存在)。

(2) 手动　选择开关在“手动”位置，调整注射和保压时间继电器，关上安全门。每按一个钮，就相当完成一个动作，必须一个动作做完才按另一个动作按钮。一般是在试车、试模、校模时选用手动操作。此时操作程序为：闭模→预塑→注射座前移→注射→保压→预塑/冷却→注射座后退→冷却定型→开模→顶出→开安全门→取件→关安全门。

(3) 半自动　将选择开关转至“半自动”位置，关好安全门，则各种动作会按工艺程序自动进行，即依次完成闭模、稳压、注射座前进、注射、保压、预塑(螺杆转动并后退)、注射座后退、冷却、开模和顶出。以人工方式打开安全门，取出制品。

(4) 全自动　将选择开关转至“全自动”位置，关上安全门，则机器会自行按照预设的工艺程序工作，最后由顶出杆顶出制品。此时由于光电管的自动检测作用，使各个动作周而复始地进行，无须打开安全门，但要求模具要有完全可靠的自动脱模装置。

不论采用哪一种操作方式，主电动机的启动、停止及电子温度控制通断电的按钮指令开关均须手动操作才能进行。

除点动操作外，不论何种操作方式，机器均设有冷螺杆保护功能：在加热温度没有达到工艺要求的温度(即电子温度控制仪所预先设定的温度)之前，螺杆不能转动，以防止机件内冷料启动，造成机筒或螺杆的损坏。但为了空车运行，自动循环时，可将温控仪的温度指示调到零位。

在行驶操作时，须把限位开关及时间继电器调整到相应的位置上。

5.5 思　考　题

(1) 试比较塑料注射成形与卧式冷压室压铸成形在成形原理或设备工作过程、物料状态、设备主要结构组成、模具结构及模具材料方面的异同处。

(2) 热固性塑料或橡胶在注射成形时，其模具温度与料筒温度哪个应高些？为什么？

(3) 分析所得的试样制品的外观质量，制品的外观质量包括颜色、透明度、有无缺料、凹痕、气泡和银纹等。从记录的每次实验工艺条件分析、对比工艺条件与试样外观质量的关系。

实验6 酚醛塑料的模压成形及特点

6.1 实验目的

(1) 了解热固性塑料模压成形的基本原理。

(2) 了解酚醛压塑粉的配制工艺。

(3) 了解酚醛塑料的模压成形方法。

6.2 实验原理

热固性树脂常见的有酚醛、呋喃、脲醛、蜜胺、环氧和不饱和聚酯等几大类。这些树脂的共同特点都是含有活性官能团的聚合物,在加工成形过程中能够继续发生化学反应,最终固化为制品。

热固性塑料也可以通过多种的成形方法和工艺,加工成形为各式各样的塑料制品。不同类型的热固性塑料的成形工艺有所不同,其中以酚醛塑料的压制成形最为重要。压制成形又分为模压和层压,模压又称压缩模塑。

热固性塑料的模压成形原理及过程为:定量将缩聚反应到一定阶段的热固性树脂(酚醛树脂)及其填充混合料(如粉状、粒状、预压成形的块状等)置于成形温度下的模具型腔中,如图 4-6-1(a)所示;合模加压,借助热和压力的作用,其中的树脂融熔,使混合料变成可塑性的流体而充满型腔,如图 4-6-1(b)所示;与此同时,其中带活性基团的树脂分子发生化学交联反应,形成三维网状的结构,再经一段时间的保压固化,脱模即得制品,如图 4-6-1(c)所示。

酚醛树脂是酚类化合物和甲醛缩聚反应的聚合物,其聚合方法又分为酸法和碱法,碱法树脂(常为液态)多用于层压用料,酸法多用于模压用料。用得最多的是酚醛压塑粉,其加工方法主要是压制,有时也用注塑和挤出等成形。

纯粹的酚醛树脂通常是不直接加工和应用的,大多数情况下,酚醛树脂都

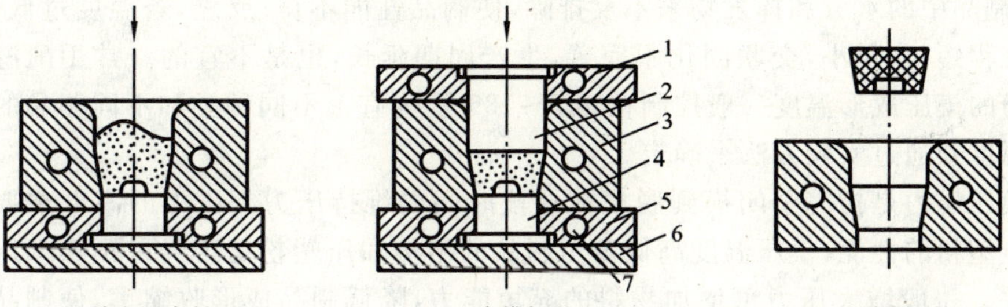

图 4-6-1　模压成形原理图

1、5—凸模固定板或加热板；2—上凸模；3—凹模；4—下凸模；6—垫板；7—加热管孔

是与填料（如木粉、矿物粉、金属粉及各种丝、片增强改性物等）和其他配合剂（如固化剂、润滑剂等）混合后，通过一定的加工程序而成为热固性塑料。

酚醛压塑粉是多组分塑料，一般由酸法酚醛树脂、固化剂、添加剂等组成。酸法酚醛树脂是线形分子低聚物，分子量通常是几百到几千，它是塑料的主体；树脂的固化剂常用六次甲基四胺，它是碱性的，在受热或潮湿条件下会分解出甲醛和氨气。

酸法酚醛树脂与甲醛在碱性条件下，将进一步缩合并发生交联固化。

木粉是一种有机填料，其实质是纤维素高分子化合物，将它分散于酚醛树脂的网状结构中，有增容、增韧及降低成本的作用。此外，纤维素中的羟基也可能参与树脂的交联，有利于改善制品的力学性能。

石灰和氧化镁都是碱性物质，对树脂的固化起到促进作用，也可以中和酚醛树脂中可能残存的酸，进一步完善交联固化，有利于提高制品的耐热性和机械强度。

硬脂酸盐类作为润滑剂，不但能增加物料混合和成形时的流动性，也利于成形时的脱模。

酚醛树脂色深，其制品多为黑色或棕色，常用苯胺黑作为着色剂。

酚醛压塑粉是酚醛树脂和上述各种配合剂通过一定的加工程序而制成的，首先是树脂粉碎后和配合剂的捏合，然后再在 130 ℃左右的温度下进行辊压塑炼，再经冷却、磨碎而成。压塑粉中的树脂已从原来的甲阶段到达乙阶段，具有适宜的流动性，也有一定的细度、均匀度及挥发物的含量，可以满足制品成形及使用的要求。

模压成形的工艺参数是温度、压力和时间。温度决定着压塑粉在模具中的流动状况和固化的速度。高温有利于缩短模压成形的周期，而且又能降低制品的表面粗糙度等物理力学性能。但若过高的温度，树脂会因硬化太快而充模不完整，制品中的水分和挥发物来不及排除，使制品性能不良；反之，若温度过低，物料流程短，流量小，交联固化不完善，生产周期延长，也是不宜的。常用酚醛压塑粉的模压成形温度一般控制在145～185 ℃为宜。不同种类和不同制品的模压温度须通过实验方法来确定。

模压压力是指完全闭模到脱模前这段时间的维持压力。压力的高低主要取决压塑粉的性能、模压温度高低及压制品的结构和压塑粉是否经过预热预压等有关。一般增大压力可增加物料的充填能力，降低制品成形收缩率，使制品更密实，但又会增加功耗和降低模具寿命。酚醛压塑粉模压成形的压强通常是10～40 MPa，压力机的油缸表压可考虑压制面积等参数通过换算来确定。

模压的时间即保压时间，指压模完全闭合至开模这段时间。其主要取决于塑粉的硬化速度，和压制品的厚度、压制温度等也有关。通常模压时间过短会使塑料硬化不足，外观性能及力学性能均较差，一般酚醛塑料压制时间约在1～3 min。

压力机的种类有许多，图4-6-2所示为常用的上压式液压机结构示意图。

液压机的型号规格举例说明：如Y71-170T表示公称压力为1 700 kN的上压式四柱液压机；YA32-315表示公称压力为3 150 kN，经过第一次变型的四柱立式万能液压机，其中参数32表示四柱立式万能液压机的组型代号。

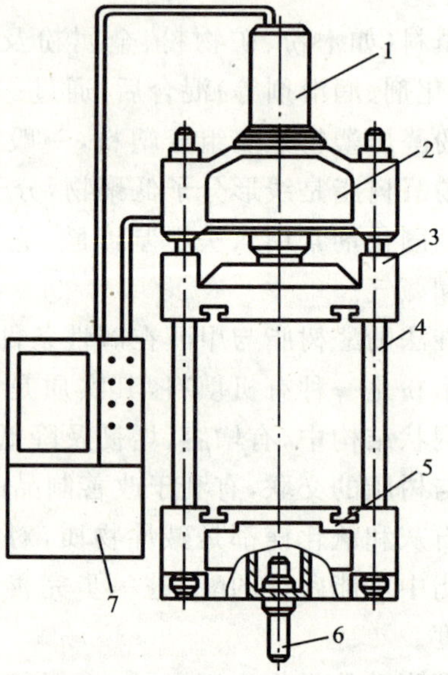

图 4-6-2　上压式液压机结构示意图

1—工作液压缸；2—上横梁；3—活动横梁；4—立柱；5—下横梁(工作台)；6—顶出缸；7—液压及电控系统

6.3 实验设备和原料

1. 设备仪器

塑料液压机(或万能液压机)，压制模具，天平，混料机，温度计等。

2. 原料与配方

(1) 原料　酚醛树脂粉，木粉，固化剂，润滑剂和着色剂等。

(2) 酚醛压塑粉的典型配方(通用型)　酸法酚醛树脂100(份数)，木粉100，六次甲基四胺12，石灰或氧化镁3，硬脂酸钙2，苯胺黑1。

注：为节约时间，可先把树脂预混好或直接采购预混好的树脂；也可用其他原料配方，如汽车摩擦片配方及成形。

6.4 实验步骤

1. 实验前的准备

模具预热是通过压力机上、下压板加热或模具上的电热管加热，严格控制上、下模板的温度一致，模压温度约为180 ℃。向模具涂脱模剂，根据模型尺寸和压机参数计算模压成形的表压。从塑粉的硬化速度、制品厚度确定模压时间。

2. 加料闭模压制

(1) 加料合模　按照塑件质量用天平称取一定量的预先混合好的酚醛压塑粉，迅速加入到已预热的模具型腔内，迅速合模。

(2) 加压闭模、放气　压力机迅速施压到达成形所需的表压后随即泄压，这样的操作反复两次，完成放气。

(3) 保压固化、脱模　压机升压到所需的成形表压，按工艺要求达到保压时间，使模具内塑料交联固化定型为酚醛塑料制品，随后趁热脱模。

3. 注意事项

(1) 要带干燥的手套操作，避免烫伤。

(2) 加料动作要快，物料在模腔内分布要均匀，中部略高；上、下模具定位需对准，防止闭模加压时损坏模具。

(3) 脱模时手工操作要注意安全，防止烫伤、砸伤及损坏模具。

6.5 思考题

(1) 所见的酚醛塑料的模压成形与热塑性塑料的注射成形在模具结构、模具温度、原料状态、成形原理等方面有何不同之处？

（2）酚醛压塑粉模压温度和时间对制品质量影响如何？两者之间关系如何协调？

（3）酚醛塑料模压成形为什么要排气？

（4）热固性塑料能否回收再利用，为什么？

附　录

附录 A　压痕直径与布氏硬度对照表

压痕直径 (d10,2d5 或 4d2.5)/mm	布氏硬度 HB 在下列载荷 F(N)下			压痕直径 (d10,2d5 或 4d2.5)/mm	布氏硬度 HB 在下列载荷 F(N)下		
	$30D^2$/0.102	$10D^2$/0.102	$2.5D^2$/0.102		$30D^2$/0.102	$10D^2$/0.102	$2.5D^2$/0.102
2.00	(945)	(316)	—	3.00	415	138	34.6
2.05	(899)	(300)	—	3.02	409	136	34.1
2.10	(856)	(286)	—	3.04	404	134	33.7
2.15	(817)	(272)	—	3.06	398	133	33.2
2.20	(780)	(260)	—	3.08	393	131	32.7
2.25	(745)	(248)	—	3.10	388	129	32.3
2.30	(712)	(238)	—	3.12	383	128	31.9
2.35	(682)	(228)	—	3.14	378	126	31.5
2.40	(653)	(218)	—	3.16	373	124	31.1
2.45	(627)	(208)	—	3.18	368	123	30.7
2.50	601	200	—	3.20	363	121	30.3
2.55	578	193	—	3.22	359	120	29.9
2.60	555	185	—	3.24	354	118	29.5
2.65	534	178	—	3.26	350	117	29.2
2.70	515	171	—	3.28	345	115	28.8
2.75	495	165	—	3.30	341	114	28.4
2.80	477	159	—	3.32	337	112	28.1
2.85	461	154	—	3.34	333	111	27.7
2.90	444	148	—	3.36	329	110	27.4
2.95	429	143	—	3.38	325	108	27.1

续表

压痕直径 (d10,2d5 或 4d2.5)/mm	布氏硬度 HB 在下列载荷 F(N)下			压痕直径 (d10,2d5 或 4d2.5)/mm	布氏硬度 HB 在下列载荷 F(N)下		
	$30D^2$/0.102	$10D^2$/0.102	$2.5D^2$/0.102		$30D^2$/0.102	$10D^2$/0.102	$2.5D^2$/0.102
3.40	321	107	26.7	4.04	224	74.7	18.7
3.42	317	106	26.4	4.06	222	73.9	18.5
3.44	313	104	26.1	4.08	219	73.2	18.3
3.46	309	103	25.8	4.10	217	72.4	18.1
3.48	306	102	25.5	4.12	215	71.7	17.9
3.50	302	101	25.2	4.14	213	71.0	17.7
3.52	298	99.5	24.9	4.16	211	70.2	17.6
3.54	295	98.3	24.6	4.18	209	69.5	17.4
3.56	292	97.2	24.3	4.20	207	68.8	17.2
3.58	288	96.1	24.0	4.22	204	68.2	17.0
3.60	285	95.0	23.7	4.24	202	67.5	16.9
3.62	282	93.5	23.5	4.26	200	66.8	16.7
3.64	278	92.8	23.2	4.28	198	66.2	16.5
3.66	275	91.8	22.9	4.30	197	65.5	16.4
3.68	272	90.7	22.7	4.32	195	64.9	16.2
3.70	269	89.7	22.4	4.34	193	64.2	16.1
3.72	266	88.7	22.2	4.36	191	63.6	15.9
3.74	263	87.7	21.9	4.38	189	63.0	15.8
3.76	260	86.8	21.7	4.40	187	62.4	15.6
3.78	257	85.8	21.5	4.42	185	61.8	15.5
3.80	255	84.9	21.2	4.44	184	61.2	15.3
3.82	252	84.0	21.0	4.46	182	60.6	15.2
3.84	249	83.0	20.8	4.48	180	60.1	15.0
3.86	246	82.1	20.5	4.50	179	59.5	14.9
3.88	244	81.3	20.3	4.52	177	59.0	14.7
3.90	241	80.4	20.1	4.54	175	58.4	14.6
3.92	239	79.6	19.9	4.56	174	57.9	14.5
3.94	236	78.7	19.7	4.58	172	57.3	14.3
3.96	234	77.9	19.5	4.60	170	56.8	14.2
3.98	231	77.1	19.3	4.62	169	56.3	14.1
4.00	229	76.3	19.1	4.64	167	55.8	13.9
4.02	226	75.5	18.9	4.66	166	55.3	13.8

续表

压痕直径 (d10,2d5 或 4d2.5)/mm	布氏硬度 HB 在下列载荷 F(N)下			压痕直径 (d10,2d5 或 4d2.5)/mm	布氏硬度 HB 在下列载荷 F(N)下		
	$30D^2$ /0.102	$10D^2$ /0.102	$2.5D^2$ /0.102		$30D^2$ /0.102	$10D^2$ /0.102	$2.5D^2$ /0.102
4.68	164	54.8	13.7	5.35	123	41.0	10.3
4.70	163	54.3	13.6	5.40	121	40.2	10.1
4.72	161	53.8	13.4	5.45	118	39.4	9.9
4.74	160	53.3	13.3	5.50	116	38.6	9.7
4.76	158	52.8	13.2	5.55	114	37.9	9.5
4.78	157	52.3	13.1	6.60	111	37.1	9.3
4.80	156	51.9	13.0	5.65	109	35.4	9.1
4.82	154	51.4	12.9	5.70	107	35.7	8.9
4.84	153	51.0	12.8	5.75	105	35.0	8.8
4.86	152	50.5	12.6	5.80	103	34.3	8.6
4.88	150	50.1	12.5	5.85	101	33.7	8.4
4.90	149	49.6	12.4	5.90	99.2	33.1	8.3
4.92	148	49.2	12.3	5.95	97.3	32.4	8.1
4.94	146	48.8	12.2	6.00	(95.5)	31.8	8.0
4.96	145	48.4	12.1	6.05	(93.7)	—	—
4.98	144	47.9	12.0	6.10	(92.0)	—	—
5.00	144	47.5	11.9	6.15	(90.3)	—	—
5.05	140	46.5	11.6	6.20	(88.7)	—	—
5.10	137	45.5	11.4	6.25	(87.1)	—	—
5.15	134	44.6	11.2	6.30	(85.5)	—	—
5.20	131	43.7	10.9	6.35	(84.0)	—	—
5.25	128	42.8	10.7	6.40	(82.5)	—	—
5.30	126	41.9	10.5	6.45	(81.0)	—	—

注：①表中压痕直径为 ϕ10 mm 钢球试验数值；如用 ϕ5 mm 或 ϕ2.5 mm 钢球试验时，则所得压痕直径应分别增加 2 倍或 4 倍，例如用 ϕ5 mm 钢球在 7 355 N 载荷作用下所得压痕直径为 1.65 mm，则在查表时应采用 3.30 mm(即 1.65 mm×2=3.30 mm)，而其相应的硬度值为 341；

②根据 GB 231—2009 规定，压痕直径的大小应在 $0.25D<d<0.6D$ 范围内，故表中对此范围以外的硬度值均加“(括号)”，仅供参考；

③表中未列出压痕直径的 HB，可根据其上下两数值用内插法计算求得。

附录B 布氏、维氏、洛氏硬度值的换算表

（以布氏硬度试验时测得的压痕直径为准）

D=10 mm F=29 420 N时的压痕直径/mm	硬度					D=10 mm F=29 420 N时的压痕直径/mm	硬度				
	HB	HV	HRB	HRC	HRA		HB	HV	HRB	HRC	HRA
2.20	780	1220	—	72	89	3.45	311	312	—	34	67
2.25	745	1114	—	69	87	3.50	302	305	—	33	67
2.30	712	1021	—	67	85	3.55	293	291	—	31	66
2.35	682	940	—	65	84	3.60	285	285	—	30	66
2.40	653	867	—	63	83	3.65	277	278	—	29	65
2.45	627	803	—	61	82	3.70	269	272	—	28	65
2.50	601	746	—	59	81	3.75	262	261	—	27	64
2.55	578	694	—	58	80	3.80	255	255	—	26	64
2.60	555	649	—	56	79	3.85	248	250	—	25	63
2.65	534	606	—	54	78	3.90	241	246	100	24	63
2.70	514	587	—	52	77	3.95	235	235	99	23	62
2.75	495	551	—	51	76	4.00	225	220	98	22	62
2.80	477	534	—	49	76	4.05	223	221	97	21	61
2.85	461	502	—	48	75	4.10	217	217	97	20	61
2.90	444	474	—	47	74	4.15	212	213	96	19	60
2.95	429	460	—	45	73	4.20	207	209	95	18	60
3.00	415	435	—	44	73	4.25	201	201	94	—	59
3.05	401	423	—	43	72	4.30	197	197	93	—	58
3.10	388	401	—	41	71	4.35	192	190	92	—	58
3.15	375	390	—	40	71	4.40	187	186	91	—	57
3.20	363	380	—	39	70	4.45	183	183	89	—	56
3.25	352	361	—	38	69	4.50	179	179	88	—	56
3.30	341	344	—	37	69	4.55	174	174	87	—	55
3.35	331	333	—	36	68	4.60	171	171	86	—	55
3.40	321	320	—	35	68	4.65	165	165	85	—	54

续表

D=10 mm F=29 420 N 时的压痕直径/mm	硬度					D=10 mm F=29 420 N 时的压痕直径/mm	硬度				
	HB	HV	HRB	HRC	HRA		HB	HV	HRB	HRC	HRA
4.70	162	162	84	—	53	5.30	126	—	69	—	—
4.75	159	159	83	—	53	5.35	123	—	69	—	—
4.80	156	154	82	—	52	5.40	121	—	67	—	—
4.85	152	152	81	—	52	5.45	118	—	66	—	—
4.90	149	149	80	—	51	5.50	116	—	65	—	—
4.95	146	147	78	—	50	5.55	114	—	64	—	—
5.00	143	144	77	—	50	5.60	111	—	62	—	—
5.05	140	—	76	—	—	5.70	107	—	59	—	—
5.10	137	—	75	—	—	5.80	103	—	57	—	—
5.15	134	—	74	—	—	5.90	99	—	54	—	—
5.20	131	—	72	—	—	6.00	95	—	52	—	—
5.25	128	—	71	—	—	—	—	—	—	—	—

附录 C　常用铁基高温合金的热处理、性能和应用

类别	牌号	近似成分（$w/(\%)$），其余为 Fe 等	供应状态	热处理	室温性能			持久强度 /MPa	应用
					σ_b /MPa	$\sigma_{0.2}$ /MPa	δ /(%)		
固溶强化型	GH1035	~ 21Cr、37Ni、3W、1Ti	板	1 250 ℃，空冷	600	300	35	$\sigma_{100}^{800}=80$	700～800 ℃的火焰筒、燃烧室
	GH1140	~ 21Cr、37Ni、2.2Mo、1.6W	板	1 165 ℃，空冷	670	260	40	$\sigma_{100}^{800}=83$	800～850 ℃的火焰筒等
	GH1131	- 20Cr、27Ni、5W、3Mo、1Nb	板	1 160 ℃，空冷	850	450	41	$\sigma_{500}^{800}=110$	850～900 ℃的火焰筒、燃烧室

续表

类别	牌号	近似成分（$w/(\%)$），其余为 Fe 等	供应状态	热处理	室温性能			持久强度 /MPa	应用
					σ_b /MPa	$\sigma_{0.2}$ /MPa	δ /(%)		
时效强化型	GH2036	～12Cr、8Ni、8Mn、1.3Mo、1.3V	锻件	1 140 ℃ 1.5 h，水冷。时效：①～660 ℃，～13 h；②～785 ℃，～11 h	940	600	16	$\sigma_{100}^{650}=350$	600～700 ℃的涡轮盘等
	GH2132	～15Cr、26Ni、1.5Mn、2Ti、1.3Mo	锻件	～990 ℃ 2 h，油冷；～710 ℃时效 16 h	1 000	600	25	$\sigma_{100}^{650}=450$	650～700 ℃的涡轮盘等
	GH2135	～15Cr、34Ni、2.6Al、2.3Ti、2W	锻件	1 140 ℃ 4 h，空冷。时效：830 ℃8 h，650 ℃16 h	1 100	690	20	$\sigma_{100}^{650}=570$	700～750 ℃的涡轮盘等

附录 D　常用钛合金的牌号、成分、性能与用途

组别	代号	化学成分	室温力学性能			高温力学性能			用途
			热处理	σ_b/MPa	δ/(%)	实验温度/℃	σ_b /MPa	σ_{100} /MPa	
工业纯钛	TA1	Ti(杂质极微)	退火	300～500	30～40	—	—	—	在 350 ℃以下工作、强度要求不高的零件
	TA2	Ti(杂质微)	退火	450～600	25～30	—	—	—	
	TA3	Ti(杂质微)	退火	550～700	20～25	—	—	—	
α钛合金	TA4	Ti-3Al	退火	700	12	—	—	—	在 500 ℃以下工作的零件，导弹燃料罐、超音速飞机的涡轮机匣
	TA5	Ti-4.5Al-0.005B	退火	700	15	—	—	—	
	TA6	Ti-5Al	退火	700	12～20	350	430	400	

续表

组别	代号	化学成分	室温力学性能			高温力学性能			用途
			热处理	σ_b/MPa	δ/(%)	实验温度/℃	σ_b/MPa	σ_{100}/MPa	
β钛合金	TB1	Ti-3Al-8Mo-11Cr	淬火	1 100	16	—	—	—	在350 ℃以下工作的零件、压气机叶片、轴、轮盘等重载荷旋转件，飞机构件
			淬火＋时效	1300	5				
	TB2	Ti-5Mo-5V-8Cr-3Al	淬火	1 000	20	—	—	—	
			淬火＋时效	1 350	8				
α＋β钛合金	TC1	Ti-2Al-1.5Mn	退火	600～800	20～25	350	350	350	在400 ℃以下工作的零件，有一定高温强度的发动机零件，低温用部件
	TC2	Ti-3Al-1.5Mn	退火	700	12～15	350	430	400	
	TC3	Ti-5Al-4V	退火	900	8～10	500	450	200	
	TC4	Ti-6Al-4V	退火	950	10	400	630	580	
			退火＋时效	1200	8				

附录E　常用热处理方法的相对费用

热处理方法	相对费用	热处理方法		相对费用
退火(电炉)	1	调质		2.5
球化退火	≤1.8	盐浴炉淬火及回火	刀具、模具	6～7.5
正火(电炉)	1		结构零件	3
渗碳，淬火＋回火(渗碳层深0.8～1.5 mm)	6	冷处理		3
渗氮	≤38	高频感应加热淬火		按淬火长度计算，一般比渗碳件低
软氮化	10			

附录 F　国内外常用钢号近似对照表

钢号	中国 GB	前苏联 ГОСТ	美国 ASTM	英国 BS	日本 JIS	法国 NF	德国 DIN
碳素结构钢	08F	08КП	1006	040A04	S09CK	—	C10
	20	20	1020	050A20	S20C	XC18	C22,CK22
	45	45	1045	080M46	S45C	XC45	C45,CK45
	60	60	1060	080A62	S58C	XC55	C60,CK60
	40Mn	40Г	1036,1040	080A40	S40C	40M5	40Mn4
	50Mn	50Г	1050,1052	030A52	S53C	XC48	—
合金结构钢	20Mn2	20Г2	1320,1321	150M19	SMn420	—	20Mn5
	35Mn2	35Г2	1335	150M36	SMn438 (H)	35M5	36Mn5
	40Mn2	40Г2	1340	—	SMn443	40M5	—
	35SiMn	35СГ	—	En46	—	—	37MnSi5
	42SiMn	35СГ	—	En46	—	—	46MnSi4
	40MnB	—	50B40	—	—	—	—
	20Cr	20X	5120	527A19	SCr420H	18C3	20Cr4
	40Cr	40X	5140	520M40	SCr440	42C4	41Cr4
	15CrMo	15XM	A-387Cr-B	1653	STC42	12CD4	16CrMo44
	20CrMo	20XM	4119,4118	CDS12	SCT42	18CD4	20CrMo44
	30CrMo	30XM	4130	1717COS 110	SCM420	30CD4	—
	35CrMo	35XM	4135	708A37	SCM3	35CD4	34CrMo4
	40CrV	40XФA	6140	—	—	—	42CrV6
	50CrVA	50XФA	6150	735A30	SUP10	50CV4	50CrV4
	20CrMn	20XГCA	5152	527A60	SUP9	—	—

续表

钢号	中国 GB	前苏联 ГОСТ	美国 ASTM	英国 BS	日本 JIS	法国 NF	德国 DIN
合金结构钢	40CrNi	40XH	3140H	640M40	SNC236	—	40NiCr6
	20CrNi3A	20XH3A	3316	—	—	20NC11	20NiCr14
	30CrNi3A	30XH3A	3325	653M31	SNC631H	—	28NiCr10
	20MnMoB	—	80B20	—	—	—	—
	38CrMoAlA	38XMIOA	—	905M39	SACM645	40CAD6.12	41CrAlMo07
	40CrNiMoA	40XHMA	4340	871M40	SNCM439	—	40NiCrMo22
弹簧钢	60	60	1060	080A62	S58C	XC55	C60
	55Si2Mn	55C2Г	9255	250A53	SUP6	55S6	55Si7
	60Si2MnA	60C2ГA	9260	250A61	SUP7	61S7	65Si7
	50CrVA	50XФA	6150	735A50	SUP10	50CV4	50CrV4
轴承钢	GCr9	ШX9	E51100	—	SUJ1	100C5	105Cr4
	GCr15	ШX15	E52100	534A99	SUJ2	100C6	100Cr6
	GCr15SiMn	ШX15CГ	—	—	—	—	100CrMn6
易切钢	Y15	—	B1113	220M07	SUM22	—	10S20
	Y20	A20	C1120	—	SUM32	20F2	22S20
	Y40Mn	A40Г	C1144	225M36	—	45MF2	40S20
耐磨钢	ZGMn13	116Г13Ю	—	—	SCMnH11	Z120M12	X120Mn12
工具钢	T7	y7	W1-7	—	SK7,SK6	—	C70W1
	T10	y10	W1-1.0C	D1	SK3	—	—
	T12	y12	W1-1.2C	D1	SK2	Y2 120	C125W
	9SiCr	9XC	—	BH21	—	—	90CrSi5
	Cr12MoV	X12M	D2	BD2	SKD11	Z200C12	X165CrMoV46
	9Mn2V	9Г2Ф	02	—	—	80M80	90MnV8
	CrWMn	XBГ	07	—	SKS31	105WC13	105WCr6
	3Cr2W8V	3X2B8Ф	H21	BH21	SKD5	X30WC9V	X30WCrV93
	5CrNiMo	5XHM	L6	—	SKT4	55NCDV7	55NiCrMoV6
	4Cr5MoSiV	4X5MФC	H11	BH11	SKD61	Z38CDV5	X38CrMoV51

续表

钢号	中国 GB	前苏联 ГОСТ	美国 ASTM	英国 BS	日本 JIS	法国 NF	德国 DIN
工具钢	W18Cr4V	P18	T1	BT1	SKH2	Z80WCV	S18-0-1
	W6Mo5Cr4V2	P6M3	N2	BM2	SKH9	Z85WDCV	S6-5-2
	W18Cr4VCo5	P18K5Φ2	T4	BT4	SKH3	Z80WKCV	S18-1-2-5
	W2Mo9Cr4 VCo8	—	M42	BM42	—	Z110DKCWV	S2-10-1-8
不锈钢	1Cr18Mn8Ni5N	—	202	284S16	SUS 202	—	—
	1Cr18Ni9	12X18H9	302	302S25	SUS302	Z10CN18.09	X12CrNi188
	0Cr19Ni9	08X18H10	304	304S15	SUS304	Z6CN18.09	X5CrNi189
	00Cr19Ni11	03X18H11	304L	304S12	SUS304L	Z2CN18.09	X2CrNi189
	0Cr18Ni11Ti	08X18H10T	321	321S12	SUS321	Z6CNT18.10	X10CrNiTi189
	0Cr13Al	—	405	405S17	SUS405	Z6CA13	X7CrAl13
	1Cr17	12X17	430	430S15	SUS430	Z8C17	X8Cr17
	1Cr13	12X13	410	410S21	SUS410	Z12C13	X10Cr13
	2Cr13	20X13	420	420S37	SUS420J1	Z20C13	X20Cr13
	7Cr17	—	440A		SUS440A	—	—
	0Cr17Ni7Al	09X17H7Ю	631	—	SUS631	Z8CNA17.7	X7CrNiAl177
耐热钢	2Cr23Ni13	20X23H12	309	309S24	SUH309	Z15CN24.13	—
	2Cr25Ni21	20X25H20C2	310	310S24	SUH310	Z12CN25.20	CrNi2520
	0Cr25Ni20	—	310S	—	SUS310S	—	—
	0Cr17 Ni12Mo2	08X17 H13M2T	316	316S16	SUS316	Z6CND 17.12	X5CrNiMo 1810
	00Cr17 Ni14Mo2	—	316L	316S11	SUS316L	—	X2CrNiMo 18-14-3
	0Cr18Ni11Nb	08X18 H12E	347	347S17	SUS347	Z6CNNb 18.10	X10CrNiNb 189
	1Cr17Ni2	14X17H2	431	431S29	SUS431	Z15CN16-02	X22CrNi17
	0Cr17Ni7Al	09X17H7Ю	631	—	SUS631	Z8CNA17.7	X7CrNiAl177

附录G 部分铝及铝合金中外牌号近似对照表

中国	美国	英国	日本	法国	德国
GB	ASTM	BS	JIS	NF	DIN
1A80	—	1080(1A)	1080	1080A	A199.90
1A50	1050	1050(1B)	1050	1050A	A199.50
5A02	5052	NS4	5052	5052	A1Mg2.5
5A30	5456	NG61	5556	5957	—
2A01	2036	—	2117	2117	AlCu2.5Mg0.5
2A11	—	HF15	2017	2017S	AlCuMg1
2A12	2124	—	2024	2024	AlCuMg2
2A90	2218	—	2018	—	—
2A14	2014	—	2014	2014	AlCuSiMn
7A09	7175	—	7075	7075	AlZnMgCu1.5
ZAlSi7Mn	356.2	LM25	AC4C	—	G-AlSi7Mg
ZAlSi12	413.2	LM6	AC3A	A-S12-Y4	G-Al12
ZAlSi2Cu2Mg1	413.0	—	AC8A	—	G-Al12(Cu)
ZAlMg10	520.2	LM10	—	AG11	G-AlMg10

附录H 常用金属材料的相对价格

材　　料	相对价格	材　　料	相对价格
普通碳素结构钢	1	合金结构钢(Cr-Ni 钢除外)	1.7～2.5
普通低合金结构钢	1.3～2	铬镍合金结构(中合金钢)	≤5
优质碳素结构钢	1.3～1.5	滚动轴承钢	≤3
易切削钢	≤1.7	低合金工具钢	3～6
碳素工具钢	≤1.6	高速钢	10～18

续表

材　料	相对价格	材　料	相对价格
硬质合金（YT 类刀片）	150～200	球墨铸铁	≤1.8
铬不锈钢	≤6	可锻铸铁	2～2.2
铬镍不锈钢	12～15	碳素铸钢件	2.5～3
钛合金	≤40	铸造铝合金、铜合金	8～10
铝及铝合金	5～10	铸造锡基轴承合金	≤23
普通黄铜	9～17	铸造铅基轴承合金	≤10
锡青铜、铝青铜	15～19	镍	≤25
灰铸铁	≤1.4	金	≤50 000

附录 I　金相试样制作时的常用的浸蚀剂

序号	浸蚀剂名称	成　分	适用范围	使用要点
1	硝酸酒精溶液	硝酸 1～5 mL 酒精 100 mL	显示碳钢及低合金钢的组织	硝酸含量按材料选择，浸蚀数秒钟
2	苦味酸酒精溶液	苦味酸 2～10 g 酒精 100 mL	显示钢铁材料的细密组织	浸蚀时间数秒钟至数分钟
3	苦味酸盐酸酒精溶液	苦味酸 1～5 g 盐酸 5 mL 酒精 100 mL	显示淬火及淬火回火后钢的晶粒和组织	浸蚀时间为数秒钟至 1 min
4	苛性钠苦味酸水溶液	苛性钠 25 g 苦味酸 2 g 水 100 mL	将钢中的渗碳体染成暗黑色	加热煮沸浸蚀 5～30 min
5	氯化铁盐酸水溶液	氯化铁 5 g 盐酸 50 mL 水 100 mL	显示不锈钢、奥氏体高镍钢、铜及铜合金的组织	浸蚀至显现组织

续表

序号	浸蚀剂名称	成　　分	适用范围	使用要点
6	王水甘油溶液	硝酸 10 mL 盐酸 20～30 mL 甘油 30 mL	显示奥氏体镍铬合金等组织	先将盐酸与甘油充分混合，然后加入硝酸，试样浸蚀前先用开水预热
7	高锰酸钾苛性钠	高锰酸钾 4 g 苛性钠 4 g	显示高合金钢中的碳化物等	煮沸使用，浸蚀 1～10 min
8	氨水双氧水溶液	氨水(饱和) 50 mL 双氧水溶液(3%) 50 mL	显示铜及铜合金组织	随用随配，用棉花蘸取后擦拭
9	氯化铜氨水溶液	氯化铜 8 g 氨水(饱和) 100 mL	显示铜及铜合金组织	浸蚀 30～60 s
10	硝酸铁水溶液	硝酸铁 10 g 水 100 mL	显示铜合金组织	用棉花擦拭
11	混合酸水溶液	氢氟酸(浓) 1 mL 盐酸 1.5 mL 硝酸 2.5 mL 水 95 mL	显示硬铝组织	浸蚀 10～20 s 或用棉花擦拭
12	氢氟酸水溶液	氢氟酸 0.5 mL 水 99.5 mL	显示一般铝合金组织	用棉花擦拭
13	苛性钠水溶液	苛性钠 1 g 水 100 mL	显示铝及铝合金组织	浸蚀数秒钟

附录J　部分铁-碳合金的金相照片

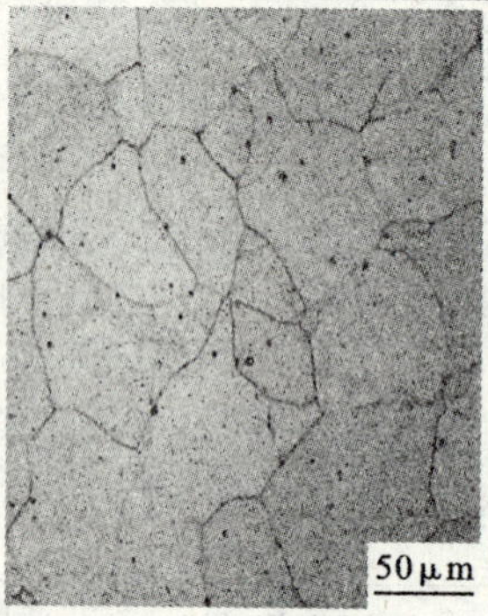

纯铁，退火，4%硝酸酒精，F

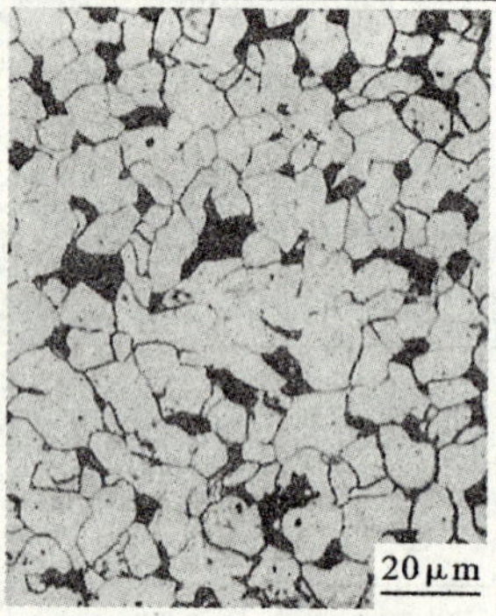

20钢，退火，4%硝酸酒精，F+P

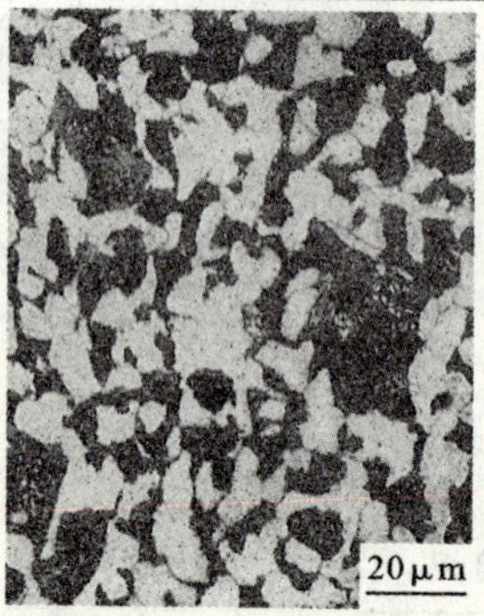

45钢，退火，4%硝酸酒精，F+P

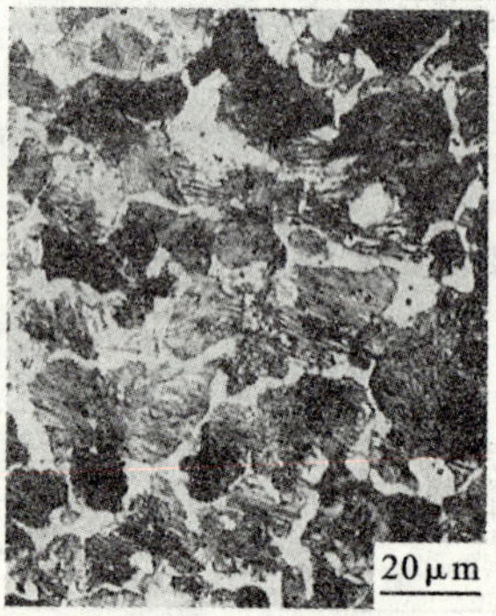

60钢，退火，4%硝酸酒精，F+P

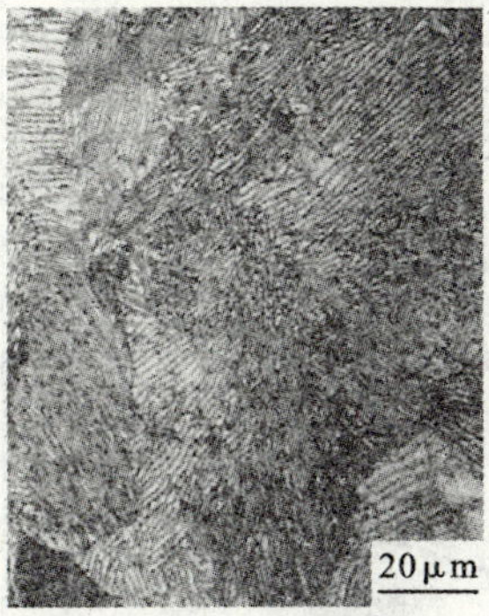

T8钢，退火，4%硝酸酒精，F+P

T12钢，退火，苦味酸钠溶液，$P+Fe_3C_{II}$(呈黑色网)

T12钢，退火，4%硝酸酒精 $P+Fe_3C_{II}$

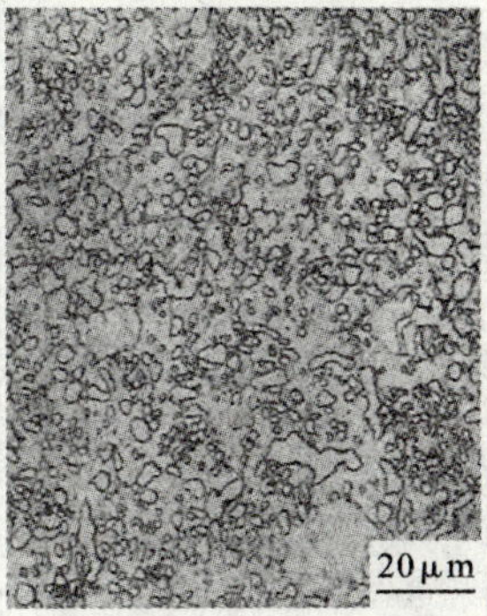

T12钢，球化退火，4%硝酸酒精，P球($P+Fe_3C_{II}$)

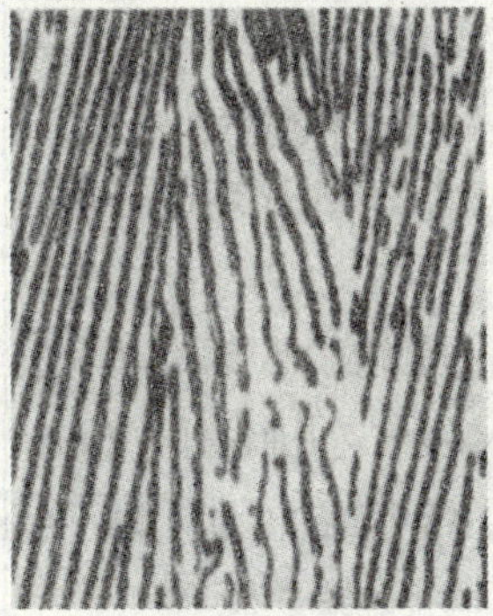

高倍下的珠光体

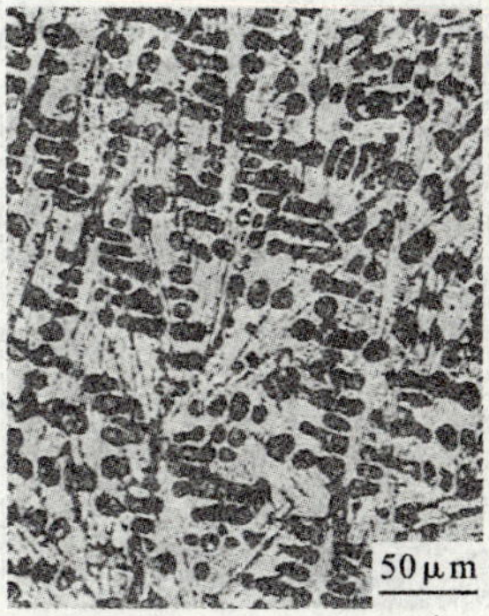

亚共晶白口铁，4%硝酸酒精，$P+Fe_3C_{II}+L'_d$

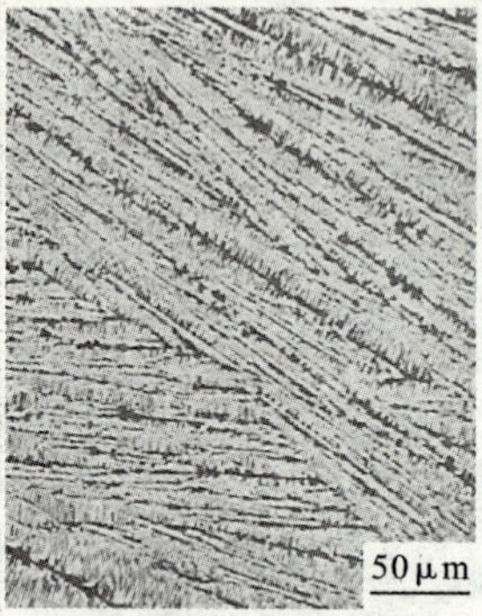

共晶白口铁，4%硝酸酒精，L_d'

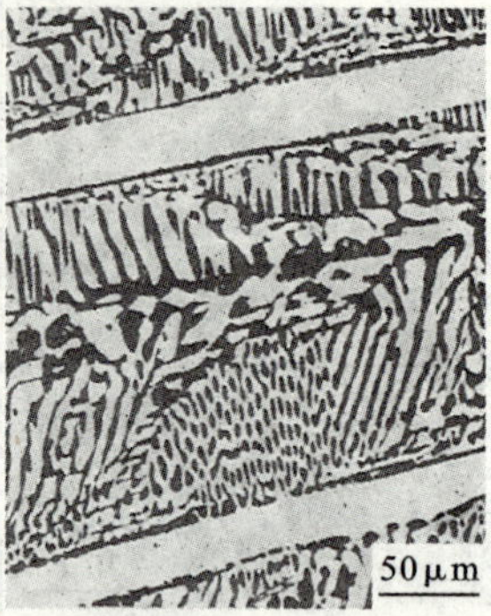

过共晶白口铁，4%硝酸酒精，$L_d' + Fe_3C_I$

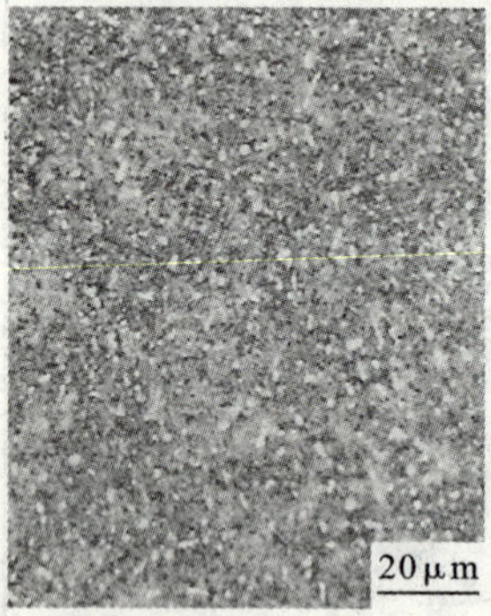

T12钢，780℃淬火，4%硝酸酒精，M+ Fe_3C

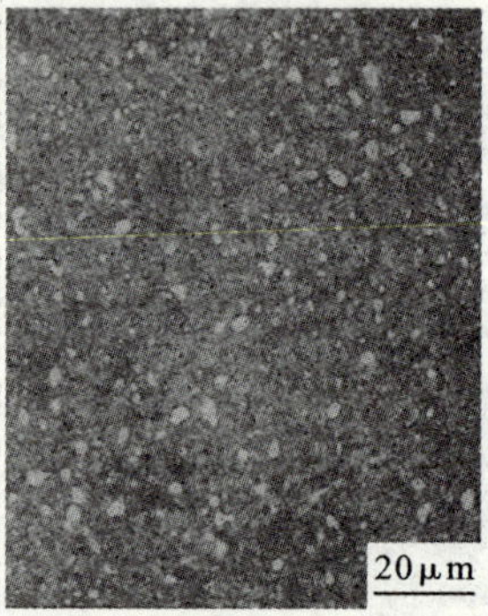

T12钢，780℃淬火+200℃回火，4%硝酸酒精，M回+Fe_3C

T12钢，1 200 ℃淬火+200℃回火，4%硝酸酒精，M+A′

15钢，淬火，4%硝酸酒精，M(低碳)

参考文献

[1] 申荣华. 机械工程材料及其成形技术基础[M]. 武汉:华中科技大学出版社,2011.

[2] 申荣华. 工程材料及其成形技术基础学习指导与习题详解[M]. 北京:北京大学出版社,2009.

[3] 温建萍,刘子利. 工程材料与成形工艺基础学习指导[M]. 北京:化学工业出版社,2007.

[4] 朱张校. 工程材料习题与辅导[M]. 3 版. 北京:清华大学出版社,2002.

[5] 徐善国,于永泗. 工程材料辅导、习题、实验[M]. 2 版. 大连:大连理工大学出版社,2003.

[6] 刘建平,郑玉斌. 高分子科学与材料工程实验[M]. 北京:化学工业出版社,2005.

[7] 沈其文. 材料成形工艺基础[M]. 2 版. 武汉:华中科技大学出版社,2004.

[8] 席生岐. 工程材料基础实验指导书[M]. 西安:西安交通大学出版社,2005.